# 오! 마이 하와이

2권

오! 마이 하와이 _ 2권. 빅 아일랜드·마우이·라나이·몰로카이·카우아이

**개정판 1쇄 발행일** 2019년 6월 15일
**개정판 2쇄 발행일** 2019년 11월 1일
**지은이** 마할로, 박성혜 I **펴낸이** 김민희, 김준영
**편집** 김민희, 김준영 I **디자인** 이유진, 박혜진
**영업 마케팅** 김영란 I **제작** 더블비

**펴낸곳** 두사람 I **등록** 2016년 2월 1일 제 2016-000031호
**팩스** 02-6442-1718 I **메일** twopeople1718@gmail.com
**주소** 서울시 마포구 월드컵로14길 24 302호

ISBN 979-11-90061-03-2 14980 / 979-11-963702-1-3(세트)
**도움 주신 분** 허츠 김소영, 미방항운 권기영·김세진·정은주

두사람은 여행서 전문가가 만드는 여행 출판사, 여행 콘텐츠 그룹입니다.
독자들을 위한 쉽고 친절한 여행서, 클라이언트를 위한 맞춤 여행 콘텐츠와 서비스를 제공합니다.
Published by TWOPEOPLE, Inc. Printed in Korea

이 도서의 국립중앙도서관 출판예정도서목록(CIP)은 서지정보유통지원시스템 홈페이지
(http://seoji.nl.go.kr)와 국가자료공동목록시스템(http://www.nl.go.kr/kolisnet)에서 이용하실 수 있습니다.
(CIP 제어번호: CIP2019019938)

# 오! 마이 하와이

## 2권. 빅 아일랜드·마우이·라나이·몰로카이·카우아이

마할로 · 박성혜 지음

## 작가의 말

알로하(Aloha)!

하와이의 매력에 흠뻑 빠져서 무작정 이사를 왔습니다. 6개월간 백수로 지내며 언제고 떠날지 모르는 이곳을 가족과 함께 최대한 즐기고 느껴보고자 어디든 나섰습니다. 그렇게 기록하게 된 가족 일기가 블로그 <마할로와 하와이 속으로>입니다. 가족의 일상을 기록하던 공간이 이제는 기대 반 설렘 반으로 하와이를 찾는 분들과 만날 수 있는 소통의 창이 되었습니다.

하와이는 이렇게 제 인생에서 기대하지 않았던 멋진 기회와 뜻밖의 만남을 가져다준 고마운 곳입니다.

살면 살수록, 알면 알수록 더 깊이 있게 빠지게 되는 하와이는 흔히 말하는 '볼매' 같은 곳입니다. 볼수록 매력적인 곳 말입니다. 네이버 카페 <포에버 하와이 & 폴리네시아>를 통해 수많은 여행자 분들과 소통했고, 두 발로 찾아다니며 몇 번이고 경험한 '진짜' 하와이를 소개했습니다. 더 많은 분들이 단순히 발 도장 찍고 인증샷만 남기고 가는 관광이 아니라, 열린 마음으로 현지 문화를 체험하고 인생을 변화시킬 수 있는 여행을 하길 바라는 마음을 담아 이 책을 세상에 내놓습니다. 자연과 사람을 존중하는 알로하 정신과 함께 각자가 꿈꾸는 여행을 실행하는 데 작은 도움이 되기를 바랍니다.

**마할로**

에 코모 마이(E komo mai)!

하와이에 오신 걸 환영합니다. 제 인생에 있어 한 번도 꿈꾸지 않았던 여행지가 바로 하와이였습니다. 유럽 여행 중 만난 한 중년의 부부가 인생을 살면서 꼭 한 번 가봐야 하는 곳으로 하와이를 추천했습니다. 그렇게 만난 하와이는 제 인생을 바꿀 만큼 많은 것을 변화시킨 여행지가 되었습니다.

우연한 만남, 뜻밖의 여정, 새로운 시선을 만들어준 하와이. 이곳에서 더 많은 사람이 행복을 느끼고 신나게 즐길 수 있기를 바라는 마음에서 단순히 가이드북 저자의 시선이 아닌, 진짜 경험하고 느낀 하와이에 대해 여행자의 입장에서 풀었습니다. 그 과정에서 '가이드북이란 무엇일까?'에 대한 고민도 많았습니다. 물론 여행지의 역사와 배경 지식도 중요합니다. 하지만 그보다 중요한 건 꼭 필요한 정보, 그리고 생생한 현지 여행 TIP이라고 생각합니다.

가족, 친구, 지인들에게 알려준다는 마음으로 그간의 하와이 여행을 글로 담습니다. 이 책을 읽는 모든 사람이 똑같은 것을 느낄 순 없습니다. 그 다름 속에서 하와이가 선물하는 매력을 찾는 여행이 되기를 희망합니다. 누군가 이 책을 통해 "여행 참 잘 했어"라고 한다면 그것만큼 기쁜 일은 없을 것 같습니다.

**박성혜**

<오! 마이 하와이>는 2018년 네이버 대표 카페
**포에버 하와이 + 미서부와 함께 합니다!**

**하와이 홀릭들이 알려주는 베스트 여행 코스,**
**한발 빠른 트렌디한 맛집, 핫한 쇼핑 아이템 정보,**
**유쾌한 하와이언 마할로가 알려주는 꿀팁이 가득!**
**여행 후 바쁜 일상으로 돌아가도 자꾸 방문하게 되는 포하앤미서부!**
**포하앤미서부와 함께 여행을 떠나볼까요?**

## 포에버 하와이 + 미서부의 세 가지 혜택

### 1. 하와이 꿀팁 챙겨가!

왕초보 필독 정보, 마할로의 실속 TIP, 회원들의 생생한 TIP,
여행 해프닝 & 실수담

### 2. 공유 공짜 다 봐봐!

항공 발권, 숙박 예약, 렌터카 예약, 알찬 쿠폰, 하와이 일정 공유

### 3. 마할로를 소환하라!

포하앤미서부 한국 정모에서 마할로와 커피 한 잔!

**블로그** | blog.naver.com/sseoble/
**인스타** | www.instagram.com/sseoble/

CONTENTS

INTRO.
## 하와이 이웃섬은 어떤 곳일까?



PART 1.
BIG ISLAND
## 빅 아일랜드

PART 2.
MAUI
# 마우이

Hertz
Hertz
Hertz

Welcome To
HĀNA
The HEART of
Old Hawai'i

PART 5.
KAUAI
# 카우아이



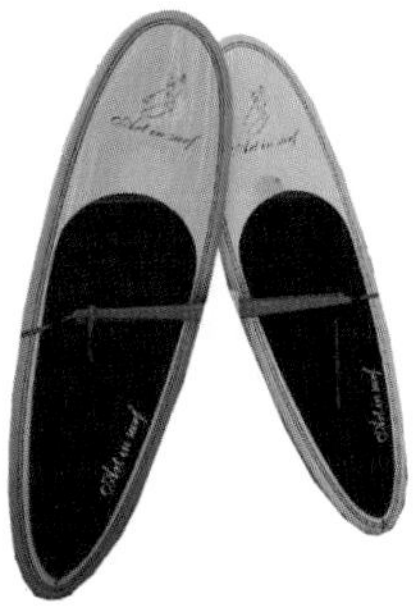

INTRO. BIG ISLAND·MAUI·
LANAI·MOLOKAI·KAUAI

# 하와이 이웃섬은 어떤 곳일까?

# BIG ISLAND·MAUI·LANAI·MOLOKAI·KAUAI FAQ

여행자들이 궁금해하는
하와이 이웃섬 7

## 1

### 이동은 어떻게 하나요?

호놀룰루 국제공항 도착 후 주내선을 이용해야 한다. 한국에서 출발하는 여행자가 이웃섬으로 이동할 수단은 비행기뿐이다. 주내선은 쉽게 국내선이라 생각하면 된다. 하와이안항공에서 가장 많은 항공편을 제공한다. 이웃섬까지 비행시간은 대부분 30-40분이다. 일정을 정했다면 이웃섬 항공편을 예약하는 것이 좋다. 운행 시간은 오전 5-6시 첫 운행을 시작으로 시간당 1-2편의 비행을 오후 10-11시까지 운행한다. 평균 요금은 1인당 왕복 15-20만 원 정도다. 예약은 하와이안항공 홈페이지에서 가능하다. 2019년 4월 미국 내 대표 저가항공사인 사우스웨스트 항공도 주내선 운행을 시작했다.

SITE 하와이안항공 www.hawaiianairlines.co.kr
사우스웨스트항공 www.southwestaircommunity.com

## 2

### 출발 시간 선택 도와주세요!

호놀룰루 국제공항 도착 후 주내선 이동 비행기는 최소 2시간-2시간 30분 여유를 가지고 예약하는 것이 좋다. 입국 심사 및 주내선 탑승에 소요되는 시간이 있으니 최소한의 여유를 가지고 예약하자. 한국에서 출발하는 항공편이 기상 악화 등의 이유로 지연될 경우 승무원에게 미리 알리고 도움을 받자. 또한, 이웃섬 여행 후 오아후로 돌아올 때 이웃섬 각 공항에 1시간 30분-2시간 전에 도착해 수속을 마치는 것이 좋다. 이웃섬 여정이 여행의 마지막이라면, 호놀룰루 국제공항에서 탑승할 귀국편의 출발 시각 3-4시간 전에 호놀룰루 국제공항에 도착해야 한다(귀국하는 항공편 대부분은 출발 세 시간 전부터 수속을 시작한다).

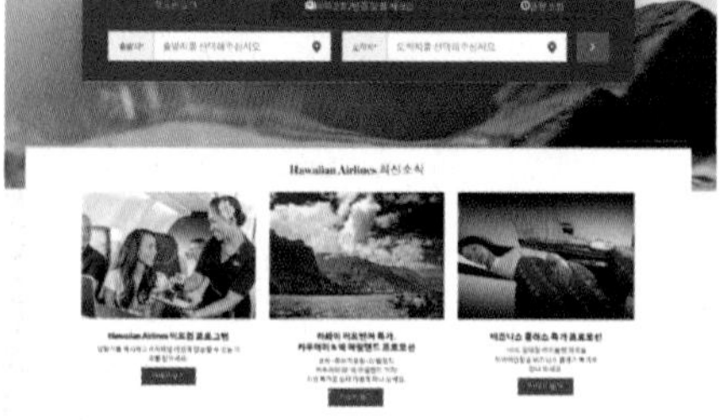

하와이안항공 한국어 홈페이지

마우이 카훌루이 공항

여행자들이 하와이 이웃섬 여행을 준비하며 가장 많이 하는 질문 7가지를 뽑았다. 어디서부터 어떻게 준비해야 하는지 막막했다면 일단 FAQ를 읽어보자. 어렵고 멀게만 느껴졌던 하와이 이웃섬이 성큼 다가와 있을 것이다.

## 3

### 며칠 묵으면 좋을까요?

여행을 계획하다 보면 욕심이 생기기 마련이다. 하지만 변수 많은 여행지에서의 욕심은 절대 금물! 여행 전체 일정이 6박 이상이라면 이웃섬 여행도 추천하지만, 그게 아니라면 한 섬이라도 제대로 즐기는 것이 좋다. 무리해서 여러 섬을 여행하다가 낭만의 섬에서 낭만을 잃어버리거나, 신혼여행이 극기 훈련으로 변해버리는 상황을 경험할지도 모른다. 이웃섬의 최소 여행 일정은 빅 아일랜드 4박, 마우이·카우아이 3박, 라나이 2박이다.

## 4

### 숙박은 어떻게 할까요?

이웃섬 호텔은 지역별로 나눠 살펴보면 좋다. 빅 아일랜드는 카일루아 코나, 와이콜로아, 힐로에 모여 있다. 카일루아 코나는 중저가의 다양한 가격대 호텔, 와이콜로아는 가족 단위 위주의 리조트 호텔, 힐로는 중저가의 4-5곳 호텔이 있다. 마우이는 크게 와일레아, 키헤이, 라하이나, 카아나팔리로 나뉜다. 와일레아는 최상급의 호텔 및 리조트, 키헤이는 중저가 리조트, 라하이나는 중저가 호텔 및 리조트, 카아나팔리는 중고가 리조트 및 호텔이 있다. 라나이는 중가 호텔 한 곳, 고가 호텔 두 곳, 몰로카이는 중저가 호텔 및 리조트 5곳이 전부다. 요금은 물론 편의성과 접근성 등을 고려해 숙소를 선택하자. 개인이 운영하는 작은 호텔 및 에어비앤비도 있다.

인기 신혼여행지 마우이

라나이 포시즌스 호텔

## 5

### 반드시 렌터카를 이용해야 하나요?

이웃섬 여행 시 렌터카는 필수다. 대중교통을 이용해 여행하겠다고 계획했다면, 큰 오산! 섬마다 운행하는 버스가 있지만, 노선이 다양하지 않고 배차 시간 및 소요 시간도 길어 시간이 부족한 여행객에는 적합하지 않다. 렌터카를 이용할 수 없는 경우 투어 프로그램을 살펴보는 것이 좋다. 대부분 투어 프로그램은 호텔 픽업 및 드랍을 제공한다. 이웃섬에서 렌터카를 이용하려면 공항 내 영업소를 찾는 게 편하다. 공항 내 렌터카는 대부분 해당 공항 첫 비행 출발·마지막 비행 도착 시간을 반영하여 영업한다.

허츠 SITE www.hertz.co.kr

## 6

### 화산섬 괜찮을까요?

하와이는 화산으로 이루어진 섬으로 그중 빅 아일랜드는 현재까지도 화산 활동이 진행 중인 활화산이다. 2018년 봄, 지진과 용암 분출이 있었지만 2018년 8월 화산 분화가 멈췄다. 안전을 이유로 문을 닫았던 화산국립공원을 비롯한 화산 명소들은 재정비를 마치고 다시 여행객을 맞이하고 있다. 화산 활동으로 인한 영향이 없을지 걱정이라면 망설일 필요가 없다. 미국은 안전에 있어 세계에서 가장 까다로운 나라이며, 화산 전문가들이 실시간으로 화산 활동의 변화를 살피며 민첩하게 대응하고 있으니 안심하고 여행하자.

하와이 관광청 SITE www.gohawaii.com
SNS www.facebook.com/goHawaiiKR/

이웃섬 여행의 필수 렌터카

빅 아일랜드 화산국립공원

## 7

### 복장에 신경을 써야 할까요?

이웃섬에는 날씨가 변화무쌍한 곳이 많다. 빅 아일랜드-화산국립공원·마우나케아, 마우이-할레아칼라, 카우아이-푸우 오 킬라 전망대가 대표적이다. 이곳은 고도가 높으므로 방한과 옷차림에 신경 쓰자. 특히, 마우나케아와 할레아칼라 정상부는 기온이 시내에 비해 20℃ 넘게 낮아진다. 렌터카를 이용해 정상부에 오를수록 온도계 기온이 뚝뚝 떨어지는 것을 확인할 수 있다. 경량 패딩이나 기모 안감의 옷, 긴 바지, 운동화, 스카프와 장갑을 챙기자. 화산국립공원 경우 바람을 막아줄 점퍼나 얇은 카디건을 챙기는 것이 좋다.

또한, 마우나케아와 할레아칼라는 구름 위로 올라가 전경을 감상하는 곳이다. 출발할 때 구름이 끼고 안개가 자욱하거나 비가 온다고 해서 무작정 일정을 취소하지 말자. 구름 위로 올라가 절경을 감상하는 장소이므로 당연히 일반 스폿과 날씨가 다르다. 공식 웹사이트를 통해 날씨 및 방문 가능 여부를 확인하자.

**SITE**
마우나케아 mkwc.ifa.hawaii.edu/current/road-conditions
할레아칼라 www.nps.gov/hale/planyourvisit/index.htm

빅 아일랜드 마우나케아

SPECIAL

# 하와이안항공과 함께 하는 하와이 여행

하와이안항공

HAWAIIAN AIRLINES.

## 하와이안항공

1929년 창립한 하와이안항공(Hawaiian Airlines)은 90년 안전운항을 자랑하는 하와이에서 가장 규모가 크고 오래된 항공사다. 하와이안항공은 지난 15년간(2004년부터 2018년) 뛰어난 정시 운항률을 기록하며 미국 교통부가 선정한 가장 우수한 미국적 항공사로 인정받고 있다. 또한 트래블 전문지 <코데 내스트 트래블러>, <트레블 + 레저>와 <트립어드바이저>가 실시한 소비자 조사에서 미국 본토와 하와이 간 노선을 운항하는 미국 내 항공사 중 최상위에 선정되었다.

현재, 미국 동·서부 주요 13개 도시로 직항편을 운항하고 있으며 한국, 일본, 호주, 뉴질랜드, 아메리칸 사모아와 타이티로 국제선 서비스를 제공하고 있다. 하와이안항공은 하와이 각 섬 간 운행되는 제트 항공기 약 170편을 포함해 매일 260편 이상을 운항한다.

SITE HawaiianAirlines.co.kr

## 하와이안 마일즈

하와이안항공이나 제휴사 항공편을 이용하여 하와이안 마일즈(HawaiianMiles)를 적립해보자. 적립한 마일리지는 항공권 구입 및 업그레이드, 호텔 예약, 렌터카 대여, 레스토랑 및 쇼핑 할인 혜택이 가능하다. 렌터카의 경유 제휴 업체에서 3일 이상 렌트 시 하와이안 마일즈를 더블로 적립할 수 있다 (2019년 12월 31일까지) 하와이안 마일즈는 가족과 친구에게 공유 및 선물, 기부도 가능하다. 자세한 사항은 홈페이지를 참고하자.

하와이안 마일즈 SITE HawaiianAirlines.co.kr/HawaiianMiles

### 인천-호놀룰루 간 하와이안항공 노선의 장점 5

**1. 한국어 구사가 가능한 승무원**

하와이안항공의 인천-호놀룰루 노선에는 최소 3명의 한국어 가능 승무원이 배치된다. 편안하고 친근하게 소통이 가능한 승무원들이 제공하는 최고의 서비스를 경험할 수 있다.

**2. 최고의 셰프가 만든 기내식**

2016년 12월부터 정창욱 셰프와의 콜라보를 통한 기내식을 전 좌석 탑승객에게 제공하고 있다. 기내식 메뉴는 승객의 취향과 선호도를 반영해 6개월 간격으로 업데이트 된다.

**3. 다양한 엔터테인먼트**

하와이안항공에는 최소 3편 이상의 한국 영화와 드라마, 하와이 정보를 얻을 수 있는 한국어 기내지 <하나 호우(Hana Hou)>가 준비되어 있다.

**4. 주 5회 운항으로 편안하게**

하와이안항공은 최대 278명까지 수용 가능한 A330 기종을 통해 인천-호놀룰루 노선을 주 5회 운항하고 있다. 월·목·금·토·일요일 오후 10시에 인천에서 출발해 같은 날 오전 11시 50분에 하와이에 도착한다. 호놀룰루에서는 수,목,금,토,일요일 오후 2시 35분에 출발해 다음날 오후 8시에 인천에 도착한다(2019년 5월 기준)

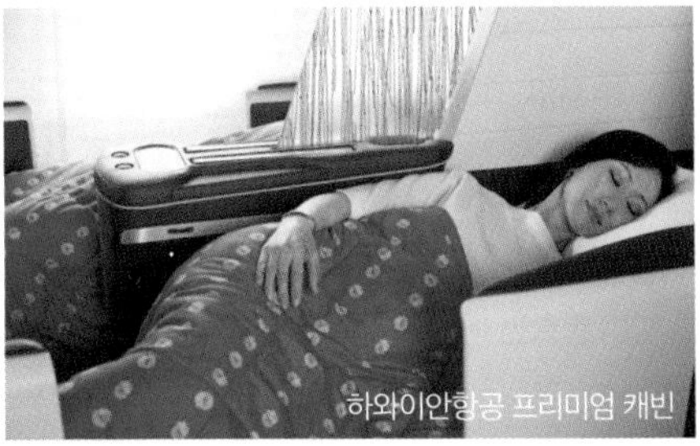

하와이안항공 프리미엄 캐빈

하와이안항공 프리미엄 캐빈

**5. 최상의 편안함, 프리미엄 캐빈**

비즈니스 클래스에 속하는 하와이안항공의 프리미엄 캐빈은 총 18석의 침대형 라이플랫(Lie-flat) 좌석으로 구성됐다. 길이 약 193cm, 넓이 약 52.07cm로 넓고 편안한 공간을 제공한다. 특히 2-2-2 좌석 배치로 구성돼 커플과 가족 여행객들에게 최적화되어 있다.

**OH! MY TIP**

**호놀룰루 경유 시 이웃섬 수하물 무료**

인천에서 출발하는 국제선 여정으로 항공권 구매 시, 하와이안항공의 인천-호놀룰루 노선 탑승 후 이웃섬으로 이동하는 경우, 호놀룰루-이웃섬 노선의 수속 수하물 비용은 무료다.

**하와이안항공 A330좌석 배치도**

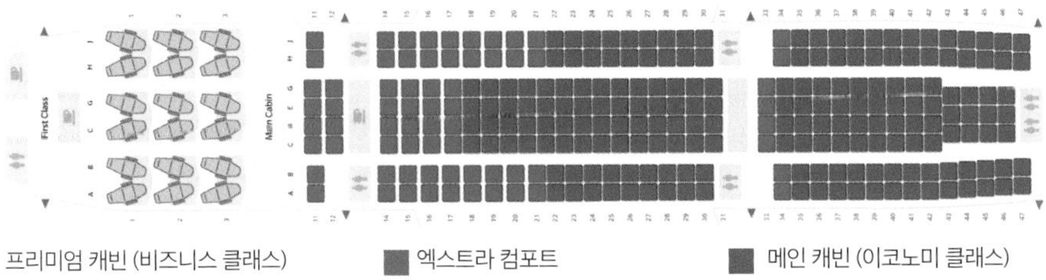

프리미엄 캐빈 (비즈니스 클래스)

엑스트라 컴포트 (프리미엄 이코노미 클래스)

메인 캐빈 (이코노미 클래스)

## 하와이안항공 국내선 위탁 수하물 규정

• 최대 크기: 가로+세로+높이=총 길이 157cm
최대 무게: 23kg
• 인천-호놀룰루 국제선 이용 후 바로 이웃섬으로 이동할 경우, 이웃섬 수하물 비용이 무료
• 공동 운항편 이용 시 실제 운항 항공사의 수하물 규정이 적용되므로 미리 확인하자.

| 무게 23kg,<br>총 길이 157cm이하의 수하물 | 이웃섬 간 노선 (USD) | 북미 노선 (USD) |
|---|---|---|
| 첫 번째 수하물 | 이코노미 클래스 - $25<br>비즈니스 클래스-무료<br>HawaiianMiles 회원* - $15 | 이코노미 클래스 - $30<br>비즈니스 클래스-무료 |
| 두 번째 수하물 | 이코노미 클래스 - $35<br>비즈니스 클래스-무료<br>HawaiianMiles 회원* - $20 | 이코노미 클래스 - $40<br>비즈니스 클래스-무료 |
| 세 번째 수하물 (개당) | $50 | $100 |

### OH! MY TIP

**HawaiianMiles 회원 특전**

HawaiianMiles 회원은 이웃섬 간 노선의 첫번째와 두번째 수하물 요금을 할인받을 수 있다. 예를 들어, 호놀룰루 (오아후) 출발 - 카훌루이 (마우이) 도착 노선 이용시 이웃섬 간 노선 수하물 요금이 부과된다. 이 할인은 하와이안항공에서 구매한 항공권, HawaiianMiles를 사용하여 받은 보너스 항공권의 좌석 등급과 상관없이 적용된다. 수하물 요금 할인은 예약시 HawaiianMiles 회원번호를 제시하거나 체크인 전 회원번호를 제공한 경우에만 적용되니 꼭 확인하자.

## 기내 수하물

기내 수하물 1개와 함께 개인 물품 1개를 반입할 수 있다. 아래 항목은 개인 물품에 해당되니 반입 가능하다.
• 핸드백/서류가방/노트북 가방
• 배낭 또는 유사 물품

기내 수하물은 규정된 크기와 무게 미만이어야 허용된다.
• 가로 36cm x 세로 23cm x 높이 56cm, 삼면의 길이 총합 114cm
• 최고 무게: 11.5kg

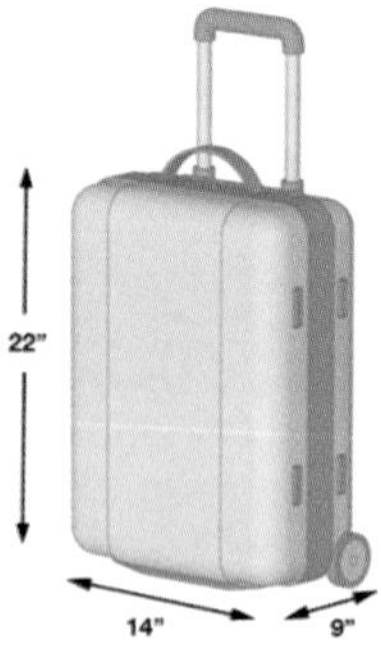

### 기내 수하물 반입 예외사항

어린이와 함께 여행을 하는 어른은 좌석 앞 아래 공간 또는 머리 위 수납 선반에 카시트·운반용 요람·유모차를 기내 수하물로 반입할 수 있다. 해당 물품에 한하여 수수료는 면제되며, 어른의 무릎에 착석하는 유아는 수하물을 위탁할 수 없다.

### 하와이안항공 하와이 노선도

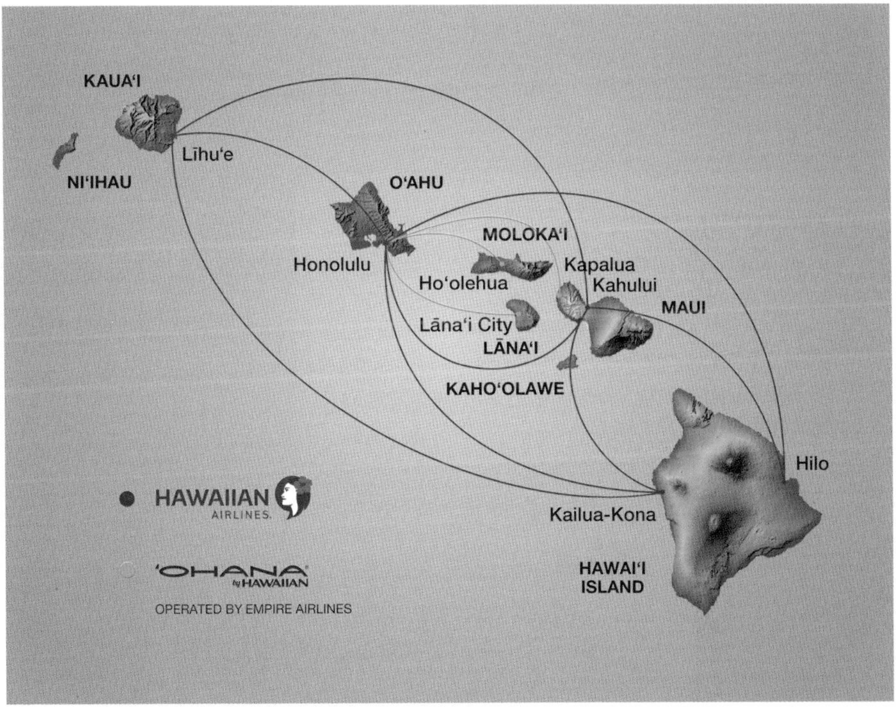


### 하와이안항공 예약 방법

하와이안항공은 공식 한국어 홈페이지를 운영하고 있다. 하와이안항공 홈페이지에서만 구매 가능한 온라인 전용 특가 프로모션이 상시 진행 중이니 득템 기회를 놓치지 말자. 공식 홈페이지 외에도 국내 주요 여행사와 콜센터를 통해서도 예약이 가능하다.

TEL 02-775-5552 | SITE HawaiianAirlines.co.kr

# HAWAII MAP

지도로 보는
하와이 섬

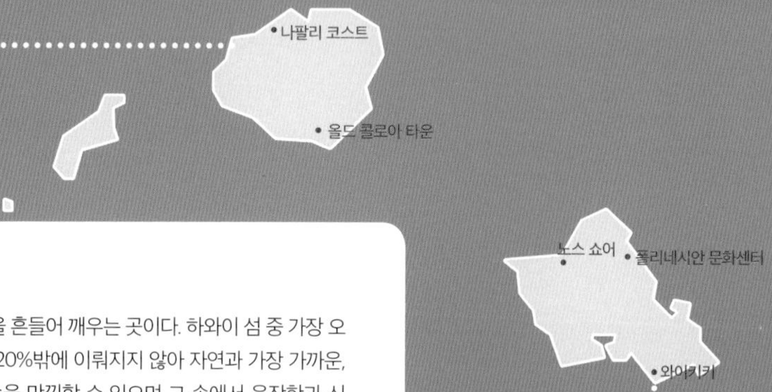


## 카우아이

울창한 원시림이 오감을 흔들어 깨우는 곳이다. 하와이 섬 중 가장 오래된 섬이지만 개발은 20%밖에 이뤄지지 않아 자연과 가장 가까운, 때 묻지 않은 섬의 모습을 만끽할 수 있으며 그 속에서 웅장함과 신비로움에 반하게 된다.

**필수 여행지: 나팔리 코스트, 와이메아 캐니언, 포이푸 비치, 프린스빌, 올드 콜로아 타운, 하날레이 등**

## 오아후

많은 이들이 꿈꾸는 하와이 여행의 관문 같은 곳이다. 메인 섬답게 주요 공공시설, 대학교 및 어학원 등의 교육 시설을 비롯해 회사, 병원, 호텔 등 수많은 시설이 모여 있다. 휴식, 쇼핑, 관광, 자연 등 모든 여행이 가능한, 누구라도 만족할 만한 섬이다.

**필수 여행지: 와이키키 비치, 노스 쇼어, 다이아몬드 헤드, 진주만, 폴리네시안 문화센터, 쿠알로아 랜치 등**

## 라나이

가장 작은 섬이지만, 가장 럭셔리한 궁극의 휴가를 만끽할 수 있는 곳이다. 세계 최대 파인애플 생산지라는 명예와 더불어 여행자들에게 하와이에서 가장 보석 같은 섬으로 자리 잡았다. 프라이빗하면서도 고급스러움은 기본. 신들의 정원에서 한적한 휴식과 더불어 골프, 승마를 즐기기에 최적의 환경이다.

**필수 여행지: 라나이 시티, 훌로포에 비치, 신들의 정원, 먼로 트레일 등**

## 몰로카이

다미안 신부의 성스러운 정신과 함께 자연 그대로의 하와이를 담고 있는 곳이다. 하와이언 본래의 뿌리를 간직하고 있는 섬으로 라스트 몰로카이언을 만날 수 있다. 현지인들의 일상을 고스란히 느껴볼 수 있는 곳으로 특히 고대 폴리네시아인들의 삶을 엿볼 수 있다.

**필수 여행지: 칼라우파파 전망대, 칼라우파파 국립역사공원, 카우나카카이 타운 등**

## 빅 아일랜드

하늘, 땅, 바다. 대자연의 신비함을 느껴볼 수 있는 곳이다. 살아 숨 쉬는 '활화산'과 쏟아지는 별빛 아래 느껴보는 뭉클함은 다른 섬에서 경험할 수 없는 특별한 감동이다. 자연이 주는 종합선물세트 같은 곳으로 화산과 천문에 관심이 많다면 놓치지 말아야 할 섬이다. 코나와 힐로 두 곳을 통해 들어갈 수 있다.

**필수 여행지: 화산국립공원, 마우나케아, 와이피오밸리, 코나 커피 벨트, 푸우호누아 오 호나우나우 국립역사공원, 사우스 포인트 등**

## 마우이

'하와이 속 작은 유럽'으로 불리는 곳이다. 휴양을 즐기며 낭만을 찾을 수 있고, 자연의 신비함 속에 태양의 아름다움을 만날 수 있으며 옛 하와이 왕국의 정취까지 느낄 수 있다. 어디에서 무엇을 하든 마우이를 찾는 누구나 하와이의 낭만에 흠뻑 빠지게 될 것이다.

**필수 여행지: 할레아칼라, 로드 투 하나, 라하이나 거리, 카아나팔리 등**

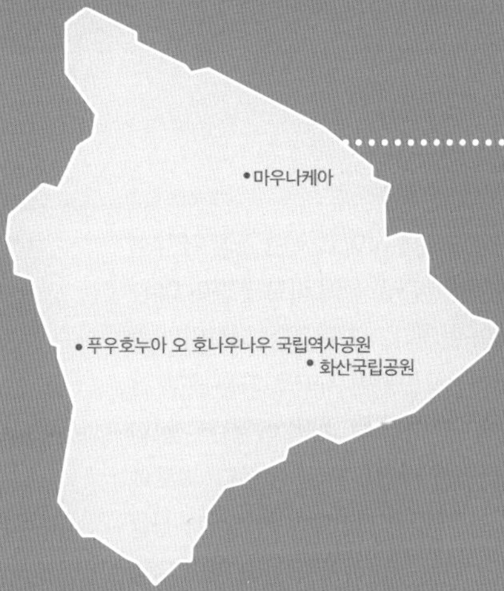

# BIG ISLAND·MAUI·LANAI·MOLOKAI·KAUAI WEATHER

하와이 이웃섬
날씨와 기후

마우이 비치

## 빅 아일랜드

하와이 섬 중 가장 크지만 나이로 치면 가장 어린 섬이다. 코나는 화창하고 다른 섬에 비교해 볕이 더 강하다. 힐로는 이와 반대다. 1년 중 절반 이상이 우중충하고 흐리다. 화산국립공원 지역은 다른 곳과 온도 차를 보이는데 5℃ 이상 낮다. 빅 아일랜드는 다른 섬보다 다이나믹한 자연을 만날 수 있다. 고도에 따라 열대 습윤 기후에서 고산 사막 기후까지 접할 수 있으며 기후와 지형의 변화가 다양해 열대 우림과 만년설을 동시에 감상할 수 있다.

### OH! MY TIP

**하와이 날씨를 실시간 확인하자**

하와이 현지의 날씨를 미리 또는 실시간으로 알고 싶다면 'AccuWeather' 사이트, 어플리케이션을 이용해 보자. 하와이 주요 지역의 현재 날씨와 예상 날씨, 최장 90일 동안의 장기 예보도 확인할 수 있다. 날씨 외에도 풍속 정보, 이안류 통보, 일출 및 일몰 시간도 제공해 서핑과 선셋을 즐길 계획이라면 아이폰 및 안드로이드에서 어플리케이션을 미리 다운 받아두자.

SITE accuweather.com/ko/

## 마우이

하와이 섬 중 두 번째로 크다. 마우이 날씨는 지역별로 차이를 보인다. 카팔루아, 라하이나, 키헤이, 와일레아는 바람이 가려지는 곳(서쪽)으로 건조하지만 눈부신 해변이 펼쳐진다. 바람을 맞는(동쪽) 이아오밸리와 하나로드는 습하고 울창하다. 그 때문에 아름다운 절경을 만날 수 있다. 전체적으로 바람이 가려지는 곳이 업컨트리 지역보다 더 따뜻한 편이다. 혹등고래가 장관을 펼치는 12-4월은 마우이 최대의 관광 시즌과도 같다. 'V'자 형태의 깊은 계곡 절경을 뽐내는 마우이는 '미국에서 가장 아름다운 곳 10선'에 선정된 바 있다.

## 라나이

1922년 미국 식품업체 돌(Dole)이 파인애플 농장을 조성한 후 '파인애플 섬'이라고도 불렸다. 현재 미국 기업 오라클의 창업자 래리 앨리슨이 섬의 98%를 소유하고 있다. 연중 날씨가 좋지만 다소 건조한 편. 여름은 따사롭지만 건조하고 겨울은 서늘하다. 평균 기온 21-29℃, 연평균 강수량은 94mm다. 라나이시티와 마넬레 베이·훌로포 베이의 기온이 다른데, 고도가 518m인 라나이시티가 베이쪽보다 5-6℃ 낮은 편이다.

## 몰로카이

일 년 내내 큰 온도 차 없이 날씨가 일정한 편이다. 평균 기온 23.9℃. 산악 지대인 동쪽은 습하고 녹지가 많지만 서쪽 지역은 다소 건조하다.

## 카우아이

하와이 섬 중 가장 나이가 많은 섬이다. 평균 기온 21-29℃이며 해변은 22-27℃로 이상적인 날씨를 자랑한다. 오랜 풍화 작용으로 인한 절경과 밀림이 이국적인 섬이다. 섬 전체의 20%만 개발되었으며, 연평균 강수량이 6,000mm 이상으로 세계에서 두 번째로 비가 많이 오는 곳이다. 충분한 강수량 덕분에 녹음이 짙은 곳이라 '정원의 섬'이라는 별명이 붙었다. 비가 잦은 날씨 탓에 카우아이 여행을 계획한다면 7-8월 경을 추천한다.

### OH! MY TIP

**빅아일랜드 킬라우에아 이럽션(Kilauea eruption)**

빅아일랜드의 코할라, 마우나케아, 후알랄라이, 마우나로아, 킬라우에아 화산 중 3개는 200년 이내 분출한 활화산이다. 킬라우에아 화산 내 푸우오오(Puu Oo) 분화구는 1983년 1월 3일부터 2018년까지 용암을 분출해왔고 2018년 4월 30일 지진으로 폭발한 바 있다. 푸우오오의 바닥이 무너지면서 연쇄 반응으로 이곳 용암이 빠져나왔고 전례 없던 연쇄 폭발로 할레마우마우 분화구에서도 같은 일이 일어났다. 푸우오오 용암은 빅아일랜드 동쪽으로 흘러가 레이라니 에스테이트(Leilani Estate) 등 마을에 새로운 화산 봉우리를 만들고, 카포호 베이와 타이드 풀, 아할라누이 핫 폰드를 사라지게 만들었다.

미국 지질조사국의 하와이 화산관측소(HVO)는 "푸우오오가 가끔 한 두달 정도 분화를 쉬는 때도 있었지만 거의 한 두시간씩만 쉬면서 용암을 분출해왔다. 이 덕분에 우리는 거의 늘 용암을 볼 수 있었다."고 회고했다. 덕분에 많은 여행자들이 화산 활동을 보기 위해 빅 아일랜드를 찾았지만 푸우오오 분화구는 2019년 2월 11일 사망 선고를 받았다. 화산학계 기준으로 90일 이상 분출이 없으면 지속적인 화산 활동이 끝난 것으로 판정한다. 하지만 화산 전체가 죽은 것은 아니다. 다른 곳에서 수개월 혹은 수십년 간 휴지기를 끝내고 새로운 분화가 시작되고 있다.

푸우오오 분화구의 분출에 따른 화산재, 지진, 폭발로 인해 도로와 마을이 손상되어 화산국립공원도 큰 변화를 맞았다. 현재는 안전이 확보된 공간만 오픈 된 상태이며 순차적으로 그 범위를 넓히고 있다.

SPECIAL

# 하와이 여행의 동반자 허츠

허츠 렌터카

## 하와이 여행 렌터카는 허츠(Hertz)

1918년 창립 이래 업계 1위를 지키고 있는 렌터카 회사로 북미, 유럽, 호주 및 뉴질랜드, 중동, 아프리카, 아시아, 남미, 카리브해 지역에 약 10,200여 개의 영업소를 운영한다. 허츠 홈페이지를 방문해 차량부터 네비게이션, 카시트 등 다양한 옵션을 선택해보자. 대한항공, 아시아나항공을 비롯한 전 세계 70여 제휴 항공사 및 호텔 마일리지 적립 혜택은 물론 24시간 긴급 출동 서비스(한국어 무료 통역 서비스)도 제공받을 수 있다.

### OH! MY TIP

**허츠로 알뜰하게 여행하기**

홈페이지로 사전 예약 시 현지 요금 대비 최대 30% 할인된 요금으로 예약이 가능하다. 《오! 마이 하와이》 독자를 위한 할인 프로그램(CDP) 번호 이용 시 추가 10% 할인 혜택을 받을 수 있으니 놓치지 말자.

**SITE** www.hertz.co.kr(한국어)
**TEL** 1600-2288 | **CDP** 2148236

## Hertz Gold Plus Rewards 회원 서비스

회원 정보에 등록된 신용카드로 보증금 예치 승인을 진행해 예약된 시간에 맞추어 차량을 준비해준다(단 2시간 이상 늦는 경우 예약이 취소될 수 있다). 골드 회원의 배우자는 추가 운전자 등록이 무료이며, 아동용 카시트 요금을 할인 받을 수 있다.

영업소 도착 후 전광판에서 본인 이름과 주차 구역을 확인 후 바로 주차장에서 차량을 픽업하면 된다. 전광판이 없는 영업소는 회원 전용 카운터에서 차량 열쇠와 계약서를 인수할 수 있다. 출구에서 신분증(국내운전면허증, 국제운전면허증, 여권) 확인한 후 차량 상태를 점검하고 출발한다.

## 허츠 이용하기 3단계

**STEP 1. 예약하기 - 예약 필수 정보 입력**

① 운전자 영문명: 여권과 신용카드상의 영문명과 일치해야 한다.
② Hertz Gold Plus Rewards 회원번호: 회원인 경우
③ 픽업 영업소, 날짜, 시각, 도착 항공편: 공항 픽업

허츠 한국어 홈페이지

시 항공편을 입력하면 항공기 연착 시 예약이 취소되지 않는다.

④ 반납 영업소, 날짜, 시각: 임차 요금은 임차 시각으로부터 24시간(1일) 단위로 적용된다.

⑤ 차량 등급 및 추가 옵션(네비게이션, 아동용 카시트 등): 일반 차량은 등급별로 예약되며 특정 브랜드나 모델로 미리 지정되지 않는다. 단 Hertz Collection 차량을 포함한 일부 고급 차량은 모델 지정이 가능하다. 만 25세 미만 운전자는 생년월일 확인이 필요하다.

### STEP 2. 픽업하기

① 영업소를 방문하여 예약 번호, 국내운전면허증, 국제운전면허증, 여권, 본인 신용카드를 제시한다. 1시간 이상 늦는 경우 예약이 취소될 수 있다.

② 추가 옵션 포함 여부 및 차량 모델을 확인 후 신용카드로 보증금을 승인한다. 이때 승인되는 금액은 실제 결제 금액이 아니며 한도 확인을 위한 절차다.

③ 임차 계약서를 받으면 기재된 항목 및 요금을 반드시 재확인 후 서명하자. 요금이 예상과 다르다면 직원에게 문의 후 바로 정정하고 새로운 계약서를 발부받으면 된다. 특히 UPGRADE, PERS, FPO, ESP 항목에 유의하자.

④ 안내된 주차 구역으로 이동하여 차량 상태를 점검하고 출발하자.

### STEP 3. 반납하기

① 반납하기로 계약된 영업소에 방문하여 직원의 도움을 받아 반납 수속을 한다. 주행거리, 연료 잔량, 차량 상태 등을 점검 후 영수증을 받는다. 30분 이상 초과 사용은 하루를 더 임차한 것으로 간주되며 세차 후 차량 파손이 발견되는 경우 차후 고객 책임액이 청구될 수 있다.

② 영업시간 외 무인 반납의 경우, 임차계약서 봉투(반납 일시, 연료 잔량, 주행거리 기재)와 차량 열쇠를 반납함에 넣는 것이 일반적이지만 영업소에 따라 가능 여부가 다르므로 사전에 확인해야 한다.

③ 현장에서 영수증을 받지 못한 경우 홈페이지(www.hertz.co.kr)에서 2-3일 후 출력 가능하다.

### OH! MY TIP

하와이 이웃섬 허츠 주요 지점 정보

**빅 아일랜드**

코나 국제공항 **ADD** 73104 Aulepe St, Kailua-Kona, HI 96740 | **TEL** 808-329-3566 | **OPEN** 5:00-22:30

카일루아 코나 **ADD** 75-5660 Palani Rd #200, Kailua-Kona, HI 96740 | **TEL** 808-329-2042 | **OPEN** 8:00-24:00

힐로 국제공항 **ADD** 7519, 2355 Kekuanaoa St #15, Hilo, HI 96720 | **TEL** 808-935-2898 | **OPEN** 6:00-21:30

**마우이**

카훌루이 국제공항 **ADD** 850 W Mokuea Pl, Kahului, HI 96732 | **TEL** 808-893-5200 | **OPEN** 5:00-23:30

카훌루이 **ADD** 170 W Kaahumanu Ave, Kahului, HI 96732 | **TEL** 808-871-5011 | **OPEN** 7:00-17:00

하얏트 리젠시 마우이 리조트 앤 스파 **ADD** 200 Nohea Kai Dr, Lahaina, HI 96761 | **TEL** 808-661-4368 **OPEN** 8:00-16:00

**카우아이**

리후에 공항 **ADD** 3250 Hoolimalima Pl, Lihue, HI 96766 **TEL** 808-245-3356 | **OPEN** 5:00-22:30

마우이 카훌루이 국제공항 렌터카 빌딩으로 이동하는 트램

마우이 서부 해안도로

# PART 1. BIG ISLAND

# 빅 아일랜드

# 빅 아일랜드의 7가지 매력

**01**
살아 숨 쉬는
자연의 신비로움

**02**
스릴 만점
진귀한 화산 체험

**05**
온몸으로 느끼는
세상의 모든 기후

**04**
천혜의 경관이 빚어낸 천연
수족관에서의 하루

**03**
로열 패밀리의 핵심,
국왕의 고향과 조우

**06**
세상 어디서도 볼 수 없는
황홀한 광경

**07**
세계 3대 커피 중 하나인
코나 커피, 그 향기로운 맛

# FROM OAHU TO BIG ISLAND

오아후에서 빅 아일랜드로 이동하기

국내에서 항공권 예약 시, 다구간 설정 후 인천-호놀룰루 국제공항, 호놀룰루 국제공항-코나 국제공항 및 힐로 국제공항을 선택하면 된다. 국적기인 대한항공, 아시아나, 진에어의 경우 별도로 주내선 예약을 해야 한다. 하와이안항공의 경우 항공권 발권 전 티켓을 예매한 여행사 혹은 대행사를 통하면 할인된 요금에 예약 가능하다. 하와이안항공에서 할인을 받을 수 있는 다양한 이벤트를 진행하니 이를 활용하는 것도 좋다.

코나 국제공항

코나 국제공항
ADD 73-200 Kupipi St, Kailua-Kona, HI 96740
SITE airports.hawaii.gov/koa/

힐로 국제공항
ADD 2450 Kekuanaoa St, Hilo, HI 96720
SITE airports.hawaii.gov/ito/

## Kona International Airport & Hilo International Airport

### 코나 & 힐로 국제공항

빅 아일랜드로 들어갈 수 있는 관문은 코나 국제공항과 힐로 국제공항이다. 호놀룰루 공항에서 주내선을 타고 이동 가능하며, 하와이안항공이 가장 많은 항공편을 운영한다. 편도 85~130$ 정도로 시간대 및 예약 시기에 따라 가격이 다르니 홈페이지에서 요금을 확인하자.

#### 코나 국제공항 약도

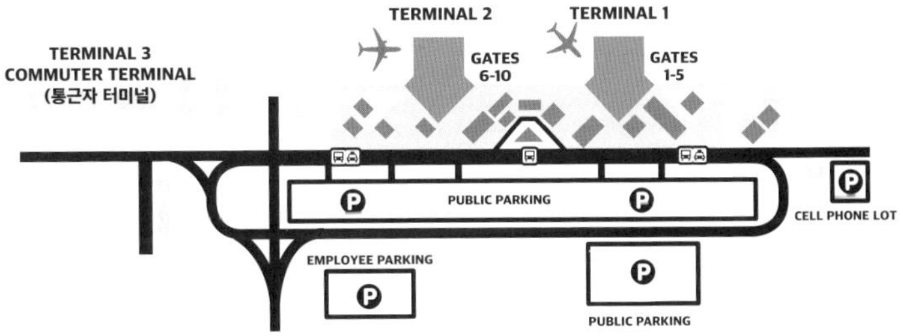

# BIG ISLAND TRANSPORTATION

## 빅 아일랜드에서 이동하기

빅 아일랜드는 하와이에서 가장 큰 섬으로 최소 4일 이상 머물며 둘러보기를 추천한다. 섬 내에서는 렌터카를 이용하는 것이 가장 효율적으로 트롤리와 버스가 있지만 큰 섬을 이동하기에는 몹시 불편하다

## Rent A Car

### 렌터카

빅 아일랜드에서는 렌터카를 이용하는 것이 가장 편리하다. 코나 국제공항에서 픽업 후 힐로 공항에서 반납도 가능하다. 단, 픽업 · 드랍 장소가 다를 경우 수수료가 발생한다(렌터카 업체별 상이). 코나 공항은 수하물을 찾은 후 렌터카 셔틀을 타고 이동해야 하며, 힐로 공항은 횡단보도만 건너면 렌터카 사무실이 있다.

코나 국제공항 렌터카
허츠(Hertz) TEL 808-329-3566 OPEN 5:00-22:30 | SITE hertz.co.kr
달러(Dollar) TEL 866-434-2226 OPEN 5:30-22:30 | SITE dollarrentacar.kr

## TROLLEY

### 트롤리

쉐라톤 코나 리조트(Sheraton Kona Resort)에서 출발하는 트롤리가 유일한데 카일루아 코나 곳곳에서 승 · 하차할 수 있다. 카일루아 피어(Kailua Pier), 코나 인터내셔널 마켓 플레이스(Kona International Marketplace), 알리이 드라이브(Ali'i Drive), 롱스(Longs)가 있는 케아우호우 쇼핑센터(Keauhou Shopping Center), 월마트(Walmart), 코나 브루잉 컴퍼니(Kona Brewing Company) 등으로 이동할 수 있다. 요금은 2$이며 운행 시간은 9시-21시 15분이다(쉐라톤 코나 리조트 투숙객은 무료 이용 가능).

트롤리 운행 시간표 www.konaweb.com/forums/shuttle.shtml

Bus

## 버스

빅 아일랜드에는 대중 버스 '헬레온(Hele-on bus)'이 있으나 추천하지는 않는다. 섬 전역을 연결하긴 하나, 제주도의 8배 규모에 점점 진화하고 있는 큰 섬을 버스로 이동하기에는 한계가 있기 때문이다. 노선별로 운행 횟수도 많지 않다.

헬레온 버스
SITE heleonbus.org

Taxi

## 택시

빅 아일랜드에서는 길에서 택시를 잡는 것이 거의 불가능하므로 호텔 컨시어지에 요청해야 한다. 섬이 크기 때문에 요금도 비싼 편이다. 택시 회사마다 서비스를 제공하는 지역 범위가 다르니 홈페이지에서 확인하자.

코나 택시 서비스(Kona Taxi Service)
TEL 808-329-8294 | OPEN 5:00-22:00
SITE konataxiservice.com

택시 조(Taxi Joe)
TEL 808-329-9090 | OPEN 24시간
SITE taxijoekona.com

# 빅 아일랜드에서 즐기는 액티비티

## Dolphin Quest
### 돌핀 퀘스트

힐튼 와이콜로아 빌리지(Hilton Waikoloa Village)에서 진행하는 액티비티로 돌고래의 매력에 흠뻑 빠져볼 수 있다. 전문가의 안내에 따라 이루어지는 프로그램이며 수영장에서 돌고래와 즐거운 시간을 보낼 수 있다. 아이들을 동반한 가족 단위 여행객이 참여하기 좋다. 5세 이상부터 참여 가능하며, 체험 시간에 따라 다양한 프로그램이 마련되어 있다.

ADD 69-425 Waikoloa Beach Drive, Waikoloa, Hawaii, 96738 | TEL 808-886-2875 | SITE www.dolphinquest.com

## Snorkeling
### 스노클링

빅 아일랜드는 하와이 주요 섬 중 물이 가장 맑고 투명해 스노클링과 카약을 즐길 수 있는 최고의 장소다. 캡틴 쿡 기념비 바로 앞이 스노클링 최적의 장소라 많은 배가 정박해 있다. 미리 예약하는 것이 좋으며 대부분 조식과 중식이 제공된다.

페어 윈드
ADD 78-7130 Kaleiopapa Street Kailua-Kona, HI 96740
TEL 808-322-2788 | SITE fair-wind.com

어드벤처스 인
파라다이스 카약 & 스노클
ADD 82-6020 Mamalahoa Highway, Captain Cook, HI 96704 | TEL 808-447-0080 | SITE bigislandkayak.com

## Kayak
### 카약

코나 지역 곳곳에서 카약 투어를 통해 바다를 즐기는 사람들을 만날 수 있다. 초보부터 프로까지 다양하게 즐길 수 있으며, 카약 대여뿐만 아니라 카약 투어 프로그램도 갖추어져 있다. 코나 케아호우 베이(keahou Bay)와 케알라케쿠아 만(Kealakekua Bay)에서 즐길 수 있다.

어드벤처스 인 파라다이스
ADD 75-5660 Kopiko Street C7-430 Kailua Kona, HI 96740 | TEL 808-447-0080 | SITE bigislandkayak.com

알로하 카약
ADD 79-7248 Mamalahoa Highway Honalo, HI 96750
TEL 877-322-1444 | SITE alohakayak.com

코나 보이스
ADD 79-7539 Mamalahoa Highway Kealakekua, HI 96750
TEL 808-328-1234 | SITE konaboys.com

오션 사파리 카약
ADD 78-7128 Kaleiopapa Road, Keauhou, HI 96740
TEL 808-326-4699 | SITE oceansafariskayaks.com

## Manta Ray Night Tour

### 만타 레이 야간 투어

만타 레이는 바다에서 서식하는 쥐가오리로 몸 길이가 2.6~6m에 달하지만 사람을 해치지는 않는다. 이 투어는 대부분 오후 늦은 시간에 진행되며 만타 레이의 주 먹이인 플랑크톤이 밝은 곳을 좋아하는 특성을 이용한다. 어두운 밤 배에서 불빛을 쏘면 만타 레이가 자연스레 배 근처로 몰려든다.

**빅 아일랜드 다이버스**
ADD 74-5467 Kaiwi St., Kailua-Kona, Island of Hawaii, HI 96740 | SITE bigislanddivers.com

**만타 레이스 하와이**
ADD 74-5576 Pawai Place, Kailua-Kona, HI 96740
SITE mantarayshawaii.com

**만타 레이 다이브**
ADD Honokohau Marina, Slip C1, Kailua-Kona, HI 96740
TEL 808-325-1687 | SITE mantaraydiveshawaii.com

## Fishing

### 바다 낚시

하와이 섬 중 가장 낚시하기 좋은 환경을 지닌 빅 아일랜드에서 바다 낚시 투어에 참여해보자. 마히 마히(Mahi Mahi), 오노(Ono) 등이 잡힌다.

**코나 하와이 낚시**
ADD 73-4345 Oneone Street, Kailua-Kona, HI 96740
TEL 808-895-1852 | SITE fishinkona.com

## Zipline

### 짚라인

짚라인은 빅 아일랜드에서 놓치지 말고 경험해야 할 것 중 하나다. 힐로 지역 아카카 주립공원 내·코할라 지역에서 진행된다. 넘치는 스릴 속 자연을 만끽하며 공중에서 그림 같은 풍경을 눈에 담을 수 있다.

**스카이라인 에코 어드벤처**
ADD 281710 Honomu Rd, Honomu, HI 96728 | TEL 888-864-6947 SITE www.zipline.com/bigisland

**코할라 짚라인 어드벤처**
ADD 55-515 Hawi Rd, Hawi, HI 96719 | TEL 808-331-3620
SITE kohalazipline.com

## Parasailing
### 패러세일링

모터 보트에 특수 고안된 낙하산을 연결해 공중 비행을 즐길 수 있는 항공 레저 스포츠다. 244m (800ft), 366m(1,200ft) 두 가지 높이와 1·2·3인용 가운데 선택할 수 있다.

UFO 패러세일
ADD 75-5660 Palani Road, Suite 111, Kailua-Kona, Hawaii
TEL 800-359-4836 | SITE ufoparasail.net

## Lava Hiking
### 화산국립공원 용암하이킹

화산국립공원을 더 자세하게 보고 싶다면 관리원 프로그램(Ranger Program) 등 전문가와 함께 하는 프로그램을 이용해보자. 풍부한 지식을 지닌 전문가와 함께 이동하며 화산에 대한 설명을 자세히 들을 수 있다. '푸아포오 용암 동굴(Puapo'o Lava Tube)', '벌칸 동굴-화산 탐험(In den Vulkan-into the Volcano)' 등 여러가지 프로그램을 무료로 운영한다.

SITE nps.gov/havo/planyourvisit/ranger-programs.htm

## Helicopter Tour
### 헬기 투어

빅 아일랜드에서 진행하는 헬기 투어의 가장 큰 장점은 화산을 바로 위에서 내려다볼 수 있다는 것이다. 코나, 힐로에서 모두 가능하며 여러 코스 가운데 선택할 수 있다. 코나에서 출발해 힐로를 거쳐 다시 코나로 돌아오는 2시간짜리 코스도 있다. 헬기 투어 시 항상 붉은 용암을 볼 수 있는 건 아니다. 용암 활동 여부에 따라 달라지니 참고하자.

블루 하와이언 헬리콥터스
코나점 ADD P.O. Box 384473 Waikoloa, HI 96738 | TEL 808-886-768 | SITE bluehawaiian.com

블루 하와이언 헬리콥터스
힐로점 ADD Hilo International Airport, Hilo, HI 96720 | TEL 808-961-5600 | SITE bluehawaiian.com

파라다이스 헬리콥터스
ADD P.O. Box 5371, Kailua-Kona, Island of Hawaii, HI 96745 | TEL 866-876-7422 | SITE paradisecopters.com

## Lava Boat
### 용암 보트

바다 위 낮게 깔린 구름 사이로 떨어지는 붉은 빛의 용암 폭포를 더 실감나게 보고 싶다면 보트 투어를 선택하자. 25-30여 명 정도 탑승할 수 있는 배를 이용하며 투어는 3-4시간 정도 진행된다. 바다로 용암 분출 시에만 한시적으로 진행되니 미리 알아두자.

하와이안 라바 보트 투어
TEL 808-640-0806 | SITE hawaiianlavaboattours.com

라바 오션 투어
ADD HI-137, Pahoa, HI 96778 | TEL 808-966-4200 | SITE seelava.com

# BIG ISLAND BEACH MAP

## 빅 아일랜드 해변 지도

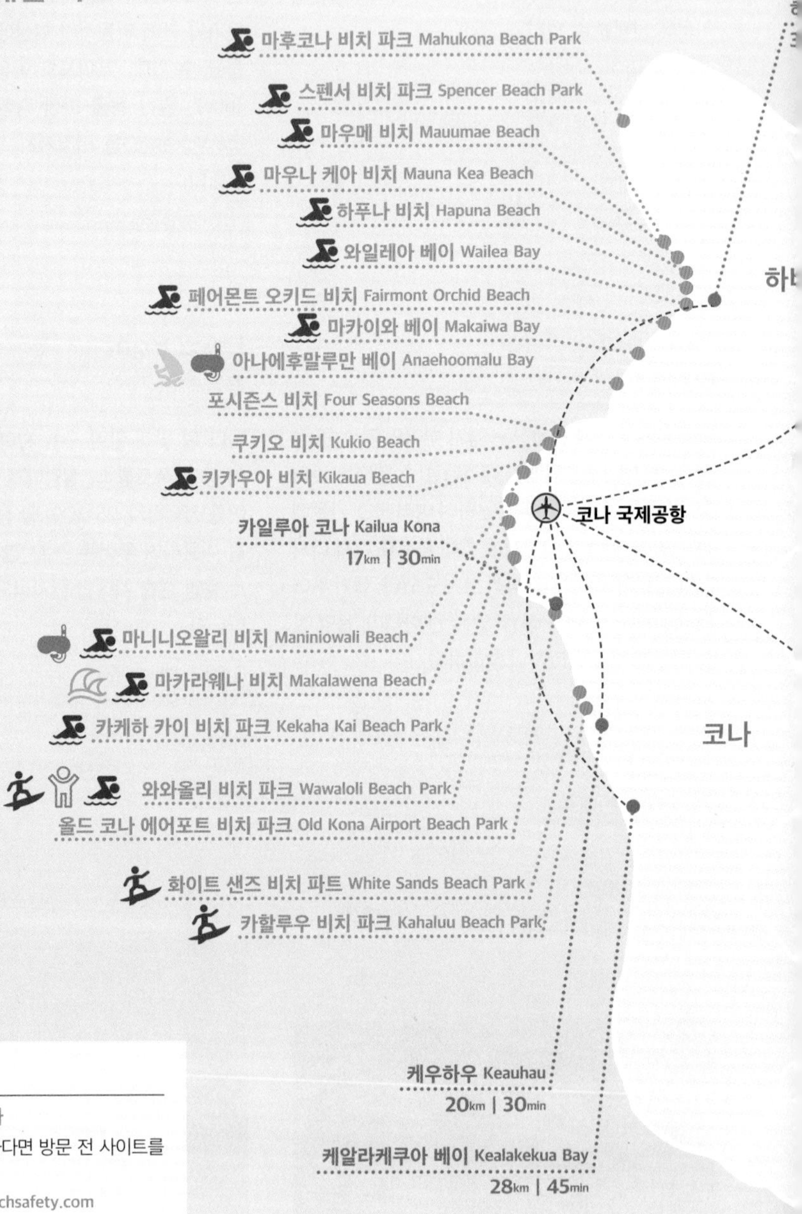


### OH! MY TIP

해변 방문 전 확인하자

비치 컨디션이 궁금하다면 방문 전 사이트를 통해 확인하자.

SITE www.hawaiibeachsafety.com

모래 해변
바위 해변
수영
스노클링
윈드서핑
아이들이 놀기 좋은 해변
부기 보드
서핑
크 Hapuna Beach Park
와이메아 Waimea
37km | 45min
마쿠아
힐로
칼스미스 비치 파크 Carlsmith Beach Park
힐로 국제공항
푸나
케헤나 비치 Kehena Beach
화산국립공원
& 카우
화산국립공원 Volcanoes National Park
64km | 60min
푸날루우 블랙 샌드 비치 Punaluu Black Sand Beach

# BIG ISLAND MAP

빅 아일랜드 전도

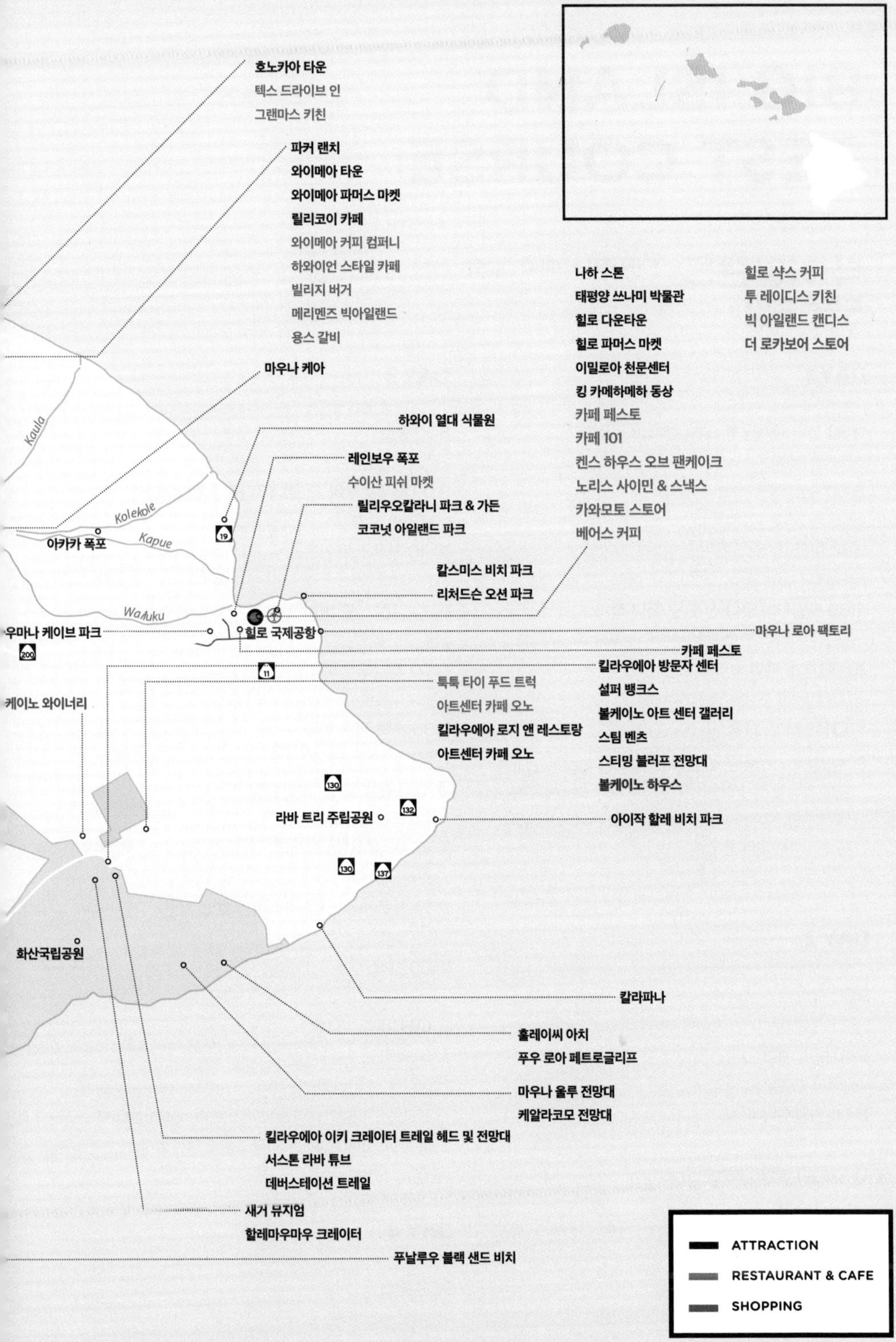

호노카아 타운
텍스 드라이브 인
그랜마스 키친
파커 랜치
와이메아 타운
와이메아 파머스 마켓
릴리코이 카페
와이메아 커피 컴퍼니
하와이언 스타일 카페
빌리지 버거
메리멘즈 빅아일랜드
용스 갈비
마우나 케아
하와이 열대 식물원
레인보우 폭포
수이산 피쉬 마켓
릴리우오칼라니 파크 & 가든
코코넛 아일랜드 파크
Kaula
Kolekole
Kapue
Wailuku
아카카 폭포
19
칼스미스 비치 파크
리처드슨 오션 파크
나하 스톤
태평양 쓰나미 박물관
힐로 다운타운
힐로 파머스 마켓
이밀로아 천문센터
킹 카메하메하 동상
카페 페스토
카페 101
켄스 하우스 오브 팬케이크
노리스 사이민 & 스낵스
카와모토 스토어
베어스 커피
힐로 샥스 커피
투 레이디스 키친
빅 아일랜드 캔디스
더 로카보어 스토어
우마나 케이브 파크
200
힐로 국제공항
마우나 로아 팩토리
카페 페스토
11
킬라우에아 방문자 센터
설퍼 뱅크스
볼케이노 아트 센터 갤러리
스팀 벤츠
스티밍 블러프 전망대
볼케이노 하우스
툭툭 타이 푸드 트럭
아트센터 카페 오노
킬라우에아 로지 앤 레스토랑
아트센터 카페 오노
케이노 와이너리
130
132
라바 트리 주립공원
아이작 할레 비치 파크
130
137
화산국립공원
칼라파나
홀레이씨 아치
푸우 로아 페트로글리프
마우나 울루 전망대
케알라코모 전망대
킬라우에아 이키 크레이터 트레일 헤드 및 전망대
서스톤 라바 튜브
데버스테이션 트레일
새거 뮤지엄
할레마우마우 크레이터
푸날루우 블랙 샌드 비치
ATTRACTION
RESTAURANT & CAFE
SHOPPING

# BIG ISLAND BEST COURSE

일정별 추천 코스

## 빅 아일랜드 5박 6일

* IN 코나/OUT 힐로

### DAY 1

14:30 코나 국제공항 도착, 렌터카 픽업하기
↓렌터카 20분
15:00 숙소 체크인(코나 지역)
↓렌터카 20분
15:30 마트
↓렌터카 15분
17:00 카일루아 코나 선셋 및 저녁 식사
↓렌터카 5-8분, 도보 5-10분
20:00 숙소 복귀

**OH! MY TIP**

첫날은 빅 아일랜드에 도착해 렌터카를 픽업 후 월마트에서 여행 중 필요한 것들을 구입하자. 숙소에 도착해서는 인근에서 식사 후 휴식을 갖고 본격적인 여행을 준비하는 것이 좋다.

### DAY 2

9:00 숙소
↓렌터카 30분
9:40 쿠아 베이
↓렌터카 35분
13:00 카할루아 비치
↓렌터카 15분
15:30 커피 농장(그린웰 팜)
↓렌터카 20분
16:30 만타 레이 투어 (페어윈드 크루즈 기준 소요시간 3시간)
↓렌터카 5-10분
20:20 숙소

### DAY 3

8:30 숙소
↓렌터카 30분
9:00 푸우호누아 오 호나우나우 국립역사공원
↓렌터카 1시간
10:40 사우스 포인트
↓렌터카 10분
11:00 그린 샌드 비치(현지인 차량 투어 이용)
↓렌터카 30분
13:00 푸날루우 베이크 숍 점심 식사
↓렌터카 15분
13:30 블랙 샌드 비치
↓렌터카 1시간 30분
15:10 아이작 할레 비치 파크
↓렌터카 40분
16:40 마우아로아 팩토리
↓렌터카 15분
17:30 힐로 숙소(힐로 하와이안 호텔 기준)
↓도보 3분
18:00 산책

**OH! MY TIP**

푸우호누아 오 호나우나우 국립역사공원, 그린 샌드 비치 등 야외 활동이 많은 날이기 때문에 생수, 선크림, 선글라스, 바람막이 등을 꼭 준비하자. 마우아로아 팩토리에서 선물용 마카다미아 쇼핑도 잊지 말자.

### DAY 4

9:00 숙소
↓렌터카 40~50분

블루 하와이안 헬기 투어

9:50 화산국립공원
↓렌터카 1분
9:55 킬라우에아 방문자 센터
↓렌터카 10분
10:30 스팀벤츠
↓렌터카 12분
11:00 재거 뮤지엄 & 할레마우마우 크레이터
↓렌터카 15분
11:40 점심 식사
↓렌터카 7분
13:00 킬라우에아 이키 크레이터 트레일 헤드 전망대
↓이키 트레일 시 2시간~2시간 30분 소요, 렌터카 5분
15:30 서스톤 라바 튜브
↓렌터카 12분
16:20 마우나 울루 전망대
↓렌터카 25분
17:00 푸우 로아 페트로글리프
↓렌터카 5분
17:40 홀레이씨 아치
↓렌터카 50분
19:00 할레마우마우 크레이터(저녁 풍경 감상)
↓렌터카 50분
20:30 힐로 숙소 복귀 및 저녁 식사

### OH! MY TIP

화산국립공원은 2018년 화산 분출의 영향으로 전 구간을 둘러볼 수 없다. 공원 내 각 스폿은 안전한 곳 위주로 순차적으로 재개되고 있으니 방문 전 홈페이지에서 방문할 수 있는 곳을 미리 확인 후 일정를 계획하는 것이 좋다.
SITE www.nps.gov/havo

## DAY 5

9:00 숙소
↓렌터카 7분
9:10 칼스미스 비치
↓렌터카 15분
11:00 힐로 파머스 마켓
↓렌터카 25분
12:30 아카카 폭포
↓렌터카 50분
13:30 호노카아 타운, 점심 식사
↓렌터카 15분
15:30 와이피오 밸리 룩아웃
↓렌터카 1시간 25분
17:00 마우나케아(오니주카 방문자센터)
↓렌터카 30분
18:10 마우나케아 정상

### OH! MY TIP

마우나케아 정상부에 가기 위해서는 반드시 4륜구동 차량이 필요하다. 고산병 증세로 힘들 수 있으니 약을 미리 먹는 것도 좋다. 따뜻한 옷차림도 잊지 말자.

↓렌터카 1시간 20분
21:00 힐로 숙소 복귀

## DAY 6

8:40 숙소
↓렌터카 10분
8:50 레인보우 폭포
↓렌터카 20분
9:30 헬기 투어
↓렌터카 5분
11:20 힐로 공항

# 빅 아일랜드 7박 8일

* IN/OUT 코나

## DAY 1

14:30 코나 공항 도착, 렌터카 픽업하기
↓렌터카 20분
15:00 숙소 체크인(코나 지역)
↓렌터카 15분
16:00 마트 (코스트코 이용 예정이라면 공항-렌터카 10분 코스트코-숙소 이동)
↓렌터카 15분
17:30 숙소 복귀

### OH! MY TIP

첫날은 빅 아일랜드에 도착해 렌터카를 픽업 후 월마트에서 여행 중 필요한 것들을 구입하자. 숙소에 도착해서는 인근에서 식사 후 휴식을 갖고 본격적인 여행을 준비하는 것이 좋다.

## DAY 2

7:40 숙소
↓렌터카 20분
8:00 캡틴쿡 스노클링 투어(페어윈드 이용 시 4.5~5시간 소요)
↓렌터카 25분
14:00 푸우호누아 오 호나우나우 국립역사공원
↓렌터카 20분
15:00 커피 농장(그린웰 팜 또는 UCC)
↓렌터카 25분
16:00 숙소
↓도보 5-10분
17:30 코나 다운타운 산책, 저녁 식사
↓도보 5-10분
20:00 숙소

### OH! MY TIP

'천혜의 수족관'으로 불리는 빅 아일랜드의 바다를 즐겨 보자. 스노클링 후 체력 여건에 따라 오후 일정을 안배하는 것이 좋다.

## DAY 3

9:00 숙소
↓렌터카 40분
10:00 와이콜로아 빌리지
↓렌터카 15분
13:00 하푸나 비치
↓렌터카 35분
15:50 킹 카메하메하 동상
↓렌터카 12분
16:20 폴룰루 밸리 룩아웃
↓렌터카 17분
17:00 하비-와이메아 드라이브
↓렌터카 1시간 10분
18:30 쿠아베이 선셋 감상
↓렌터카 25분
20:00 저녁 식사 후 숙소 복귀

## DAY 4

9:00 숙소
↓렌터카 1시간 30분
10:30 사우스 포인트
↓렌터카 10분
10:50 그린 샌드 비치(현지 차량 투어 이용)
↓렌터카 40분
12: 50 블랙 샌드 비치
↓렌터카 2시간
15:00 아이작 할레 비치 파크, 라바 트리 주립공원

20:00 숙소 복귀(힐로 지역)

## DAY 5

8:30 숙소
↓렌터카 5분
8:40 힐로 파머스 마켓 & 힐로 다운타운
↓렌터카 25분
10:30 아카카 폭포 & 짚라인(2.5~3시간 소요)
↓렌터카 50분
15:00 호노카아 타운, 점심 식사
↓렌터카 15분
16:10 와이피오 밸리 룩아웃
↓렌터카 1시간 25분
17:30 마우나케아(오니주카 방문자센터)
↓렌터카 30분
18:30 마우나케아 정상
↓렌터카 1시간 20분
21:00 숙소

### OH! MY TIP

마우나케아 정상부에 가기 위해서는 반드시 4륜구동 차량이 필요하다. 고산병 증세로 힘들 수 있으니 약을 미리 먹는 것도 좋다. 따뜻한 옷차림도 잊지 말자.

## DAY 6

8:30 숙소
↓렌터카 40-50분
9:20 국립화산공원
↓렌터카 1분
9:25 킬라우에아 방문자 센터
↓렌터카 10분
9:50 스팀벤츠
↓렌터카 12분
10:20 재거 뮤지엄 & 할레마우마우 크레이터
↓렌터카 15분
11:00 킬라우에아 이키 크레이터 트레일 헤드 전망대
↓이키 트레일 시 2시간-2시간 30분 소요, 렌터카 5분
13:30 서스톤 라바 튜브
↓렌터카 12분
14:00 마우나 울루 전망대
↓렌터카 25분
14:30 푸우 로아 페트로클리프
↓렌터카 5분
15:10 홀레이씨 아치
↓렌터카 1시간 40분
17:00 숙소
↓렌터카 5-7분
17:30 힐로 다운타운 산책
18:20 저녁 식사
↓렌터카 5-7분
20:00 숙소

### OH! MY TIP

야외 활동이 많은 날이기 때문에 생수, 선크림, 선글라스, 바람막이 등을 꼭 준비하자. 만약 비가 온다면 실내에서 즐길 수 있는 여행지부터 방문하자.

## DAY 7

9:00 숙소
↓도보 2-5분
9:05 릴리우오칼라니 파크&가든
↓렌터카 5분
10:00 나하 스톤
↓렌터카 5분
10:20 레인보우 폭포
↓렌터카 60분
11:30 새들 로드
↓렌터카 60분
12:40 와이메아 타운, 점심 식사
↓렌터카 2분
14:00 파커 랜치
↓렌터카 35분
15:00 숙소 체크인(와이콜로아 지역) 및 휴식

## DAY 8

10:00 숙소
↓렌터카 40분
10:40 라파카이 주립 역사 공원
↓렌터카 50분
13:00 코나 국제공항

# KONA

와이콜로아, 카일루아 코나

작고 아기자기한 항구 마을이지만 관광객으로 활기찬 카일루아 코나, 가족 단위 여행객이 쉴 수 있는 리조트 형식의 숙소와 시원한 풍경이 일품인 골프 코스가 있는 와이콜로아. 빅 아일랜드 서부를 대표하는 이 두 곳은 짙은 커피 향 속에서 휴양의 즐거움을 만끽할 수 있는 곳이다.

# ATTRACTION

명소

## Hapuna Beach State Recreation Area

코나 유일의 천연 백사장 해변

### 하푸나 비치 주립휴양구역

ADD Old Puako Rd, Waimea, HI 96743 | TEL 808-961-9540 | OPEN 7:00-20:00 | FEE 주차료 5$ | **편의시설** 주차장, 화장실, 비치 샤워, 피크닉 테이블, 캠핑장

빅 아일랜드에서 가장 큰 모래사장을 가진 곳. 개장 이래 미국 내 최고의 해변으로 꼽힌다. 하와이 엽서에 빠뜨리지 않고 소개되는 곳으로 수영, 부기보딩, 일광욕을 즐기기 좋다. 파도가 높지 않고 해안도 반원형으로 넓어 바다 자체를 즐기기에도 좋다. 빅 아일랜드에서는 흔치 않은 모래사장 해변이라 휴식을 취하는 이들이 많다. 비치 왼쪽으로 그늘진 곳이 있다. 하푸나 비치 주차장을 지나 3-5분 정도 들어가면 와일레아 비치(Waialea Beach)가 있다. 하푸나 비치 구역으로 그늘과 고목이 많고 스노클링 하기 좋다.

### OH! MY TIP

**하푸나 비치를 즐기는 세 가지 방법**

하푸나 비치를 특별하게 즐기는 방법은 첫째 가이드 투어(Commercial PUC Tour Vehicle), 두 번째는 캠핑이다. 세 번째는 알라 카하카이 트레일(Ala Kahakai Trail)이다. 캠핑의 경우 7일 전까지 온라인을 통해 예약해야 하며 하루 당 50$부터 시작한다. 알라 카하카이 트레일은 하와이 전통문화를 살펴볼 수 있는 트레일 코스로 총 길이 282km이다. 하푸나 비치에서부터 코할라 지역 어폴루 포인트('Upolu Point)까지 올라가거나 카일루아 코나 지역으로 내려와 푸나(Puna)까지 이어진다. 이 구간은 해안선을 따라 연결되는 루트로 미국의 중요 유적지 30여 곳, 고대 하와이 정착지(전통적인 바다와 산악지대) 200개를 지난다.

캠핑 예약 SITE camping.ehawaii.gov/camping/
알라 카하카이 트레일 SITE www.alakahakaitrail.org/the-trail/

## Mauna Kea Beach

힐링하기 좋은 곳

마우나케아 비치

마우나케아 리조트가 품고 있는 비치 퍼블릭 비치다. 호텔에서 관리하는 탓에 물이 깨끗하고 맑다. 단 주차장이 40여 대 정도로 한정적이라 오전 일찍 방문하는 것이 좋다. 발렛파킹을 할 경우 비치 옆 바에서 간단하게 음료를 주문한 후 발렛파킹 티켓에 주차 확인 도장을 받으면 된다. '카우나오아 비치(Kauna'oa Beach)'라고도 불린다.

ADD 62-100 Mauna Kea Beach Dr, Waimea, HI 96743

## Samuel M. Spencer Beach Park

가족과 함께 즐기는 해변 캠핑

**새뮤얼 엠 스펜서 비치 파크**

현지인들이 주로 찾는 해변으로 해안 근처 수심이 얕아 아이들이 놀기 좋고 스노클링에 적합한 환경이다. 캠핑하기에도 좋아 가족끼리 조용한 분위기에서 한가로이 휴식을 취하기 제격이다. 푸우코홀라 헤이아우 국립 사적지와 나란히 붙어 있어 함께 둘러보면 좋다. 이곳의 이름은 북쪽 코할라 해안 개발을 담당했던 전 하와이 카운티 관리 위원회장의 이름에서 따왔다.

ADD 62-3461 Kawaihae Road, Waimea, HI 96743
TEL 808-961-8311

## Pu'ukohola Heiau National Historic Site

고대 하와이 신전

**푸우코홀라 헤이아우 국립 사적지**

하와이어로 '고래 언덕 위의 신전'이라는 뜻으로 전쟁의 신인 '쿠카일리모쿠(Kuka'ilimoku)'에게 제사를 지내던 곳이다. 1790-91년 카메하메하 1세가 세웠으며 하와이 제도의 통일에 중요한 역할을 수행했던 곳이다. 카우아이에서 온 점술가가 통일에 대한 꿈을 이루려면 이곳에 신전을 만들어야 한다고 했다. 신전 위로는 올라갈 수 없고 입구에서만 볼 수 있다. 방문자센터에서 신전까지는 도보로 5-10분 정도 소요된다.

ADD 62-3601 Kawaihae Rd, Kawaihae, HI 96743
TEL 808-882-7218 | OPEN 8:00-16:45

## Waikoloa Resort Village

고급스럽고 여유로운

**와이콜로아 리조트 빌리지**

1972년에 개발된 곳으로 힐튼, 메리어트를 비롯해 대형 리조트 및 베케이션 클럽(Vacation Club)과 골프장, 쇼핑몰이 즐비해 있다. 바닷물을 리조트 단지 안으로 끌어와 만든 운하를 따라서 쇼핑몰이 있다. 단지에 퀸스 마켓, 킹스 숍스도 있어 쇼핑이 가능하다. 코나 공항에서 약 30분 걸린다.

**힐튼 와이콜로아 빌리지** ADD 69-425 Waikoloa Beach Dr, Waikoloa Village, HI 96738 | TEL 808-886-1234 | SITE www.hiltonwaikoloavillage.com

## Malama Trail(Puako Petroglyph Park)

암각화를 살펴볼 수 있는 산책길

**말라마 트레일(푸아코 암각화 공원)**

와이콜로아에서 즐길 수 있는 왕복 한 시간짜리 트레일 코스다. 푸아코 암각화 고고학 보호구역으로 산책길이 평탄하게 정비되어 있어 부담 없이 즐길 수 있다. 인간, 카누, 거북 및 동물의 문양이 있으며 작은 암석부터 대규모 암석까지 1,200개의 암각화가 있다.

ADD N Kaniku Dr, Waimea, HI 96743 | OPEN 6:30-18:30
편의시설 주차장, 화장실

## Anaeho'omalu Beach

야자수 아래서 즐기는 휴식

**아나에호 오말루 비치**

와이콜로아 리조트들을 배경 삼아 야자수들이 길게 뻗어 있다. 여유롭게 비치를 즐길 수 있는 곳으로 스노클링도 가능하다. 적당한 그늘을 만들어주는 야자수 아래 비치 체어에 기대어 휴식을 취하는 이들이 많다. 와이콜로아 내 메리어트 리조트와 이어져 있으며 비치 안쪽으로 카하파파 피시폰드(Kahapapa Fishpond)와 쿠왈리 피시폰드(Kuualii Fishpond)도 있어 가볍게 산책하기 좋다.

ADD Marriott, Waikoloa Rd, Waikoloa Village, HI 96738
SITE to-hawaii.com

## Kua Bay Beach

작지만 완벽에 가까운 해변

**쿠아 베이 비치**

빅 아일랜드에서 가장 완벽한 푸른 빛깔의 바다를 볼 수 있는 곳으로 19세기까지 마니니오왈리 비치(Manini'owali Beach)라고 불렸다. 파도가 잔잔한 여름에는 스노클링, 파도가 높아지는 겨울이 되면 부기보드나 서핑을 즐기기 좋으며 고운 모래에서 휴식을 취하기도 제격이다. 그늘은 없지만 곱고 하얀 모래와 색깔을 달리하는 바닷물이 조화를 이루며 귀한 풍경을 만든다. 아름다운 일몰을 감상하기에도 좋다.

ADD 723990 Mamalahoa Hwy, Kailua-Kona, HI 96740
TEL 808-961-8288 | OPEN 8:00-19:00 | SITE lovebigisland.com

## Kaloko-Honokohau National Historical Park

고대 자연을 만나다

### 칼로코 호노코하우 국립역사공원

원주민의 생활상과 하와이 자연사를 엿볼 수 있는 곳이다. 하와이 원주민의 전통과 문화를 보존하고자 1978년 국립역사공원으로 지정되었다. 신전, 물고기 양식장뿐만 아니라 용암이 바다로 흘러가며 굳은 용암바위, 바다거북들도 볼 수 있다. 바다거북들이 자주 나타난다. 바다거북이를 보기 위해서는 호노코하우 스몰 보트 항(Honokohau Small Boat habor)에 주차를 한 후, 주차장 앞 쪽 공원 입구로 들어가 Al Opio Fish Trap 방향으로 이동하는 것이 빠르다.

**ADD** 73-4968 Queen Ka'ahumanu Hwy #14, Kailua-Kona, HI 96740 | **TEL** 808-329-6881 | **OPEN** 8:30-16:00
**편의시설** 주차장, 화장실

## Kailua-Kona

아담하고 매력적인 코나 대표 마을

### 카일루아 코나

코나 코스트 지역의 중심에 자리한 해변 미을로 강수량이 적고 늘 화창해 관광객이 끊이지 않는다. 하와이가 서양에 개방될 당시 가장 활발한 교역이 이뤄지던 장소이자 하와이 왕족의 휴가지다. 역사 유적들이 잘 보존되고 있는 빅 아일랜드의 메인 스트리트로 500-600m 거리에 크고 작은 레스토랑과 쇼핑몰이 늘어서 있다. 세계적인 철인 경기 '아이언맨 월드 챔피언십(Ironman World Championship)', 전 세계 낚시인의 축제 '하와이언 인터내셔널 빌피시 토너먼트(Hawaiian International Billfish Tournament)'도 매년 이곳에서 열린다.

**ADD** 526 Kawailoa Rd, Kailua, HI 96734

## Ahuena Heiau

카메하메하의 노후 휴식처

### 아후에나 헤이아우

마치 바다에 떠 있는 듯한 이곳은 카메하메하 1세의 개인 신전이다. 19세기 초 하와이 왕조를 통일한 후 그는 이곳에서 조용히 여생을 보냈다. 복원 후 보호를 위해 출입을 통제하고 있어 외부에서만 볼 수 있다.

**ADD** Kaahumanu Pl, Kailua-Kona, HI 96740 | **OPEN** 24시간 **SITE** historichawaii.org

## Kailua Pier

사랑스러운 항구

### 카일루아 피어

작은 낚싯배, 스노클링 투어 보트, 크루즈 등이 정박하는 곳이다. 철인 3종 경기인 '아이언맨 월드 챔피언십'의 출발점이자 결승점이다. 항구 일대의 해변은 산호가 넓게 퍼져 있으며 물이 얕고 깨끗해 스노클링을 즐기는 이들이 많다. 방파제 건설은 1900년대에 시작되어 1950년에야 완공, 2004년 리모델링을 거쳤다.

**ADD** Kaahumanu Pl, Kailua-Kona, HI 96740 | **TEL** 808-464-0840 | **SITE** kailuapier.com

#### OH! MY TIP

아이언맨 월드 챔피언십

1977년부터 시작된 세계 최고 권위의 철인3종 경기로 매월 10월 카일루아 피어에서 열린다. 코나의 메인 도로인 알리이 드라이브(Alii Dr)의 바닥을 채운 응원 메시지 또한 진풍경을 이룬다.

**SITE** www.ironmanworldchampionship.com

## Mokuaikaua Church

하와이에서 가장 오래된 교회

### 모쿠아이카우아 교회

멀리서도 첨탑이 한눈에 들어온다. 1820년 보스턴 선교사들이 세운 하와이 최초의 기독교 교회로 1936년 완공, 문화 유산으로 지정되어 있다. 하와이에서 가장 오래된 교회로 누구나 내부를 둘러볼 수 있으며, 교회 뒤쪽에서 하와이안 최초의 크리스천인 헨리 오푸카하이아(Henry Opukahaia)를 기리는 전시물도 볼 수 있다.

**ADD** 75-5713 Alii Drive, Kailua-Kona, HI 96740 | **TEL** 808-329-0655 | **OPEN** 7:30-17:30, 예배(일요일) 9:00-11:00, 모쿠아이카우아 역사 설명회 12:15 | **SITE** mokuaikaua.com

## Hulihee Palace

소박한 왕실 별장

### 훌리헤에 궁전

모쿠아이카우아 교회 맞은편에 있는 곳으로 하와이 왕가의 여름 별장이었다. 1838년 지어진 건물로 현재는 칼라카우아(Kalakaua) 왕과 카피올라니(Kapi'olani) 여왕 때부터 전해지는 빅토리아 시대 유물을 전시하는 박물관으로 사용되고 있다. 1973년 하와이 역사 유물로 지정되었다. 오전 10시와 오후 1시에 무료 가이드 투어가 진행된다.

**ADD** 75-5718 Alii Dr, Kailua-Kona, HI 96740 | **TEL** 808-329-1877 | **OPEN** 월-토 9:00-16:00 | **FEE** 성인 10$, 고령자 8$, 아동(-18세) 1$ | **SITE** daughtersofhawaii.org

## Magic Sand Beach Park

마법처럼 사라지는 비치

**매직 샌드 비치 파크**

아담하지만 활기 넘치는 해변으로 정식 명칭은 라알로아 베이 비치(La'aloa Bay Beach)다. 밀물 때는 모래사장이 사라져 '사라지는 모래 해변'이라고도 한다. 파도가 높은 겨울을 제외하면 늘 평화로우며 특히 여름철에는 하얗고 고운 모래를 찾아온 사람들로 붐빈다. 주차장이 좁은 대신 길거리 주차가 가능하며 수영과 부기보딩, 비치 발리볼을 즐기기 좋다.

**ADD** 77-6452 Ali'I Dr, Kailua-Kona, HI 96740 | **TEL** 808-464-0840 | **OPEN** 6:00-23:00 | **편의시설** 주차장, 화장실, 비치 샤워, 구조요원

## Kahaluu Beach Park

1년 내내 즐기는 스노클링

**카할루우 비치 공원**

코나 해안에서 최고의 셀프 스노클링 포인트로 선정될 만큼 다양한 열대어를 만날 수 있는 곳. 작은 만의 형태로 바위가 파도를 막아 물이 잔잔하고 수심이 낮다. 피크닉을 즐기기에도 편리해 현지인도 많이 찾는다. 단 산호가 많으므로 아쿠아 슈즈를 착용하는 것이 좋다. 운이 좋으면 바다거북도 볼 수 있다. 스노클링 장비를 대여하고 귀중품을 보관할 수 있는 유료 락커 차량이 있다.

**ADD** 786740 Ali'i Dr, Kailua-Kona, HI 96740 | **TEL** 808-961-8311 | **OPEN** 6:00-23:00 | **편의시설** 주차장, 화장실, 스낵바, 구조요원, 비치 샤워, 피크닉 테이블

## St. Benedict Roman Catholic Church

성경이 그려진 성당

**세인트 베네딕트 페인티드 교회**

100년이 넘는 역사를 지닌 가톨릭교회이다. 내부는 그림으로 장식되어 있다. 이는 1899-1904년 벨기에 출신의 John Velghe 신부가 그린 것이다. 한 번도 그림을 배운 적 없는 신부가 글씨를 몰라 성경을 읽을 수 없었던 원주민들을 위해 성서 1절을 그림으로 나타냈다. 내부 천장에 그려진 야자수와 별은 마치 하와이를 그대로 담은 듯하다. 100년이 지났지만 그림 상태는 양호한 편이다. 주중 · 주말 미사가 진행된다. 아담한 규모의 성당이지만 외부와 주변 전경도 뛰어나다.

**ADD** 84-5140 Painted Church Rd, Captain Cook, HI 96704
**TEL** 808-328-2227 | **SITE** thepaintedchurchhawaii.org

## Kealakekua Bay State Historical Park

역사적 명소에서 즐기는 최고의 스노클링

### 케알라케쿠아 베이 주립역사공원·캡틴 쿡

1779년 영국인 제임스 쿡(James Cook, 일명 캡틴 쿡)이 빅 아일랜드에 처음 발을 디딘 곳이자 최후를 맞이한 곳. '세상에서 가장 아름다운 바다 정원'이라고 불릴 만큼 근사한 수중 환경을 자랑하는 곳으로 해양 생물 보호구역으로 지정되어 있다. 케알라케쿠아는 '신의 오솔길'이라는 뜻으로 제임스 쿡을 기리는 기념비(Captain Cook Monument)가 세워져 있는데, 미국이 이 공간을 영국에게 선물하면서 미국 내 유일한 영국령이 되었다.

이곳은 하와이 원주민과 왕족이 살던 곳으로 역사적, 고고학적 가치가 큰 장소다. 그런데 사실 이보다 스노클링 명소로 더 많이 알려져 있다. 캡틴 쿡 기념비 앞이 스노클링 명소로 꼽히며, 인가 업체의 투어 프로그램을 이용해야 한다. 왕복 7km로 2-3시간이 소요되는 카아왈로아 트레일(Ka'awaloa Trail)과 카약으로도 즐길 수 있다. 체류 시간이 짧은 여행자에게는 크루즈나 카약 투어가 적합하다. 공원 주차장에서 케알라케쿠아 베이 조망은 가능하나 캡틴 쿡 기념비까지는 보이지 않는다.

ADD 82-6099 Puuhonua Rd, Captain Cook, HI 96704
OPEN 24시간 | SITE hawaiistateparks.org

### OH! MY TIP

**카아왈로아 트레일**

트레일로 캡틴쿡을 방문할 예정이라면 '캡틴 쿡 모뉴멘트 트레일(Captain Cook Monument Trail)'을 찾으면 된다. 도로변에 있는 트레일 입구에는 안내 간판이 전부다. 주차장은 따로 없지만 도로 양쪽 공간에 주차 가능하다. 이 코스는 캡틴쿡으로 향할 때는 내리막길, 반대로 올라올 때는 오르막길 코스가 된다.

## Pu'uhonua O Honaunau National Historic Park

하와이언들의 피난처

**푸우호누아 오 호나우나우 국립역사공원**

11세기 하와이 사회에서 카푸 제도를 위반하는 사람들은 사형에 처해졌다. '피난의 장소'라는 뜻의 푸우호누아는 처벌을 피할 수 있는 유일한 곳으로 하와이의 성지로 불린다. 1819년 카푸 제도가 무너진 후 부분적으로 복원되어 역사공원으로 활용되고 있다. 공원은 추장 주거지(Royal Ground)와 피난처(Pu'uhonua)로 나뉘어 있다. 농기구, 놀이기구 등 당시 하와이안의 삶과 생활 환경을 엿볼 수 있고 바다거북이 해변으로 나와 휴식을 취하는 장소도 있다. 당시 족장의 유골도 모셔져 있다. 주중이나 주말에 고대 하와이안의 생활상을 보여주는 체험 및 문화 행사도 열린다. 20분 전후로 가볍게 둘러보기 좋으며 입장권은 7일간 유효하다.

ADD Hwy 160, Honaunau Kona, HI 96726 | TEL 808-328-2326 | OPEN 7:00-일몰 | FEE 차량 이용 시 5$, 도보 시 3$

### OH! MY TIP

신성한 카푸(KAPU) 제도

하와이에 서구 사상이 유입되기 전 원주민 사이에서 100년 이상 전해 내려오던 고대 행동 강령 법규다. 유럽인 선교사로부터 학문을 배운 카아후마누(Kaahumanu, 카메하메하 2세의 총애를 받았던 왕비)가 인습적인 계급제도를 비판하면서 카메하메하 2세에게 이 제도를 폐지하게 했다. 여자들의 금지 사항 중에는 유독 음식과 관련된 규제가 많았는데 이는 하와이 신의 형태가 주로 돼지, 바나나 등의 형상을 띠고 있었기 때문이다. 카푸 제도의 규율은 다음과 같다.

추장의 개인 영역에 들어갔을 때 머리카락이나 잘린 손톱을 만져서는 안 된다 / 추장을 직접 쳐다보면 안 된다 / 추장의 눈높이보다 높은 위치에 있어서는 안 된다 / 추장의 망토를 입어서는 안 된다 / 추장의 그림자를 밟아서는 안 된다 / 남녀가 같은 자리에서 음식을 먹을 수 없다 / 여자는 신의 공물로 헌납하던 돼지고기, 야자 열매, 바나나, 고래 고기 등을 절대로 먹을 수 없다 / 여자는 타로 밭에 출입할 수 없다 / 여자는 코코넛 밧줄을 만들 수 없다 등이다.

## Two-step Beach

하나, 둘 풍덩!

### 투 스텝 비치

**ADD** 84-5571 Honaunau Beach Rd, Captain Cook, HI | **TEL** 808-464-0840 | **편의시설** 간이 화장실, 피크닉 테이블

관광객에게는 잘 알려지지 않은 스노클링 포인트다. 입수 지점에 계단 모양의 화산암 두 개가 있는데 실제로 두 걸음만 옮기면 바다로 들어갈 수 있다고 해 '투 스텝 비치'라고 불린다. 수심은 다소 깊지만 바닷속에서만 접할 수 있는 총천연색의 물고기를 만날 수 있다. 모래사장 없이 화산암으로 만들어진 바위와 돌이 전부라 용암 위에서 지열 에너지를 느껴볼 수 있다. 물이 투명해서 용암 위에서도 물고기를 쉽게 확인할 수 있다. 기본적으로 갓길에 주차해야 하는데, 공간이 넓지 않다. 마을에서 기부(5$) 형식으로 운영하는 주차장도 있으니 참고하자. 푸우호누아 오 호나우나우 국립역사공원에서 도보로 5분 이내 거리에 위치한다.

# RESTAURANT & CAFE

레스토랑 & 카페

## 조식 & 브런치

### Daylight Mind Coffee
**데일라이트 마인드 커피**

갓 내린 커피와 함께 델리 및 식사를 즐길 수 있는 카페 겸 레스토랑이다. 라테 아트, 프렌치 토스트, 파파야 보트가 유명하며 드립 커피를 추천. 코나 매장은 선셋 시에 방문해도 좋은 풍경을 담을 수 있을 정도로 운치 있다. 와이콜로아와 코나 지역에 매장이 있다.

ADD 75-5770 Alii Dr, Kailua-Kona, HI 96740 | TEL 808-339-7824 | OPEN 7:00-21:00, 레스토랑 8:00-21:00 SITE daylightmind.com

### Frenchman's Café
**프렌치맨스 카페**

코나에 여행을 왔던 프랑스인 부부가 그대로 정착해 문을 연 카페로, 조식이나 브런치를 즐기기 좋다. 정통 프랑스 요리와 직접 만든 수제 잼이 입을 즐겁게 해주며 음식 재료를 활용한 플레이팅도 눈에 띈다.

ADD 75-5729 Alii Dr, Kailua-Kona, HI 96740 | TEL 808-365-2671 | OPEN 월·화·목·일 7:00-14:00

## Island Lava Java
### 아일랜드 라바 자바

'웨스트 하와이 투데이(West Hawaii Today)'에서 선정한 코나에서 조식을 즐기기 가장 좋은 곳. 붉은 파라솔이 설치되어 있는 야외 테라스에서 바다를 바라보며 먹는 커피와 한 끼 식사가 특히 매혹적이다. 매일 아침 구워낸 빵 가운데 시나몬 롤은 코나 커피와 함께 꼭 맛보자. 버거와 샌드위치를 비롯해 피자, 파스타도 있다. 홈페이지에서 예약 가능하며, 와이콜로아와 코나 지역에 매장이 있다.

**ADD** 75-5801 Alii Dr, Kailua kona, HI 96740 | **TEL** 808-327-2161 | **OPEN** 6:30-21:00 | **SITE** islandlavajava.com

## The Coffee Shack
### 더 커피 쉑

최고의 전망을 자랑하는 레스토랑 중 하나로 커피 벨트를 방문할 때 들르기 좋은 곳이다. 멀리는 바다, 가까이에는 커피 농장이 보이는 테라스에서 식사를 즐길 수 있으며 특히 샌드위치가 인기 많다. 가정집을 개조해 편안함을 강조했고, 산 중턱에 위치해 있어 하늘에 떠 있는 듯한 기분마저 든다. 식당 앞 주차장이 늘 만차일 정도로 손님이 많다. 입구에 있는 테이블은 모기가 많으므로 가능하면 안쪽 룸에 자리 잡자.

**ADD** 83-5799 Mamalahoa Hwy, Hōnaunau, HI 96726 **TEL** 808-328-9555 | **OPEN** 7:30-15:00 | **SITE** coffeeshack.com

## Big Island Grill
### 빅 아일랜드 그릴

푸짐한 양과 합리적인 가격으로 관광객, 현지인 모두에게 사랑받는 레스토랑이다. 생선 요리를 비롯한 메뉴 대부분의 맛이 담백하다. 친절한 서비스와 따뜻한 분위기 덕분에 가족 단위 손님이 많다.

**ADD** 75-5702 Kuakini Hwy, Kailua Kona, HI 96740 | **TEL** 808-326-1153 | **OPEN** 월-토 7:00-21:00, 일 7:00-24:00

## Splashers Grill
### 스플래셔스 그릴

카일루아 피어항 앞에 위치한 레스토랑으로 아침부터 늦은 저녁 시간까지 영업한다. 바다 전망과 친절한 서비스로 항상 사람이 많은 곳. 특히 항구에 크루즈가 들어오는 날이면 더욱 북적인다. 조식 메뉴가 매우 신선하고, 저녁은 해산물과 생선 요리가 인기다.

**ADD** 75-5663 Palani Rd, Kailua-Kona, HI 96740 **TEL** 808-326-2212 | **OPEN** 7:00-22:00 | **SITE** splashers-grillkona.com

# 런치

## Ultimate Burger
### 얼티밋 버거

큰 섬답게 버거 크기도 대단하다. 매일 공수한 신선한 유기농 재료와 햄버거 패티 4장이 들어가니 그럴 만도 할 것이다. 토핑과 패티는 직접 선택할 수 있다. 감자튀김도 햄버거 못지 않은 인기를 자랑한다. 대형 크기 햄버거(TKO) 외에, 보통 크기의 햄버거 종류도 다양하다.

ADD 74-5450 Makala Blvd E112, Kailua-Kona, HI 96740
TEL 808-329-2326 | OPEN 10:30-21:00 | SITE ultimate-burger.net

## Teshima's Restaurant
### 테시마스 레스토랑

1929년 오픈한 일식당으로 일본 가정식을 맛볼 수 있어 현지인 및 여행자에게 인기다. 밥, 미소국, 반찬 등이 나오는 정갈한 정식부터 돈부리, 덮밥, 우동 등 다양한 메뉴가 있다. 포장도 가능하다.

ADD 79-7251 Hawaii Belt Rd. Kealakekua, HI 96750
TEL 808-322-9140 | OPEN 6:30-13:45·17:00-21:00
SITE www.teshimarestaurant.com

## Annie's Island Fresh Burgers
### 애니스 아일랜드 프레시 버거스

2011-2015년 '웨스트 하와이 투데이(West Hawaii Today)'에서 가장 맛있는 햄버거 가게로 선정한 곳으로 토핑이 훌륭하다. 이곳의 수제 버거는 주인 부부가 텃밭에서 기르는 신선한 재료로 만든다.

ADD 79-7460 Mamalahoa Hwy, Ste 105, Kealakekua, HI 96750 | TEL 808-324-6000 | OPEN 11:00-20:00 | SITE anniesislandfreshburgers.com

## Patz Pies
### 패츠 파이스

건강한 모짜렐라 치즈가 가득 올려진 정통 피자를 맛볼 수 있다. 올리브를 제외한 모든 재료는 하와이산을 사용한다. 직접 만든 발사믹 드레싱도 인상적이며 다른 곳보다 짠맛이 덜한 피자를 맛볼 수 있다.

ADD 82-6127 Mamalahoa Hwy, Captain Cook, HI 96704
TEL 808-323-8100 | OPEN 11:00-22:00 | SITE patzpies.com

# 파인 다이닝

## Kamuela Provision Company
### 카무엘라 프로비전 컴퍼니

저녁에만 오픈하는 고급 레스토랑으로 신선한 생선 요리와 스테이크, 닭 요리를 즐길 수 있다. 석양과 더불어 라이브 연주도 감상할 수 있다.

**ADD** 69-425 Waikoloa Beach Drive, Waikoloa, HI 96738 **TEL** 808-886-1234 | **OPEN** 5:00-21:00 | **SITE** hilton-waikoloavillage.com/dining/kamuela-provision-company

## Ulu Ocean Grill & Sushi Lounge
### 울루 오션 그릴 앤드 스시 라운지

전미에서 손꼽히는 오션 프런트 레스토랑이다. 이곳에서 보는 석양과 분위기는 어디와도 비교하기 힘들 만큼 아름답다. 신선하고 맛있는 해산물 요리, 멋진 뷰, 친절한 서비스까지 어느 하나 빠지지 않는다. 예약 필수.

**ADD** 72-100 Ka'upulehu Drive, Ka'upulehu-Kona, HI 96740 | **TEL** 808-325-8333 | **OPEN** 6:30-11:00·17:30-21:00 | **SITE** fourseasons.com/hualalai/dining/lounges/ulu_sushi_lounge

## Lava Lava Beach Club
### 라바 라바 비치 클럽

황홀한 일몰과 라이브 음악의 하모니, 칵테일까지 한번에 즐길 수 있는 바 겸 레스토랑이다. 푹신한 소파에 앉아 부드러운 모래에 발을 묻는 재미도 쏠쏠하다. 현무암으로 가득한 빅 아일랜드에서 모래가 유독 고운 곳으로 사방으로 트여 있어 무척 시원하다. 석양이 시작되면 사람들이 몰린다. 토·일요일엔 브런치를 맛볼 수 있다.

**ADD** 69-1081 Ku'uali'i Place, Waikoloa, HI 96738 | **TEL** 808-769-5282 | **OPEN** 11:00-21:00, 런치 11:00-15:00, 해피 아워 15:00-17:00, 토·일 브런치 10:00- | **SITE** lavalavabeach-club.com

## Foster's Kitchen
### 포스터스 키친

하와이 각 섬에서 재배한 재료를 사용, 조리 시간이 기본 15-20분 걸리는 슬로 쿠킹 레스토랑이다. 버거와 샌드위치, 파스타 등 메뉴와 와인 리스트도 다양하다. 캐주얼하고 가족 같은 분위기에서 식사를 즐길 수 있으며 특히 선셋을 보면서 식사를 하고 싶다면 예약은 필수. 와이콜로아에도 매장이 있다. 단 시간 여유를 가지고 방문하자.

ADD 75-5805 Ali'i Dr, Kailua-Kona, HI 96740 | TEL 808-326-1600 | OPEN 11:00-22:00 SITE fosterskitchen.com

## Huggo's
### 휴고스

1969년 오픈한 해산물 전문 레스토랑으로 코나 베이(Kona Bay)가 한눈에 들어오는 곳에 위치해 있다. 40년 내공이 느껴지는 맛과 멋을 느낄 수 있다. '카일루아 베이 추피노(Kailua Bay Cioppino)', '휴고스 시그니처 데리야키 스테이크(Hug-go's Sinature Teriyaki Steak)'를 추천한다. 금, 토요일 저녁에는 라이브 공연이 열린다. 전망 좋은 테이블에서 낭만적인 시간을 보내고 싶다면 반드시 예약해야 한다.

ADD 75-5828 Kahakai Rd, Kailua Kona, HI 96740 | TEL 808-329-1493 | OPEN 월-목 16:00-22:00, 금 16:00-24:00, 토 17:00-24:00, 일 17:00-22:00 | SITE huggos.com

## The Fish Hopper
### 더 피쉬 하퍼스

해산물 요리가 손꼽히는 곳으로 카일루아 코나 베이를 눈앞에 두고 식사를 할 수 있다. 매일 스페셜 메뉴와 칵테일이 레스토랑 입구에 전시되니 확인하고 들어가도 좋다. 프렌치 토스트에 베리 소스가 기본으로 나오는 브런치가 특색 있으며, 런치나 디너의 경우 신선한 해산물로 만든 건강한 음식을 맛보길 추천한다.

ADD 75-5683 Alii Dr, Kailua-Kona, HI 96740 | TEL 808-326-2002 | OPEN 7:00-21:30 | SITE fishhopper.com

## Roy's Waikoloa Bar & Grill
### 로이스 와이콜로아 바 앤드 그릴

하와이 전통 음식을 선보이는 곳으로 로이 야마구치라는 일본계 미국인이 운영한다. 하와이 모든 섬에 매장이 있으며, 맛과 분위기 모두 손꼽히는 레스토랑 중 하나다. 전통 방식으로 구워낸 스테이크가 특히 맛있다.

ADD 69-250 Waikoloa Beach Dr.Waikoloa, HI 96738
TEL 808-886-4321 | OPEN 17:00-21:00 | SITE royshawaii.com

# 플레이트

## Da Poke Shack
### 다 포케 쉑

포케를 이야기할 때 빼놓을 수 없는 곳이다. 포케 메뉴가 다양하며 시식도 가능하다. 작은 테이블이 있지만 대부분 포장 손님이라 대기줄이 늘 길다. 플레이트로 주문하면 포케 세 가지를 선택할 수 있다. 캡틴 쿡 지역에도 매장이 있다.

**ADD** 76-6246 Ali'i Dr #101, Kailua-Kona, HI 96740 | **TEL** 808-329-7653 | **OPEN** 월-토 10:00-18:00 | **SITE** dapoke-shack.com

## Umeke's Poke Bowls
### 우메케스 포케 볼스

신선한 포케, 피시볼 등 여러 메뉴 가운데 생선 요리가 입맛을 자극한다. 식사 시간이 지나도 항상 붐비며 관광객보다 현지인들에게 더 인기가 많다.

**ADD** 75-143 Hualalai Rd #105,Kailua-Kona, HI 96740 | **TEL** 808-329-3050 | **OPEN** 월-토 10:00-19:00 | **SITE** umekespoke808.com

## TJ'S BBQ by the Beach
### 티제이 비비큐 바이 더 비치

한국 사람의 입맛을 제대로 자극하는 소스 덕분에 인기 만점인 곳. 일리 드라이브 파머스마켓 안에 있고, 플레이트 포장이 가능해 비치로 가는 이들이 이용하기 좋다. 밥·바비큐·샐러드를 담아주며 고기 양이 놀라울 정도로 많다. 주문할 때 번호표를 주는데, 음식이 나오면 그 번호를 부르니 귀를 기울이자. 식사가 가능한 야외 테이블이 있다.

**ADD** 75-6129 Alii Dr, Kailua-Kona, HI 96740 | **TEL** 425-308-1815 | **OPEN** 화-토 10:30-17:00 | **SITE** tjsbbqbythe beach.com

# 디저트

## Scandinavian Shave Ice
### 스칸디네이비언 셰이브 아이스

코나에서 유명한 셰이브 아이스 가게다. 맛과 데코가 다양하다. 메뉴도 잘 정리되어 있어 주문이 편리하다. 빅 아일랜드에서 맛보는 셰이브 아이스인만큼 크기도 상상 이상이다.

ADD 75-5699 Ali'i Dr, Kailua-Kona, HI 96740 | TEL 808-326-2522 | OPEN 월-토 11:00-21:00, 일 11:00-20:00

## Gypsea Gelato
### 집시 젤라토

쫀득한 식감의 홈 메이드 젤라토로 다양한 사이즈로 즐길 수 있다. 어떤 맛을 선택할지 고민된다면 시식부터 해보자. 메뉴가 자주 바뀌는 편이지만 진저 레몬그라스는 여느 젤라토 숍에서 쉽게 만나볼 수 없는 맛이니 경험해 보자.

ADD 79-7460 Mamalahoa Hwy.Kealakekua, HI 96750
TEL 808-322-3233 | OPEN 월-목·일 11:00-21:00 금-토 11:00-21:30

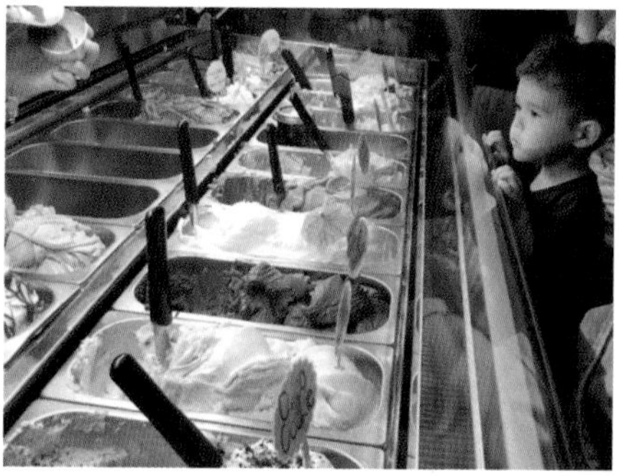

## Kope Lani Coffee & Ice Cream
### 코페 라니 커피 앤드 아이스크림

26가지의 맛있는 아이스크림과 커피를 맛볼 수 있는 카페다. 커피 맛이 일품이며, 아이스크림은 시식도 가능하니 맛이 궁금하다면 먹어본 후 선택하자. 간식도 판매하는데 특히, 샌드위치는 본인이 원하는 대로 직접 주문할 수 있다. 내·외부에 좌석이 있으나 많지는 않다. 야외 테이블에서 코나 다운타운의 경치를 감상하며 아이스크림과 커피를 즐기자.

ADD 75-5719 Ali'i Dr, Kailua-Kona, HI 96740 | TEL 808-329-6152 | OPEN 7:00-21:30

## Holy Donuts
### 홀리 도넛

도넛 전문점으로 직접 만든 다양한 맛의 도넛을 맛볼 수 있다. 릴리코이, 라임 등 필링이 다양하고 도넛 크기도 큼지막하다. 친절한 직원의 설명을 들으며 도넛을 골라보자. 시식 메뉴도 있으니 선택에 도움이 될 것이다. 건물 외벽 파란 버스 장식도 인상적이다. 힐로에도 매장이 있다.

ADD 75-5729 Alii Dr, Kailua-Kona, HI 96740(코나 마켓플레이스 내) | TEL 808-960-2720 | OPEN 화-일 7:30-17:00

## Basik Acai
### 바식 아사이

아사이 볼(Acai Bowls)을 맛보려는 사람들로 늘 붐빈다. 목재 건물 2층에 있어 쉽게 지나칠 수 있지만 주차장이 늘 차로 가득하니 잘 살펴보자. 스무디도 맛볼 수 있다. 그래놀라, 파인애플, 블루베리, 아보카도 등 토핑도 다양하다.

ADD 75-5831 Kahakai Rd, Kailua-Kona, HI 96740
TEL 808-238-0184 | OPEN 월-토 8:00-16:00
SITE basikacai.com

## Mrs.Barry's Kona Cookies
### 미세스 바레스 코나 쿠키

1980년대부터 수제 쿠키를 판매해온 곳. 솜씨 좋은 주인장이 취미 생활로 만들어오던 쿠키가 맛있다고 입소문나면서 본격적으로 개업하게 되었다고 한다. 매장에 들어서면 향긋한 쿠키 향에 코가 먼저 반응할 것이다. 시식용 쿠키도 있고, 애완견을 위한 쿠키도 판매한다. 쿠키 크기는 매우 큰 편인데, 성인 여성 손바닥 절반 정도의 크기를 자랑한다.

ADD 73-5563 Maiau St a, Kailua-Kona, HI 96740
TEL 808-329-6055 | OPEN 월-토 9:00-17:00, 일 9:00-16:00 | SITE konacookies.com

## Kona Coffee & Tea Company
### 코나 커피 앤드 티 컴퍼니

코나 커피 100%를 사용하는 커피 전문점이다. 로컬에게 사랑받는 장소로 언제나 손님이 많다. 커피와 함께 간단한 식사도 할 수 있다. 라테 종류가 맛이 좋으며 시그니처 커피인 '스파이시 모카'도 별미다. 매운맛 커피가 궁금하다면 과감히 선택해보자. 간단한 빵 종류도 있어 조식을 즐기기 좋다.

ADD 74-5588 Palani Rd, Kailua-Kona, HI 96740
TEL 808-329-6577 | OPEN 6:00-18:30 | SITE konacoffeeandtea.com

## Kona Inn Restaurant
### 코나 인 레스토랑

코나 인 쇼핑 빌리지 내 위치한 레스토랑으로 여행자는 물론 현지인들에게도 사랑받는 곳이다. 1979년 오픈한 이래 음식 맛은 물론 친절한 서비스와 편안한 분위기를 보장해왔다. 디저트 가운데 머드 파이(Mud Pie)를 꼭 맛보자. 널찍한 오픈 공간에서 카일루아 베이(Kailua Bay)의 시원한 풍경을 눈에 담으며 하와이다운 분위기를 만끽할 수 있다.

ADD 75-5744 Alii Dr, Kailua-Kona, HI 96740 96750
TEL 808-329-4455 | OPEN 카페 11:30-21:00, 디너 17:30-21:00 | SITE windandsearestaurants.com/konainn/home.htm

## Original Donkey Balls Factoryand Store
### 오리지널 동키볼 팩토리 스토어

빅 아일랜드 유명 간식 중 하나로, 오직 빅 아일랜드에서만 구입할 수 있다. 마카다미아 너트에 초콜릿을 입힌 것으로 종류가 무척 다양하다. 동글동글한 모양이 동물의 배설물을 닮았다고 해서 동키볼, 치킨볼, 멍키볼 등으로 불리며 유머러스하고 알록달록한 제품들로 가득하다. 매장 내에서 시식도 할 수 있으며, 제품 생산 과정을 유리창 너머로 볼 수 있어 더욱 특별하다. 카일루아 코나 지역에도 매장이 있다.

ADD 79-7407 Mamalahoa Hwy, Kealakekua, HI 96750
TEL 808-322-1475 | OPEN 9:00-18:00 | SITE donkeyballstore.com

## Kona Brewing Company
### 코나 브루잉 컴퍼니

하와이 대표 맥주 브랜드다. 양조장 투어를 통해 제조 과정을 볼 수 있다. 하이라이트는 단연 테이스팅으로 코나 원두를 사용한 커피 맛 맥주 등 이색 맥주도 시음할 수 있다. 이곳 맥주는 하와이 용암에서 흘러나오는 천연수로 만들어지는데 연간 생산량이 17만 리터로 다른 맥주에 비하면 생산량이 적은 편이다. 국내에서도 맛볼 수 있지만 빅 웨이브(Big Wave)나 롱보드(Longboard) 같은 병맥주는 미국 공장에서 생산된 후 다시 하와이로 입고되는 것인 만큼, 생맥주를 맛보고 싶다면 주저 말고 방문해보자.

ADD 75-5629 Kuakini Hwy, Kailua Kona, HI 96740 | TEL 808-334-2739 | OPEN 11:00-22:00, 투어 10:30-15:00
SITE konabrewingco.com

# SHOPPING

쇼핑

## Kings' Shops
### 킹스 숍스

와이콜로아 리조트 내 위치한 쇼핑몰로 메이시스 등 명품 부티크와 유명 브랜드 40여 개가 모여 있으며, 캐주얼 다이닝 레스토랑도 여럿 입점해 있다. 생필품 및 음료수, 맥주 등 간단히 살 수 있는 웨일러스 제너럴 스토어(Whalers General Store)가 있어 편리하다. 매주 수요일 8:30-14:30에 파머스 마켓이 열리니 자세한 사항은 홈페이지 참조하자.

ADD 250 Waikoloa Beach Dr, Waikoloa, HI 96738 | TEL 808-886-8811 | OPEN 9:30-21:30 | SITE kingsshops.com

### OH! MY TIP

셔틀 서비스를 이용하자

와이콜로아 내 리조트-킹스 숍스, 퀸스 마켓 간 셔틀 서비스를 제공한다. 매일 10:00-22:00까지 운행되며, 성인 2$, 5-12세 1$다. 와이콜로아 비치 메리어트 리조트와 힐튼 와이콜로아 빌리지 로비에서 출발한다.

## Queen's Market
### 퀸스 마켓

의류 잡화부터 기념품 및 서핑 용품 매장이 있으며 마카로니 그릴, 찰리스 타이 퀴진 등 유명 레스토랑과 와이콜로아 내 대표 마트인 아일랜드 구오메이 마켓(Island Gourmet Markets)이 입점해 있다. 힐튼 와이콜로아 빌리지에서 퀸스 마켓까지 셔틀버스가 운영, 킹스 숍스와 나란히 위치한다.

ADD 69-201 Waikoloa Beach Drive, Waikoloa, HI 96738 TEL 808-886-8822 | OPEN 9:30-21:30 | SITE queensmarketplace.net

## The Shops at Mauna Lani
### 더 샵스 앳 마우나 라니

킹스 숍스, 퀸스 마켓보다 규모는 작지만 매일 저녁 다양한 공연이 열린다. 루스 크리스 스테이크 하우스, 타미 바하마 레스토랑을 비롯해 스파, 부티크, 로컬 브랜드, 푸드랜드 팜스가 입점해 있다. 와이콜로아 마우나 라니 쪽에 숙박 시 이용하기 좋다.

ADD 68-1330 Mauna Lani Dr #100, Waimea, HI 96743 TEL 808-885-9501 | OPEN 10:00-21:00 | SITE shopsatmaunalani.com

## Island Gourmet Market
### 아일랜드 구오메이 마켓

홀 푸드처럼 물건이 다양하고 질이 좋다. 용량이 적은 물품이 대부분이라 여행자가 구입하기에 안성맞춤이다. 퀸스 마켓 내에 있으며 온갖 식재료와 식료품, 기념품까지 갖추고 있다. 특별한 슈퍼마켓이 없는 와이콜로아 지역에서 마켓을 이용하거나 구경하기 좋은 곳이다.

ADD 69-201 Waikoloa Beach Drive #201, Waikoloa, HI 96738 | TEL 808-886-3577 | OPEN 7:00-23:00
SITE islandgourmethawaii.com

## Ka'u Coffee Mill
### 카우 커피 밀

빅 아일랜드에서 카우 커피를 구매할 수 있는 곳으로 시음도 가능하다. 다양한 용량의 원두를 판매하고 있으며 다른 곳에서 쉽게 맛볼 수 없는 마카다미아 넛 스낵 등을 간식으로 구매할 수 있다.

ADD 96-2694 Wood Valley Rd, Pahala, HI 96777
TEL 808-928-0550 | OPEN 8:30-17:00 | SITE kaucoffee-mill.com

### OH! MY TIP

**카우(ka'u) 커피를 아시나요?**

국내에서는 스타벅스 리저브 스토어에서만 판매하는 명품 커피다. 카우 커피는 빅 아일랜드 남쪽 화산공원 인근 지역인 카우에서 생산되는 커피를 말한다. 다년간에 걸친 철저한 실험과 연구·테스트를 통해 미국 스페셜티 커피 협회(SCAA)에서 수여하는 커피상을 수상했다. 하와이 커피협회가 주최하는 대회에서도 우수성을 인정받아 최고의 커피로 선정되기도 했으며, COE(Certificate of Excellence) 인증을 받기도 했다. 깨끗하고 향긋한 풍미를 자랑하는 커피로, 코나 커피보다 쓴맛이 덜하고 더 달콤하다.

## Kona Inn Shopping Village
### 코나 인 쇼핑 빌리지

코나 다운타운에 자리한 쇼핑센터로 레스토랑과 장식품점이 가득하다. 하와이 특유의 분위기가 녹아 있는 물건이 많다. 이곳에 입점한 레스토랑은 30년이 넘는 역사를 가진 곳으로 현지인들이 즐겨 찾는다.

ADD 75-5744 Alii Dr, Kailua-Kona, HI 96740 | TEL 808-329-6573 | OPEN 9:00-21:30

SPECIAL

# 빅 아일랜드에서 코나 커피 제대로 즐기기

빅 아일랜드 서부는 세계 3대 커피로 꼽히는 코나 커피가 재배되는 곳이다. 250여 개의 크고 작은 커피 농장에서 연간 3,000-4,000톤만 생산되는 희귀한 커피를 즐겨 보자.

## 빅 아일랜드 코나 커피가 특별한 이유

빅 아일랜드 커피가 특별한 이유는 화산 지형과 최적의 재배 환경 덕분이다. 코나 지역은 강수량이 일정하고 일조량이 풍부하며, 비옥한 화산토가 있어 최고의 커피를 생산할 수 있다. 또한 대부분의 커피 농장이 비탈에 위치해 기계가 아닌 직접 사람의 손으로 수확을 해야 한다. 어렵게 수확한 커피는 철저한 품질 관리를 받는다. 선별된 원두가 최소 10% 이상 함유된 것에만 '코나 커피'라는 이름이 붙으며 함량(10·25·100%)에 따라 원두 등급이 다르다.

## 코나 커피 등급을 알아두자

프라임(Prime) : 가장 작은 크기의 원두로 가장 대중적이다.

피베리(Peaberry) : 한 열매 안에 2개의 원두가 들어 있는 것으로 진한 맛이 특징이다.

넘버 원(No.1) : 중간 크기의 원두로 맛이 무난하다.

팬시(Fancy) : 엑스트라 팬시 다음 등급으로 상급 원두다.

엑스트라 팬시(Extra Fancy) : 원두 중 크기가 가장 크고, 맛과 향이 모두 뛰어난 최상급 커피다.

## 코나 커피의 마을 훌루아로아 빌리지

훌루아로아 빌리지(Holualoa Village)는 UCC, 도토루, 훌라 대디(Hula Daddy) 커피 농장이 모여 있는 오래된 마을로 코나에서 자동차로 15분 거리에 있다. 1900년대 초에 만들어진 20여 개의 작은 건물은 현재 갤러리, 부티크 숍으로 활용 중이다. 빅 아일랜드에서 가장 처음으로 문을 연 카페 'Holuakoa Gardens & Cafe'도 있다. 매월 첫 번째 금요일 17:30-20:30에는 예술 음악, 음식을 즐길 수 있는 'Art After, Dark'가 진행된다. 마을 입구 주차장에 주차 후 도보로 돌아보면 된다.

SITE www.holualoahawaii.com

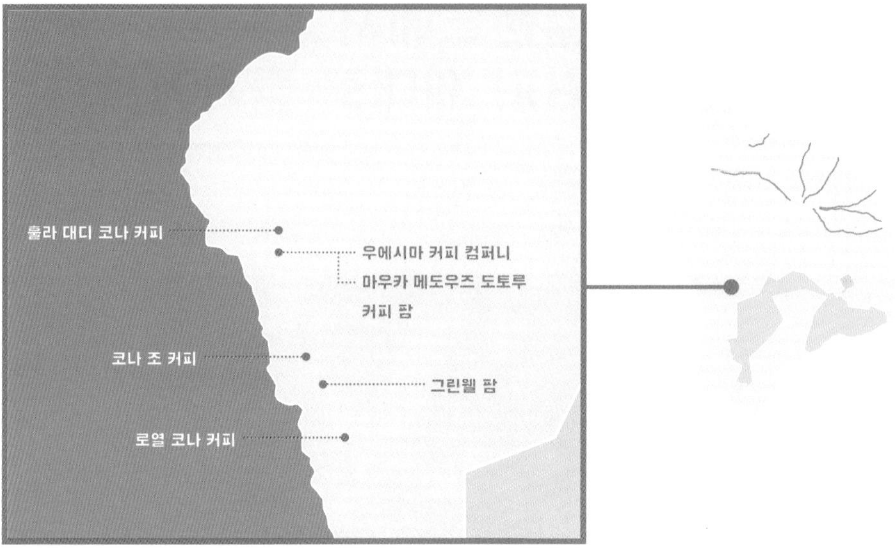


## Mauka Meadows DOUTOR Coffee Farm

작은 식물원 같은 커피 농장

### 마우카 메도우즈 도토루 커피 팜

농장이라고 하지만 작은 식물원을 연상케 한다. 주차 후 약 5~10분 정도 이동하는 길은 커피나무는 물론 다양한 꽃과 과일 나무로 조경되어 있다. 길 끝에 인피니티 풀인 '가제보'가 있는데 마치 호텔 수영장에 온 듯한 착각을 일으킨다. 날씨가 좋은 날이면 인생샷은 덤이다. 돌아본 후 주차장으로 올라올 때 직원에게 이야기하면 셔틀 차량을 이용할 수 있다. 5$ 기부금을 내야 한다.

ADD 75-5476 Mamalahoa Hwy, Holualoa, HI 96725 | TEL 808-322-3636 | OPEN 월-금 9:00-16:00 | SITE www.maukemeadows.com

## Hula Daddy Kona Coffee

화려한 수상 경력의 커피

### 훌라 대디 코나 커피

커피 품질이 뛰어나고 로스팅 수준이 높으며 각종 커피 대회를 휩쓸고 있는 곳이다. 초록색 건물에 시계탑이 인상적이다. 마치 풍광 좋은 현지인 집에 온 듯한 느낌을 받을 수 있는 곳으로 넓지 않은 공간이지만 시음, 로스팅 룸, 숍이 갖춰져 있다. 커피뿐 아니라 차 종류도 시음할 수 있으며 로스팅 및 농장 체험 프로그램(무료)도 잘 구성되어 있다.

ADD 74-4944 Mamalahoa Hwy, Holualoa, HI 96725 | TEL 808-327-9744 | OPEN 월-금 10:00-16:00 | SITE www.huladaddy.com

## KONA JOE Coffee

코나 커피에 관한 모든 것

**코나 조 커피**

1994년 문을 연 농장으로 아름다운 전망과 와이너리를 활용한 방식으로 재배하는 커피를 경험할 수 있다. 미국 스페셜티 커피협회(SCAA)에서 '최고의 신 로스트 커피(Best New Roasted Coffee)'로 선정되었으며, 기념품점에서는 코나 커피를 비롯해 커피를 활용한 다양한 제품을 구입할 수 있다. 가이드 투어는 유료이며(15$) 30분이 소요된다. 투어 중에 비디오 감상 및 머그컵이 제공되며 10살 미만은 무료다.

ADD 79-7346 Mamalahoa Hwy, Kealakekua, HI 96750
TEL 808-322-2100 | OPEN 8:00-17:00 | SITE konajoe.com

## Greenwell Farm

수확량이 가장 많은 곳

**그린웰 팜**

커피 벨트 농장 중 가장 큰 규모와 수확량, 영향력을 자랑하는 곳으로 1850년 영국인 헨리 니콜라스 그린웰(Henry Nicholas Greenwell)이 설립했다. 무료 가이드 투어를 통해 커피나무, 꽃, 커피 작업장 등을 둘러볼 수 있다. 다양한 종류의 커피도 시음해볼 수 있으며, 작지만 알찬 기념품점도 있다. 커피나무 말고도 다양한 열대 과일 나무가 많아 아이들과 함께 방문하기 좋다.

ADD 81-6581 Mamalahoa Hwy, Kealakekua, HI 96750
TEL 808-323-2275 | OPEN 8:00-16:00 | SITE greenwell-farms.com

## Royal Kona Coffee

하와이 대표 커피

**로열 코나 커피**

하와이를 대표하는 커피 회사인 하와이 커피 컴퍼니(Hawaii Coffee Company)에서 1968년부터 운영하는 곳으로 로열 코나, 로열 하와이, 라이언 커피(Lion Coffee)가 대표 브랜드다. 기념품점에서는 다양한 종류의 커피를 시음할 수 있으며 직접 로스팅한 커피도 구입할 수 있다. 1층에는 로열 커피 농장의 역사를 살펴볼 수 있는 작은 박물관이 있으며 사진 설명 위주라 편하게 감상할 수 있다.

ADD 83-5427 Mamalahoa Hwy, Captain Cook, HI 96704
TEL 808-328-2511 | OPEN 7:30-17:00 | SITE royalkona-coffee.com

## Ueshima Coffee Company

깔끔한 커피를 맛볼 수 있는

**우에시마 커피 컴퍼니(UCC)**

유일하게 커피 벨트 지역이 아닌 홀루아오아(Holualoa) 지역에 자리해 카일루아 코나 시내에서 접근성이 좋다. 위치상 가장 높은 곳에 있어 전망이 탁월하며, 깔끔한 커피를 맛볼 수 있다. 우유가 들어간 코나 캔 커피, 코나 커피를 이용해 만든 아이스크림도 있으니 꼭 맛보자. 농장 투어는 무료(9:30, 10:30, 11:30. 13:00, 14:00, 15:00)이지만 로스팅 투어는 유료다. UCC 원두는 이곳 농장에서만 구입 가능하다.

ADD 75-5568 Mamalahoa Hwy, Holualoa, HI 96725
TEL 808-322-3789 | OPEN 9:00-16:30 | SITE ucc-hawaii.com

# VOLCANOES NATIONAL PARK & KA'U

화산국립공원 & 카우

빅 아일랜드의 화산 지대는 낯선 환경에 당황할 수 있지만 보고 있노라면 신비로운 자연의 위력에 완전히 빠져들게 된다. 빅 아일랜드의 역동적인 자연을 체험할 수 있다.

## Hawaii Volcanoes National Park

대자연의 꿈틀거리는 심장

### 화산국립공원

1987년 유네스코 세계자연유산으로 등재되었으며 세계에서 가장 활동적인 화산인 마우나 로아(Mauna Loa, 4,170m)와 킬라우에아(Kilauea, 1,250m)를 볼 수 있다. 이 두 곳은 용암이 분출되면 화산 밑에 있는 마그마에서 용암이 다시 채워지는 개방계(Open System) 활화산이다.

화산국립공원은 마우나 로아 산 정상과 남동쪽 사면, 킬라우에아 산 남서쪽, 남쪽, 남동쪽을 아우르며 남쪽 해안을 향해 뻗어 있다. 가장 큰 화산인 킬라우에아 산에서는 국제적으로 칼데라 연구가 이루어지고 있다. 1919년에 세워진 세계 1위의 지질 관측소도 자리한다. 화산국립공원은 2016년 국립공원 지정 100주년을 맞았다.

2018년 킬라우에아 화산 용암 분출의 영향으로 안전이 확보된 곳을 순차적으로 개방하고 있다. 방문자센터, 볼케이노 아트센터 갤러리, 설퍼 뱅크스, 스팀벤츠, 스티밍 블러프 전망대, 크레이터 림 트레일, 이키 크레이터·데버스테이션 트레일, 체인 오브 크레이터스 로드 일부와 크레이터 림 드라이브 코스만 개방되었다(2019년 5월 기준). 방문 전 홈페이지를 통해 방문 가능한 곳을 확인하자.

ADD 1 Crater Rim Drive Hawaii National Park, HI 96718
TEL 808-985-6000 | OPEN 24시간, 방문자센터 7:45-17:00, 재거 박물관 8:30-19:30 | FEE 차량 25$, 오토바이 20$, 자전거 12$(입장권은 7일간 유효), 하와이 트라이파크 패스(Hawai'i Tri-Park Pass)50$:화산국립공원, 할레아칼라(마우이), 푸우호누아 오 호나우나우 국립역사공원 포함

### OH! MY TIP

**화산국립공원 참고 사이트**

화산국립공원 홈페이지
nps.gov/havo/index.htm

화산국립공원 지도
nps.gov/havo/planyourvisit/upload/Island_map.pdf

화산국립공원 용암 정보
nps.gov/havo/planyourvisit/lava2.htm

킬라우에아 화산 분출 최신 일일 현황
hvo.wr.usgs.gov

할레마우마우 분화구 실시간 화면
hvo.wr.usgs.gov/cams/KIcam

하와이 카운티 용암 관람 정보
lavainfo.us

킬라우에아 화산 분출에 따른 대기 상태 확인
mkwc.ifa.hawaii.edu/vmap/

# CRATER RIM DRIVE

크레이터 림 드라이브

킬라우에아 분화구 둘레를 도는 18km 순환로로 전망대와 증기가 솟아오르는 지점에 방문할 수 있다. 하이킹로가 여러 군데에 마련되어 있어 도보 혹은 자전거를 타고 돌아볼 수 있다. 안전을 위해 하이킹로는 지정된 곳만 이용하자.

## Kalauea Visit Center & Volcano Art Center Gallery

**킬라우에아 방문자센터 & 볼케이노 아트센터 갤러리**

매표소를 지나면 가장 먼저 킬라우에아 방문자센터가 나온다. 매시 정각에 화산공원에 대한 영상물을 상영하는데, 여행 루트를 비롯해 화산 모형, 화산공원 소개, 식물 등 화산에 대한 정보를 제공한다.

센터를 나오면 볼케이노 아트센터가 있다. 실제 호텔이었던 곳을 개조해 만들었으며, 마크 트웨인이 자주 묵던 곳이다. 따뜻하고 아담한 갤러리로 하와이 현지 예술가들이 만든 공예 작품을 비롯해 화산공원을 주제로 한 회화 및 사진을 감상할 수 있다.

**칼라우에아 방문자센터** ADD 1 Crater Rim Drive, Volcano, HI 96785 | TEL 808-985-6000 | OPEN 9:00-17:00 SITE nps.gov

**볼케이노 아트 센터 갤러리** ADD Volcanoes National Park, 1 Crater Rim Drive, Volcano, HI 96785 | TEL 808-967-7565 OPEN 9:00-17:00 | SITE volcanoartcenter.org

## Sulphur Banks & Steam Vents & Steaming Bluff Lookout

### 설퍼 뱅크스 & 스팀 벤츠 & 스티밍 블러프 전망대

설퍼 뱅크스는 조용히 유황을 관찰하기 좋은 곳이다. 그냥 지나쳐버리기 쉽지만 나무 데크로 정비한 통행로가 있어 방문하기 좋다. 단 온도가 100도가 넘기 때문에 자칫 화상을 입을 수 있는 만큼 접근에 유의하자. 설퍼 뱅크스를 지나 재거 뮤지엄으로 향하다 보면 양쪽으로 하얀 연기가 피어오르는 것을 볼 수 있다. 바로 스팀 벤츠다. 연기가 가장 많이 올라오는 곳에는 안전 바가 설치되어 있다. 스팀 벤츠 바로 옆으로는 스티밍 블러프 전망대가 있다. 크레이터를 따라 바위 곳곳에서 연기가 올라오는 모습을 관찰할 수 있다. 비가 오는 날이면 땅속 깊이 끓고 있는 용암으로 흘러 들어간 빗물이 피어오르는 것이다. 유황 냄새가 진동하니 임산부, 어린이에게는 좋지 않다. 스티밍 블러프 전망대에서 크레이터 림 트레일을 따라 도보 5분이면 2018년 용암 분출로 변해버린 할레마우마우 크레이터를 가까이에서 조망할 수 있다.

설퍼 뱅크스 ADD Sulphur Banks Trail, Volcano, HI 96785
스팀 벤츠 ADD 1 Crater Rim Drive, Pahoa, HI 96778 | OPEN 9:00-17:00 | SITE nps.gov

## Thomas A. Jaggar Museum

### 재거 뮤지엄

하와이 화산 관측소에 들어서 있다. 화산학자이자 미국 화산 관측소의 설립자인 토마스 재거(Dr. Thomas Augustus Jaggar, 1871-1953년)의 이름을 붙인 이 박물관에서는 용암 활동에 관한 모든 정보와 펠레 여신에 대한 이야기를 확인할  수 있다. 화산 층정계를 비롯해 화산 지질학에 관한 전시물은 물론 직접 만져볼 수 있는 전시물도 있어 화산 분출로 이루어진 섬을 이해하는 데 도움이 된다. 화산 교육적 기능으로 아이들과 함께 방문하기 좋은 곳으로 기념품점도 함께 있다. 2018년 용암 분출로 인해 재거 뮤지엄은 잠정 폐쇄 되었다. 방문 전 홈페이지를 통해 재개 및 방문 가능 여부를 확인하자.

ADD Jaggar Museum, HI 96785 | TEL 808-985-6000 | OPEN 9:00-17:00 | SITE nps.gov

## OH! MY TIP

불의 여신 펠레의 전설

빅 아일랜드 화산에는 불의 여신 펠레(Pele)에 대한 전설이 있다. 펠레는 하와이 전설에 자주 등장하는 인물로 불, 번개, 바람의 여신으로 통한다. 힘, 열정, 결단력, 강인한 사랑을 창조하는 그녀는 할레마우마우 분화구 불구덩이 속에 살며 화산을 다스린다고 전해진다.

펠레는 '오히아'라는 젊은 청년을 만나 사랑에 빠지게 된다. 하지만 그 청년에게는 '레후아(Lehua)'라는 여자 친구가 있었다. 질투를 느낀 펠레는 이 청년을 보기 흉한 나무로 변모시켰다. 레후아는 펠레에게 가서 저주를 풀어달라고 애원했지만 펠레는 이를 냉정하게 거절한다. 레후아는 신에게 간절히 빌었고, 신은 레후아를 사람으로 되돌리는 대신 오히아 나무에서 피는 붉은 꽃으로 변신시킨다. 그래서 레후아 꽃을 꺾게 되면 서로 떨어지게 된 연인이 흘리는 슬픈 눈물이 비가 되어 내린다고 전해진다.

## Halema'uma'u Crater

### 할레마우마우 크레이터

재거 뮤지엄 앞에 '펠레의 궁전'으로 불리는 할레마우마우 크레이터가 있다. 용암 모습을 가장 생생하게 볼 수 있던 곳이었지만 2018년 용암 활동으로 인해 그 모습이 변했다. 200년 만에 가장 활발한 용암 활동으로 당시 화산재가 해발 3.6km까지 치솟았고, 수영장 10만 개를 채우고도 남을 양의 용암이 흘러내렸다. 분화 활동이 완전히 멈춘 후에는 소리 없이 하얀 연기만 피어오르고 있다. 2018년 용암 분출 전 할레마우마우 크레이터 깊이 85m에서 현재는 488m로 깊어졌으며, 넓이 또한 기존에 지름 4km에서 6km로 넓어졌다. 할레마우마우 크레이터가 자랑하던 붉은빛 용암은 사라진 상태다.

## OH! MY TIP

할레마우마우 크레이터 조망이 가능한 장소

1. 킬라우에아 비지터 센터(Kilauea Visitor Center) - 설퍼 뱅크스(Sulphur Banks) 방향, 설퍼 뱅크스 트레일(Sulphur Banks Trail) 이용 후 스팀 벤츠 - 스티밍 블러프 룩아웃 / 비지터 센터 주차장 출발 1.1km(왕복 1시간 30분 코스)
2. 볼케이노 하우스(Volcano House) 주차 후 크레이터 림 트레일(Crater Rim trail) / 볼케이노 하우스 출발 1.7k(왕복 2시간 코스)
3. 스팀 벤츠(Steam Vents) 앞 스티밍 블러프(Steaming Bluff) 룩아웃에서 조망하거나, 스티밍 블러프 룩아웃에서 정면에 두고 오른쪽 방향으로 크레이터 림 트레일(Crater Rim trail) 이용(왕복 10-15분 코스)

## Kilauea Iki Crater Trailhead Head

**킬라우에아 이키 크레이터 트레일 헤드**

킬라우에아 밀리터리 캠프 이후 도로는 폐쇄되어 있어 들어갈 수 없다. 차를 돌려 내려오면서 킬라우에아 이키 크레이터 트레일 헤드 및 전망대로 이동하자. '이키'는 '새끼 화산'이라는 뜻이다. 이곳은 1959년 상공 600m까지 솟구쳤던 용암 분출로 생긴 120m 깊이의 웅덩이 속으로 걸어 들어가는 6.4km 길이의 트레일 시작점이다. 분화구 바닥으로 내려가기 전 지나는 숲이 매우 인상적이다. 우리에게 고사리 정도로만 알려져 있는 양치류 식물과 신기한 꽃을 보며 생경한 새 소리도 들을 수 있다. 분화구 바닥에 도달하면 용암이 들끓다 굳어 암석이 된 표면 위를 그대로 걸어갈 수 있다. 움푹 꺼지기도 다시 부풀어 오르기도 하며, 바위 틈새에서 연기도 피어오른다. 끈질긴 생명력을 자랑하는 레후아 꽃도 놓치지 말자(트레일 시작점에서 분화구만 내려다볼 수 있는 전망대도 있다. 트레일 소요 시간은 2시간).

킬라우에아 이키 크레이터 트레일 ADD Pahoa, HI 96778 | TEL 808-464-0840 | OPEN 24시간 | SITE nps.gov

## Thurston Lava Tube & Devastation Trail

**서스톤 라바 튜브 & 데버스테이션 트레일**

500년 전 용암에 의해 생성된 동굴로 용암이 흐르면서 벽과 천정을 만들었다. 450m에 달하는 거대 용암 동굴의 대표적 사례다. 입구는 거대한 고사리들이 덮고 있다. 동굴 안쪽은 별도의 조명 시설이 없으니 손전등을 준비해가자. 이 코스의 마지막은 데버스테이션 트레일이다. 황량함과 적막함이 가득한 사막의 기운이 고스란히 전해진다. 1974년 킬라우에아 화산 분출로 크게 손상 입은 지역이다. 왕복 1.6km로 30분 이내면 충분히 둘러볼 수 있다. 서스톤 라바 튜브는 2018년 용암 분출의 영향으로 폐쇄되었지만 데버스테이션 트레일은 이용 가능하다.

서스톤 라바 튜브 ADD Nahuku, Pahoa, HI 96718 | TEL 808-464-0840 | SITE nps.gov
데버스테이션 트레일 ADD Crater Rim Drive, Volcano, HI 96785 | TEL 808-985-6000 | OPEN 24시간 | SITE nps.gov

SPECIAL

# 화산국립공원 이해하기

하와이의 화산국립공원은 고도에 따라 열대 습윤 기후에서 고산 사막까지 11가지 형태의 기후를 보이며 아주 다양한 식물군이 형성되어 있다. 23종의 뚜렷한 식생 형태가 기록되어 있는데, 올라(Ola)의 열대우림, 카우(Ka'u)의 관목지대와 초원, 마우나로아의 고산 툰드라 등 5가지 주요 생태계(아고산대, 계절에 따른 산간지대, 산간 우림, 계절에 따른 아고산대, 해안 저지대)를 확인할 수 있다.

## 동물과 식물의 강인한 생명력

태평양 한가운데의 화산섬에 생명이 싹트기 시작한 것은 수백만 년 전 동남아시아에서 발생한 포자가 바람을 타고 이곳으로 옮겨지면서부터다. 그중 화산에서 서식이 가능했던 소수의 종이 숲을 형성하기 시작했고 이후 하와이 특유의 방식으로 진화했다. 레후아 등 꽃은 90%가 하와이 토종이며 고사리류인 플루(Pulu), 새들이 좋아하는 오헬로(Ohelo) 등 다양한 식물이 척박한 환경 속에서 서식하고 있다. 특유의 향이 없는 민트, 독 없는 곤충 등 특이한 생물들도 다수 확인할 수 있다. 현재 토종 식물 41종, 희귀종 40종이 서식하고 있으며 특별한 주의 및 보호가 필요하다.

## 인간과 자연

동식물보다 나중에 하와이에 도착한 폴리네시아인들은 하와이 동식물을 치명적인 위기로 몰았다. 야생 돼지들이 뒹굴던 물에 모기 서식지가 형성되면서 조류 말라리아가 생기는 등 목축을 위해 유입된 돼지, 염소 등이 생태계 파괴를 일으킨 것이다. 단일종인 박쥐류를 제외하고 토종 포유동물은 없다.

날지 못하는 새 '네네(Nene)'는 화산공원에서 자주 볼 수 있는 동물 중 하나다. 캐나다 구스의 사촌격으로 현재 2000여 마리만 남아 있어 대표적 멸종위기 동물로 꼽힌다. 곳곳에 네네에게 먹이를 줄 수 없다는 표지판이 나오는 등 네네는 하와이 환경 보전의 일면을 보여준다. 지역 특수성이 강한 곳인 만큼 하와이의 식물 중 90%가 이곳에서만 서식한다. 그 덕분에 하와이는 생태 연구자들에게 연구의 원천지로 꼽힌다.

# CHAIN OF CREATERS ROAD

체인 오브 크레이터스 로드

화산이 분출할 때 바다 방향으로 흘러내린 용암이 굳으면서 형성된 거대한 용암의 흔적을 따라가는 편도 30km 길이의 도로다. 도로 양쪽으로 검은 용암이 구불구불하게 펼쳐져 있으며 중간중간 전망대가 있어 비슷한 듯 다른 느낌의 용암 지대를 살펴볼 수 있다. 푸른 홀레이 씨 아치에 도달하면 차량 진입을 막는 표시가 있다. 이곳에서 15-20분쯤 걸어 들어가면 1982년 용암 분출의 흔적이 남아 있는 도로가 있으며, 이길을 따라 칼라파나까지 연결된다.

## Mauna Ulu Lookout & Kealakoma Lookout

**마우나 울루 전망대 & 케알라코모 전망대**

체인 오브 크레이터스 드라이브 코스에서 처음 만나는 곳은 마우나 울루 전망대다. 이곳에서는 1969년 알로이(Aloi) 분화구와 알라에(Alae) 분화구 사이에서 폭발되어 형성된 용암 순상체를 볼 수 있다. 마우나 로아오 마우나 울루(Mau Loao Mauna Ulu)는 1974년 마우나 울루 폭발에 의한 용암의 흐름을 볼 수 있다. 케아우호우 트레일(Keauhou Trail)의 시작점이기도 하다. 케알라코모 전망대는 데크로 잘 정비되어 있어 휴식을 취하기에 좋다. 해발 610m 절벽 위에 있어 1970년대 초 용암이 흘러내리며 생긴 '바다로 흘러 들어가는 검은 강'의 흔적을 볼 수 있다.

ADD Chain of Craters Rd, Pahoa, HI 96778

## Pu'u Loa Petroglyphs & Holei Sea Arch
### 푸우 로아 페트로글리프 & 홀레이 씨 아치

푸우 로아 페트로글리프는 왕복 2.4km의 트레일 코스로 하와이에서 가장 많은 암면 조각이 발견된 곳이다. 개수만 약 23,000여 개에 달하는데 황량하게 펼쳐진 용암 지대에 새겨진 원주민들의 마음과 정성을 엿볼 수 있다. 굳은 용암 위를 걷다 보면 암면 조각이 있는 곳에 다다르게 되는데, 조각 보호를 위한 나무 데크가 조성되어 있다. 조각은 세밀하게 새겨져 있어 잘 알아볼 수 있다. 대부분은 아이를 낳은 부모가 이곳에 탯줄을 묻고 자식의 무병장수를 빌며 새겨넣은 것이다(이 풍습은 20세기까지 이어졌다). '푸우 로아'는 하와이어로 '장수'라는 뜻이다.

코끼리 코 모양의 홀레이 씨 아치는 용암이 폭발해 흘러내리면서 바다와 파도에 서서히 깎여 지금의 모습이 되었다. 체인 오브 크레이터 로드가 끝나는 지점이다.

푸우 로아 페트로글리프 ADD Chain of Craters Rd, Pahoa, HI 96778 | TEL 808-985-6000 | OPEN 24시간 | SITE nps.gov
홀레이 씨 아치 ADD Chain of Craters Rd, Pahoa, HI 96778 | TEL 808-985-6000 | OPEN 24시간 | SITE nps.gov

SPECIAL

# 화산국립공원에서 머물기

## 볼케이노 하우스 호텔

화산국립공원 내에서 하룻밤 묵기 좋은 곳은 볼케이노 하우스 호텔(Volcano House Hotel)이다. 1846년에 문을 연 오랜 역사의 호텔로 2013년 리노베이션을 마쳤다. 33개의 객실, 레스토랑, 스낵 바, 기념품점을 갖추고 있다. 분화구 가까이에 위치해 분화구를 돌아보기 더없이 좋으며, 일부 객실에서는 직접 할레마우마우 분화구 조망이 가능하다. 호텔 객실 외 나마카니파이오(Namakanipaio)는 오두막 형태 객실이다. 바비큐 시설, 캠핑 시설도 갖추고 있다. 호텔에 묵으려면 2-3달 전 미리 예약하는 것이 좋다.

## 편의시설

킬라우에아 밀리터리 캠프(Kilauea Military Camp)는 스팀 벤츠에서 킬라우에아 전망대 사이에 위치한 군인 캠프 시설로 내부에 일반인도 이용할 수 있는 작은 마켓이 있다. 우리나라 컵라면도 있으며 전자레인지도 이용할 수 있다.

식사는 호텔 내에 있는 곳을 이용하는 것이 좋다. 더 림과 엉클 조지스 라운지에서는 킬라우에아와 할레마우마우 분화구의 경관을 보며 식사할 수 있다. 음료, 물 같은 간단한 먹거리는 호텔과 킬라우에아 밀리터리 캠프 내 스토어에서만 구입할 수 있다.

**볼케이노 하우스 호텔**
ADD 1 Crater Rim Drive, Hawaii National Park, HI 96718
TEL 808-536-7972 | SITE hawaiivolcanohouse.com

**더 림(The Rim)**
OPEN 조식 7:00-10:00, 런치 11:00-14:00, 디너 17:00-21:00

**엉클 조지스 라운지(Uncle George's Lounge)**
OPEN 런치, 디너만 가능 11:00-21:00

**킬라우에아 밀리터리 캠프**
ADD 99-252 Crater Rim Drive, Volcano, HI 96785 | TEL 808-967-8333 | SITE kilaueamilitarycamp.com

**케이엠씨 제너럴 스토어(K.M.C. general store)**
ADD 99-252 Crater Rim Drive, Volcano, HI 96785(킬라우에아 밀리터리 캠프 내) | TEL 808-967-8333

### OH! MY TIP

**볼케이노 빌리지(Volcano Village)**

앞서 언급했던 화산공원 내 숙소는 호텔 단 한 곳이다. 볼케이노 빌리지는 화산공원 입구 바로 옆에 있는 작은 마을로 B&B와 음식점이 몇 군데 있다. 공원 내 자리한 마을이 아니라 공원과는 별개의 마을이라는 점 잊지 말자. 마을 내 위치한 B&B 및 음식점은 킬라우에아 방문자센터에서 차량으로 5-10분 거리에 있다.

### OH! MY TIP

**화산국립공원 복장**

화산국립공원은 다른 지역보다 온도가 낮고 바람이 불어 서늘하거나 춥다. 무심코 짧은 바지와 셔츠 차림으로 간다면 따뜻한 곳이 그리울지 모른다. 방문 시 긴 팔의 옷, 카디건을 챙기는 것이 좋다. 오후 시간에 방문하더라도 카디건이나 바람막이 하나쯤은 챙기자. 옷을 준비하지 못했다면, 공원 내 비지터 센터와 재거뮤지엄 기념품 숍을 이용해보자. 기념 의류를 판매한다. 신발은 샌들이나 운동화를 추천한다.

## South Point Park

미국의 땅끝 마을

### 사우스 포인트 파크

미국 최남단에 위치하며 낚시 및 절벽 다이빙 포인트로 유명하다. 코나 시내에서 두 시간 남짓 11번 도로를 주행한 후 사우스 포인트 로드(South Point Road)로 빠져 2km 가량 이동해야 한다. 이정표가 있으니 잘 살펴보자. 바다를 향해 트여 있는 시골길을 내달릴 수 있고 풍력발전기와 들판의 풍경이 이색적이다. 절벽 다이빙을 하는 사람들을 구경하며 아찔한 재미를 느껴보자(90도 절벽에서 다이빙하고 나면 사다리를 타고 올라와야 한다). 파도가 칠 때 바닷물이 들고 나는 표면 동굴도 있다.

**ADD** S Point Rd, Naalehu, Hawaii, HI 96772 | **TEL** 808-464-0840 | **SITE** dlnr.hawaii.gov

## Green Sand Beach

해변을 가득 채운 초록빛 모래

### 그린 샌드 비치

49,000년 전 분석구(Cinder Cone)에서 발견된 감람석(올리빈, 철분과 마그네슘이 풍부)의 결정이 잘게 부서져 초록빛 해변이 형성되었다. 길이 험해 반드시 사륜구동 차량을 이용해야 한다. 주차장 입구에서 현지인 차량을 이용한 투어(15-20$)로 방문하는 것을 추천한다.

**ADD** 93-1206 South Point Road, Naalehu, HI 96772 | **TEL** 651-600-1977

## Punalu'u Black Sand Beach

거북이들의 쉼터

### 푸날루우 블랙 샌드 비치

푸나 화산이 폭발할 때 생겨난 용암 삼각주 가장자리에 위치한다. 파도와 해류가 용암에 의해 퇴적된 흑요석을 때리면서 검은 모래를 만들어내는 덕분에 하와이에서 가장 유명한 흑사장이 되었다. 해수욕보다 해변에 나와 휴식을 취하는 거북을 보러 오는 사람들이 대부분이다.

**ADD** Ninole Loop Rd, HI 96772 | **TEL** 800-464-2924

# RESTAURANT & CAFE

레스토랑 & 카페

## Tuk-Tuk Thai Food Truck
**툭툭 타이 푸드 트럭**

2013년 오픈했으며 태국인들이 현지 재료로 만든 태국 음식을 선보인다. 연두색 트럭에서 맛있는 누들 한 접시로 배를 채워보자. 누들 외에도 롤, 카레 등 메뉴가 다양하고 양이 많은 편이다.

ADD 11-3051 Volcano Rd, Volcano, HI 96704 | TEL 808-747-3041 | OPEN 화-토 11:00-18:00 | SITE tuk-tukthaifood.com

## Kilauea Lodge & Restautant
### 킬라우에아 로지 앤드 레스토랑

볼케이노 빌리지 내에 위치한다. 1938년 YMCA에서 만든 로지로, 레스토랑은 원래 투숙객 식사 장소였지만 입소문이 나면서 지금은 브런치 시간에도 손님이 가득할 정도로 인기가 많다. 팬케이크, 오믈렛, 퓨전 유럽 요리 등 시간대에 따라 다양한 메뉴를 선보인다. 32개국에서 가져온 돌로 만든 벽난로가 이색적이다.

**ADD** 19-3948 Old Volcano Rd, Volcano, HI 96785 | **TEL** 808-967-7366 | **OPEN** 조식 7:30-10:00, 런치 10:00-14:00, 디너 17:00-, 일요일 브런치 10:00-14:00 | **SITE** kilauealodge.com

## Punalu'u Bake Shop
### 푸날루우 베이크 숍

미국 최남단에 위치한 베이커리로, 말라사다를 비롯해 스위트브레드(Sweetbread, 식빵과 같은 종류로 하와이 어디서나 볼 수 있다), 샌드위치, 파이 등을 판매한다. 하와이안 스위트브레드는 모두 이곳에서 만들어지는 만큼 그 원조를 맛볼 수 있다. 구아바, 코코넛 등 다양한 맛 가운데 타로로 만든 빵을 추천한다. 원래 1970년 호텔 레스토랑에서 제공된 빵인데 그 인기가 점점 커지자 1991년 별도의 매장을 오픈하기에 이르렀다.

**ADD** 5642 Mamalahoa Hwy, Naalehu, HI 96772 | **TEL** 866-366-3501 | **OPEN** 9:00-17:00 | **SITE** bakeshophawaii.com

## Art Center Café Ono
### 아트 센터 카페 오노

커피, 차를 곁들인 런치만 맛볼 수 있다. 메뉴는 신선하고 건강한 채식 위주로 구성되어 있으며 대부분 주인이 직접 만든다. 아트 센터와 B&B가 함께 자리해 있다.

**ADD** 19-3834 Old Volcano Rd, Volcano, HI 96785 | **TEL** 808-985-8979 | **OPEN** 화-일 11:00-15:00 | **SITE** cafeono.net

## Vlocano Winery
### 볼케이노 와이너리

화산국립공원 인근에 있는 와이너리로 1993년 주인이 취미로 오픈했다가 이후 본격적으로 운영에 뛰어들었다. 하와이에서만 생산되는 와인을 구할 때 제격인 곳이다. 마카다미아와 열대 과일을 섞은 허니 와인(Macadamia Nut Honey Wine), 티 와인(Infusion Tea Wine), 구아바 와인을 눈여겨보자. 5$을 내면 7종류의 와인을 테이스팅할 수 있으며 자세한 설명도 들을 수 있다. 하와이 내 마트보다 최대 20% 저렴하다.

**ADD** 35 Pii Mauna Dr, Volcano, HI 96785 | **TEL** 808-967-7772 | **OPEN** 10:00-17:30 | **SITE** volcanowinery.com

# HILO & PUNA

힐로 & 푸나

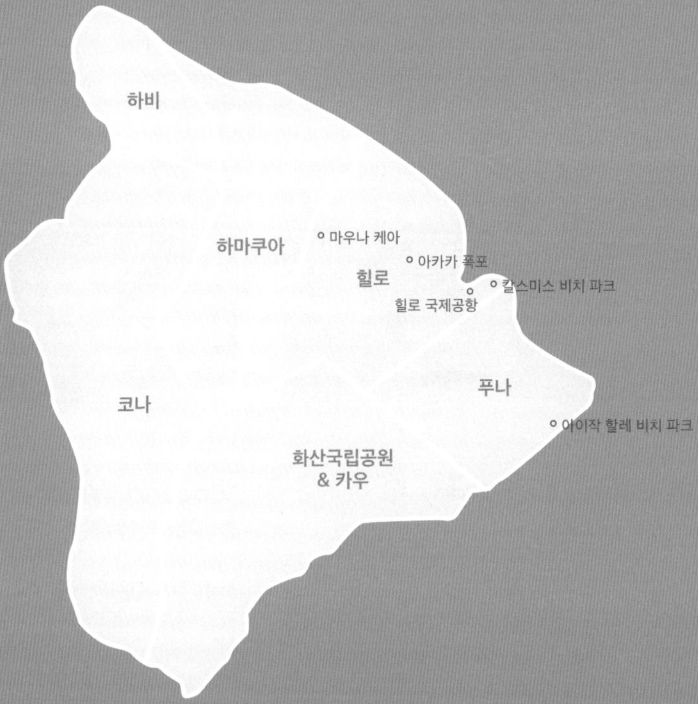


호놀룰루 다음으로 큰 도시 힐로는 빅 아일랜드 북동쪽에 자리한다. 아기자기한 다운타운에서 하와이 과거의 멋스러움과 활기를 고스란히 느낄 수 있다.

# ATTRACTION

명소

## Akaka Falls

숨겨진 보물 같은 곳

**아카카 폭포**

아카카 폭포 주립공원(Akaka Falls State Park)에 있는 높이 135m, 평균 너비 9m의 직하형 폭포다. 하와이어로 '찢어지다', '나눠지다'라는 뜻으로 폭포 옆으로 난 산책길을 따라 하와이의 전형적인 원시림을 체험할 수 있다. 세계 18대 폭포 중 하나로 선정된 아카카 폭포 옆에는 높이 100m의 카후나(Kahuna) 폭포도 자리해 있다.

ADD 875 Akaka Falls Rood, Honomu, HI 96728
TEL 808-961-9540 | OPEN 8:30-18:00 | FEE 차량당 5$ 또는 1인당 1$, 7인승 10$, 8-25인승 20$ | 편의시설 주차장, 화장실, 피크닉 테이블

### OH! MY TIP

짧은 드라이브 코스 시닉 루트

시닉 루트(Scenic Route)는 힐로 다운타운에서 아카카 폭포로 향하는 길에 있는 시닉 포인트로 4마일(6km)에 걸친 드라이브 코스다. 울창한 열대 우림 속에 들어온 듯한 분위기를 느낄 수 있는 곳이다. 하지만 중간중간 원 레인 브리지가 있으니 주행 시 유의하는 것이 좋다. 특별한 이정표는 없지만 'Scenic Route' 표지(힐로 19번 도로 마일 마커 7-8사이)는 있으니 이를 놓치지 말자.

## Hawaii Tropical Botanical Garden

세계 식물을 한자리에서 만나다

### 하와이 열대 식물원

1984년에 문을 연 식물원이다. 아프리카 및 남아프리카에서 수집된 2,000여 종의 다양한 열대식물을 볼 수 있다. 100년 넘게 자란 코코넛 나무와 30m가 넘는 망고 나무, 구아바 나무가 단연 인기다. 울창한 원시 밀림이 잘 보존되어 있어 세계적으로 인정받는 곳이다. 식물원 내를 돌아보며 즐길 수 있는 트레일 코스가 잘 정비되어 있다.

ADD 27-717 Old Mamalahoa Highway, Papaikou, Island of Hawaii, HI 96781 | TEL 808-964-5233 | OPEN 9:00-17:00(입장 16:00까지) | FEE 성인 15$, 아동(6-16세) 5$, 6세 미만 무료 | SITE htbg.com

## Rainbow Falls

두 눈에 들어오는 선명한 무지개

### 레인보우 폭포

와일루쿠 강물이 낙하하며 형성된 24m 높이의 폭포로 와일루쿠 강 주립공원(Wailuku River Boilling Pots State Park)에 자리한다. 폭포를 각각 위와 아래에서 감상할 수 있는 두 개의 전망대가 있다. 햇빛이 비치는 오전에 무지개를 뚜렷이 확인할 수 있다고 해 이 같은 이름이 붙었다. 세계 18대 폭포 중 하나다.

ADD 40 Rainbow Dr, Hilo, HI 96720 | TEL 808-961-9540
FEE 무료 입장 | 편의시설 주차장, 피크닉테이블, 화장실

## Naha Stone

도전 의식을 일깨우다

### 나하 스톤

길이 1m, 폭 1m, 두께 50m, 무게 226.5kg의 바위다. 힐로 공공 도서관 앞에 있으며 이 바위를 들어올리는 사람은 왕이 된다는 전설이 있다. 카메하메하 대왕은 23살에 이 돌을 거뜬히 들어올렸다고 한다(14살에 들어올린 돌은 코할라(Kohala) 지역 도로변에 있다).

ADD 300 Waianuenue Ave, Hilo, HI 96720

## Pacific Tsunami Museum

가슴 아픈 참사의 기록

### 태평양 쓰나미 박물관

1946년 알류산 열도에 일어난 대형 지진으로 형성된 파도가 시속 800km의 속도로 3,700km 떨어진 하와이에 밀어닥쳤다. 이 지진해일로 사상 최대 규모의 희생자가 발생했고, 현지 일본계 신문에서는 '쓰나미(Tsunami)'라는 용어를 사용하기 시작했다. 이 작은 박물관은 당시와 1960년 칠레 대지진으로 발생한 쓰나미 재해의 기록을 정리해둔 곳이다.

ADD 130 Kamehameha Ave, Hilo, HI 96720 | TEL 808-935-0926 | OPEN 화-토 10:00-16:00 | FEE 성인 8$ 아동(6-17세) 4$ 5세 미만 무료 | SITE tsunami.org

## Hilo Downtown

하와이의 옛 모습

### 힐로 다운타운

힐로는 호놀룰루에 이어 하와이주 두 번째 도시로 불린다. 와이아케아 호수(Waiakea Pond) 일대 지역이 가장 번화하지만, 실제는 올드 타운을 연상케 한다. 1925년 건축된 신고전주의 양식의 '팰리스 극장'을 비롯해 목조 건물 상당수가 국가 사적지로 지정되었다. 단층으로 된 목조 건물 등 올드 하와이의 분위기가 물씬 풍기는 곳이다. 건물 내 상점 간판도 볼 만한 구경거리다.

**팰리스 극장** ADD 38 Haili St, Hilo, HI 96720 | TEL 808-934-7010 | SITE hilopalace.com

## Hilo Farmers Market

전통시장 분위기가 한가득

### 힐로 파머스 마켓

하와이의 파머스 미켓 중 접근성이 가장 좋은 상설 시장으로, 200여 개의 파머가 참여하는 수요일과 토요일 규모가 가장 크다. 음식, 꽃, 공예품 등 판매하는 물품에 따라 구역이 잘 정비되어 있으며 가격도 저렴하다. 수요일과 토요일에 방문한다면 이곳에서 현지인들이 만들어 판매하는 도시락을 사서 식사를 즐기는 것도 좋다. 모오오 카운티 공원(Mo'oheau County Park) 주차장 등 마켓 주변으로 무료 주차가 가능하다.

ADD Mamo St & Kamehameha Ave, Hilo, HI 96721
TEL 808-933-1000 | OPEN 일·화·목·금 7:00-16:00, 수·토 6:00-16:00 | SITE hilofarmersmarket.com

## Imiloa Astronomy Center

아이들과 함께 천문학 체험을!

### 이밀로아 천문센터

세계적인 수준의 과학교육센터로 하와이 대학교 힐로 캠퍼스에 있다. 하와이 전통과 문화에 대한 다양한 경험을 해볼 수 있고, 세계 최첨단의 플라네타리움에서 천문 과학을 접할 수 있다. 관측 4D 쇼, 우주선 조종 체험도 흥미롭다. 매일 다양한 프로그램이 진행되며 자세한 일정은 홈페이지에서 확인할 수 있다. 일정 중 비가 오는 날에 방문하기에 좋다.

ADD 600 'Imiloa Place, Hilo, HI 96720 | OPEN 화-일 9:00-17:00 | FEE 성인 19$ 아동(5-12세) 12$ 5세 미만 무료
SITE imiloahawaii.org

## OH! MY TIP

**비 내리는 빅 아일랜드 즐기는 세 가지 방법**

1. 일정 중 비가 내린다면 힐로 이밀로아 천문센터, 태평양 쓰나미 박물관을 찾아보자. 빅 아일랜드를 대표하는 키워드 '천문'의 세계에 대한 이해를 돕는다. 코나의 '프렌즈 오브 넬하(Friends of NELHA)'는 하와이 자연 에너지연구소로 재생 에너지, 신기술에 대한 투어, 바다 생물에 대해 체험할 수 있는 곳이다.

**프렌즈 오브 넬하** ADD 73-4460 Queen Ka'ahumanu Hwy #125, Kailua, HI 96740 | TEL 808-329-8073 OPEN 9:30-13:00(주말 휴무) | SITE friendsofnelha.org

2. 커피 농장에서 운영 중인 숍에서 여행 중 여유를 잠시 찾는 것도 좋다. 비가 오면 농장 투어는 힘들지만 코나 조 커피, 훌라 대디 코나 커피와 같은 브랜드 농장에서 코나를 바라보며 커피 한 잔의 여유를 즐길 수 있다.

3. 코스트코, 월마트, 타켓, 메이시스 등에서 쇼핑을 하거나 펀 팩토리(Fun Factory) 등에서 오락 및 스포츠 게임을 하는 것도 비 내리는 빅 아일랜드를 즐기는 방법이다.

**펀 팩토리** ADD 315 Makaala St #107, Hilo, HI 96720(와이아케아 센터) | TEL 08-969-9137 | OPEN 10:00-20:00, 토 10:00-24:00 | SITE funfactorygames.com

## Kamehameha The Great

힐로를 지키는 왕

### 킹 카메하메하 동상

1997년 세워진 동상이다. 카우아이 섬 북쪽 프린스빌(Princeville) 개발 당시 부동산 개발업자들이 만들어 헌정했으나 카우아이 섬에서는 카메하메하에게 정복된 적이 없다는 이유로 동상을 거부했고, 결국 첫 도읍지였던 힐로에 세워지게 되었다. '힐로'는 카메하메하 대왕이 전쟁 중 카누 부대를 이끌고 정박할 당시에 붙인 이름이다. 힐로 베이를 향해 서 있는 카메하메하 대왕의 모습이 더없이 늠름하다.

ADD 774 Kamehameha Ave, Hilo, HI 96720

## Liliuokalani Park & Gardens

싱그러운 자연 속으로

### 릴리우오칼라니 파크 앤드 가든

하와이의 마지막 군주인 릴리우오칼라니 여왕의 이름을 땄지만, 이곳은 1917년 빅 아일랜드의 사탕수수 농장으로 이주한 일본인을 기리기 위한 정원이다. 반얀트리와 잔디가 잘 조성되어 있으며 와이호누 연못(Waihonu Pond) 위 빨간 다리, 탑, 석등 등으로 아기자기하게 꾸며져 있다. 현지인들이 사랑하는 피크닉 장소이자 조깅 코스다. 아침 산책하기 좋다.

ADD 189 Lihiwai St, Hilo, HI 96720 | OPEN 24시간
FEE 무료 입장

## Coconut Island Park

하와이언들의 휴식처

### 코코넛 아일랜드 파크

릴리우오칼라니 가든과 연결되어 있어 함께 산책하기 좋다. 모쿠 올라(Moku Ola), 다시 말해 '치유의 섬'으로 불리는 인공 섬이다. 섬 주위를 잠수해 세 바퀴 돌면 장수할 수 있다고 전해진다. 현재는 낚시, 다이빙 등 현지인들의 레저 쉼터로 각광받고 있다.

ADD 77 Keliipio Pl, Hilo, HI 96720 | TEL 808-961-8311
FEE 무료 입장

## Carlsmith Beach Park

보석 같은 스노클링 스폿

**칼스미스 비치 파크**

파도가 거의 없고 잔잔해 힐로에서 셀프 스노클링 명소로 손꼽히는 곳이다. 거북과 같이 수영을 즐길 수 있는 수영장 같은 비치로, 바닥이 보일 정도로 투명한 바닷물과 검은 화산암으로 둘러싸여 있다. 수심이 얕은 곳은 아이들이 물놀이하기 좋나. 도로변 주차장이 만차일 경우 100m 뒤 주차장을 이용하자. 비치 입구가 화장실에 가려 잘 보이지 않으니 참고하자.

ADD 1815 Kalanianaole Ave, Hilo, HI 96720 | TEL 808-961-8311 | 편의시설 주차장, 화장실, 피크닉 테이블, 구조요원

## Richardson Ocean Park

하와이에서 즐기는 바다낚시

### 리처드슨 오션 파크

힐로의 유일한 블랙 샌드 비치로 거북을 비롯한 해양 동식물을 볼 수 있다. 단 파도가 심하고 수심이 깊어 물놀이에는 적합하지 않다. 현지인들은 피크닉과 낚시를 즐기기 위해 주로 찾으며 공원 이름은 원 소유자인 엘사와 조지 리처드슨(Elsa And George Richardson) 부부에게서 따온 것이다.

ADD 2279 Kalanianaole St., Hilo, HI 96720 | OPEN 7:00-19:00 | 편의시설 주차장, 비치 샤워, 화장실, 피크닉 테이블

## Kaumana Caves Park

신비한 화산 동굴

### 카우마나 케이브 파크

1881년 마우나로아의 용암이 흐르며 생성된 용암 동굴이다. 은밀하게 숨어 있는 화산의 흔적을 확인할 수 있으며 현재는 사유지다. 자연 그대로 보존되어온 천연 동굴로 조명이나 도보 시설, 특별한 관람 루트가 없어 동굴 입구에서 보는 것에 만족해야 한다. 주차장은 공원 맞은편에 있다.

ADD 1490 Kaumana Dr, Hilo, HI 96720 | 편의시설 주차장, 화장실, 피크닉 테이블

## Panaewa Rainforest Zoo and Gardens

신비한 화산 동굴

### 파나에와 레인포레스트 동물원 & 가든

빅 아일랜드 유일의 동물원으로 '힐로 동물원' 또는 '파나에와 동물원'이라 부른다. 여러 나라에서 기증받은 동물들로 하와이 부엉이 '푸에오(Pueo)', 하와이 매 '로(lo)' 호랑이 꼬리 여우 원숭이 등 80여 종이 있다. 아이들을 위한 놀이터도 있으며 매주 토요일 13:30-14:30에 동물 먹이 주기 체험을 진행한다. 입장료는 무료다.

ADD 800 Stainback Hwy, Hilo, HI 96720 | TEL 808-959-9233 | OPEN 9:00-16:00 | FEE 무료 | SITE hilozoo.org 편의시설 주차장, 놀이터

## Maku'u Famers Market

파머스 마켓의 즐거움

### 마쿠우 파머스 마켓

현지 과일, 채소는 물론 골동품, 중고책, 옷 등 다양한 구경거리가 있는 곳이다. 마켓에 참여하는 이들은 대부분 현지인이지만 빅 아일랜드가 좋아 세계 각지에서 이주해온 외지인도 많다. 덕분에 여러 문화를 즐길 수 있으며 라이브 공연이 펼쳐져 흥겹고 생동감 넘치는 쇼핑을 즐길 수 있다. 차량당 2$ 입장료가 있다.

ADD 15-2131 Keaau-Pahoa Rd, Pāhoa, HI 96778 | OPEN 일 8:00-14:00

## Lava Tree State Park

용암이 만든 나무 바위

**라바 트리 주립공원**

시뻘건 용암이 나무 기둥을 감싸고 휩쓴 모양 그대로 바위가 되어버린 라바 트리를 볼 수 있는 공원이다. 공원 일대에서 다양한 열대 식물도 볼 수 있고 한 바퀴 돌아보는 데 20분 정도라 산책하기 좋지만, 눈에 띄는 이정표가 없어 지나치기 쉬우니 유의하자.

ADD HI -132 Pahoa HI 96778 | TEL 808-961-9540 | FEE 무료 입장 | 편의시설 주차장, 화장실

## Kalapana

용암이 만든 새로운 마을

**칼라파나**

1983년 킬라우에아 분화구 남동쪽, 푸우 오오(Pu'u O'o) 분화구에서 용암이 흘러내려 칼라파나 마을을 덮쳤다. 이로 인해 주택 214채가 파손되었고, 1990년 용암 분출로 다시 한 번 마그마가 마을을 휩쓸고 지나가면서 182채의 주택이 사라졌다. 현재 검은 용암이 만들어낸 울퉁불퉁한 땅 위에서 다시 집을 짓고 생활하는 가정도 일부 볼 수 있다. 2018년 5월까지 라바 하이킹이 가능했지만 더 이상 라바(용암)는 볼 수 없다. 마을 입구 자전거 렌탈 숍도 모두 철거했지만 차량을 이용해 용암이 만들어 낸 새로운 마을 풍경은 볼 수 있다.

## Isaac Hale Beach Park

용암이 만든 새로운 풀(New Pool)과 비치

**아이작 할레 비치 파크**

2018년 용암 분출로 원래 있던 방파제가 무너지고 흘러내린 용암이 바다와 만나면서 새로운 블랙 샌드 비치가 만들어졌다. 비치 안쪽으로는 작은 풀이 생겼는데 바다 보다 물 온도가 조금 더 따뜻해 해수 온천 기능을 한다. 풀에 들어갈 때는 방파제가 있던 보트 진입로의 바닥이 미끄럽기 때문에 모래사장 쪽에서 들어가는 것이 좋다. 이 풀은 깊지 않아 누구나 편하게 즐길 수 있다.

ADD 13-101 Kalapana Kapoho Beach Rd, Pahoa, HI 96778
TEL 808-961-8311 | 편의시설 주차장, 구조 요원

### OH! MY TIP

**2018년 용암의 흔적을 만나다**

132·137번 도로에 위치한 라바 트리 주립공원, 아이작 할레 비치 파크에서는 가장 최근 용암이 흘러내린 흔적을 볼 수 있다. 단 일부 구간은 폐쇄되거나 등록된 차량만 진입할 수 있으며 여행자는 아래 두 가지 구간을 통해 접근할 수 있다.

1. 힐로에서 출발, 132번 도로 '파호아 빌리지 로드(Pahoa village Rd)' 내 있는 라바 트리 주립공원 구간. 이후 포호이키 로드(Pohoiki Rd)는 폐쇄되었다.
2. 칼라파나 출발, 137번 도로 '칼라파나-카포호 로드(Kalapana-Kapoho Rd)' 아이작 할레 비치 파크 구간. 이 구간은 용암 분출로 유실된 도로 일부를 정비했다. 아이작 할레 비치 파크 주차장 출구 쪽에서도 흘러내려 굳은 용암의 모습을 만날 수 있다.

## Mauna Kea

신이 만든 별천지

### 마우나 케아

정상부의 천문대로 유명한 휴화산이다. 해발 4,207m로 정상으로 가려면 4륜구동 차량을 렌트하거나 마우나 케아 정상부 투어 프로그램을 이용해야 한다. 별의 성지라 불리는 곳으로 정상에 갈 때는 오니주카 방문자센터(Onizuka Visitor Center)에서 30분 정도 휴식을 취하며 기압에 적응한 후 올라가는 것이 좋다. 센터 이름은 빅 아일랜드 출신의 우주 비행사 엘리슨 오니주카(Ellison Onizuka)의 이름을 따 지었다.

마우나케아 엑서스 로드(Mauna Kea Access Rd) 입구에서부터 방문자센터까지는 10-15분 정도 소요되며, 방문자센터에서 정상까지는 20-30분 소요된다. 이 구간은 비포장도로이다. 방문자센터를 출발해 마일 마커 4.8마일 구간까지 비포장이니 안전 운전에 유의하자. 대개 정상에서 일몰을 보고 센터로 내려와 망원경으로 별을 관측하는데, 화·수·금·토 19:00-22:00에 별 관측 프로그램인 스타게이징(Stargazing)이 무료로 진행되니 참고하자. 지대가 높아 추울 수 있으니 긴 옷, 재킷이나 점퍼를 준비해야 하며 정상부는 산소 부족으로 13세 미만 어린이, 호흡기 질환자, 임산부, 24시간 내 다이빙을 했거나 당일 하와이에 입국한 사람이라면 방문을 피하자. 정상부가 아니더라도 방문자센터 앞 작은 언덕에서 일몰 감상과 별 관측이 가능하다. 방문자센터에 따뜻한 물, 전자레인지가 구비되어 있어 누구나 이용할 수 있다. 몸을 따뜻하게 해줄 커피·차 또는 샌드위치, 플레이트 도시락, 컵라면을 준비해가도 좋다.

**ADD** Mauna Kea Observatories Support Services 177 Maka'ala Street Hilo, HI | **TEL** 808-961-2180 | **OPEN** 오니주카 방문자센터 9:00-17:00 | **FEE** 무료 입장 | **편의시설** 주차장, 화장실, 피크닉 테이블, 기념품점 | **SITE** www.ifa.hawaii.edu/info/uis

### OH! MY TIP

**지구에서 가장 큰 화산 마우나로아(Mauna Loa)**

마우나케아의 유명세에 가려 우리나라 여행자들에게는 잘 알려지지 않은 마우나로아는 해발 4,170m의 국립공원이다. '높은 산'이라는 뜻으로 해저에서 측량했을 때 지구상 가장 큰 화산 덩어리이다. 정상부에 천문대가 있는데 이곳에서 세계 최초로 이산화탄소 농도를 측정하기 시작했다. 천문대가 위치한 곳은 극지와 함께 대기가 깨끗하기로 손꼽히는 곳이다. 정상부는 마우나케아와 더불어 별 관측하기 좋은 장소로 차량을 이용한다면 누구나 접근 가능하다.

**ADD** 44-2441 Mauna Loa Access Road, Waimea, HI 96743 | **TEL** 808-933-6965 | **SITE** esrl.noaa.gov | **FEE** 무료 입장
**편의시설** 주차장

# RESTAURANT & CAFE

레스토랑 & 카페

## 조식 & 브런치

### Café Pesto
**카페 페스토**

1988년 코할라(Kohala) 지역 리조트 단지에서 문을 연 이탈리안 레스토랑으로 힐로 점은 1992년 오픈했다. 다양한 매체로부터 빅 아일랜드 맛집으로 여러 차례 선정되었다. 피자, 파스타의 맛은 물론 분위기 및 서비스도 좋다. 현지인들도 많이 찾아 이른 점심부터 손님으로 가득하니 예약하거나 일찍 가는 것이 좋다. 힐로 점은 2016년 5월 리노베이션을 마쳐 좀 더 쾌적하게 식사를 즐길 수 있다.

ADD 308 Kamehameha Ave #101, Hilo, HI 96720
TEL 808-969-6640 | OPEN 일-목 11:00-21:00, 금-토 11:00-22:00 | SITE cafepesto.com

## Cafe100
### 카페 100

1946년 오픈한 곳으로 지진과 쓰나미로 세 차례 자리를 옮긴 끝에 지금 자리에 이르렀다. 제2차 세계대전 당시 미국을 위해 희생한 하와이 태생의 일본인 병사 100인의 넋을 기리고자 이와 같이 가게 이름을 지었다. 로코모코가 단연 인기인데, 저렴한 가격에 맛있는 음식을 제공하고 사회에 기여하고자 하는 주인의 따뜻한 마음을 느낄 수 있어 더욱 좋다. 플레이트 종류도 다양하며 포장도 가능하다.

ADD 969 Kilauea Ave, Hilo, HI 96720 | TEL 808-935-8683 | OPEN 월-목 6:15-20:30, 금 6:15-21:00, 토 6:15-19:30
SITE cafe100.com

## Ken's House of Pancakes
### 켄스 하우스 오브 팬케이크

24시간 운영해 언제든지 찾아갈 수 있는 곳으로 1971년에 오픈했다. 이름처럼 팬케이크가 유명한데 마카다미아 너트 가루를 뿌린 팬케이크가 간판 메뉴다. 코코넛, 패션 프루트, 구아바 시럽이 곁들어진 팬케이크를 비롯해 로코모코, 샌드위치까지 다양한 식사 메뉴가 있다. 현지인들도 많이 찾는 곳으로 지난 15년간 힐로 최고의 조식 장소로 선정된 바 있다.

ADD 1730 Kamehameha Ave, Hilo, HI 96720 | TEL 808-935-8711 | OPEN 24시간 | SITE kenshouseofpancakes.com

## Nori's Saimin & Snacks
### 노리스 사이민 & 스낵스

1983년 시작된 국수 전문점으로 호놀룰루에서 힐로로 이전했다. 저렴한 가격에 양까지 푸짐하다. 국수를 비롯해 치킨, 꼬치, 샌드위치 등 메뉴가 다양하다. 매장에서 직접 만드는 초콜릿 찹쌀떡 케이크도 인기다.

ADD 688 Kinoole St #124, Hilo, HI 96720 | TEL 808-935-9133 | OPEN 화-목·일 오전 10:30-22:00, 금·토 10:30-23:00
SITE norishilo.com

# 플레이트

## Kawamoto Store
### 카와모토 스토어

1947년 문을 연 곳으로 한국, 일본, 필리핀 등 다양한 나라의 음식을 맛볼 수 있다. 무수비, 잡채, 한국식 BBQ, 튀김, 두부 등 각각의 메뉴를 원하는 개수만큼 주문할 수 있다. 계산대 옆에 음식 진열대가 있어 주문하기 편하고, 테이크아웃 전문점답게 포장도 효율적으로 해준다. 방금 조리한 음식을 저렴한 가격으로 배불리 먹을 수 있으며, 전화 주문 후 픽업도 가능하다.

ADD 784 Kilauea Ave, Hilo, HI 96720 | TEL 808-935-8209 | OPEN 화-일 6:00-12:30 | SITE kawamotostore.com

## Suisan Fish Market
### 수이산 피쉬 마켓

수산회사에서 운영하는 포케 원조집으로 신선한 생선과 해산물을 판매한다. 현지인과 관광객 모두에게 인기 있는 곳이라 오픈 때부터 줄을 서며 오후 3-4시가 되면 포케가 모두 팔리는 경우가 많으니 점심 전에 방문하길 권한다. 10여 가지 맛의 포케가 있으며 밥과 함께 먹을 수 있는 포케 플레이트를 판매한다.

ADD 93 Lihiwai St, Hilo, HI 96720 | TEL 808-935-9349
OPEN 월-금 8:00-17:00, 토 8:00-16:00 | SITE suisan.com

# 디저트

## Bear's Coffee
### 베어스 커피

커피와 함께 가벼운 식사를 할 수 있는 곳으로 힐로의 젊은이들이 많이 찾는다. 특히 조식과 브런치 메뉴가 훌륭하다. 신선한 음식에 친절한 서비스까지 기분 좋은 하루를 시작할 수 있게 해주는 곳이다. 머핀, 베이글, 샌드위치, 스프 등의 메뉴가 있다.

ADD 106 Keawe St, Hilo, HI 96720 | TEL 808-935-0708
OPEN 6:00-16:00

## Makani's Magic Pineapple Shack
### 마카니스 매직 파인애플 쉑

스무디와 홈메이드 아이스크림을 판매하는 힐로의 핫 플레이스로 아이스크림 버거, 파인애플 볼에 담겨 나오는 매직볼이 인기다. 콘 또는 컵, 미니 파인애플 중 선택한 후 아이스크림 종류와 토핑을 선택할 수 있다. 하와이 전통 문화인 티키(Tiki)를 활용한 장식이 눈에 띈다. 아이스크림 선택이 고민된다면 우베(ube, 참마 종류)와 드래곤프룻(dragonfruit)이 조화를 이루는 유니콘(Unicone) 추천하다.

ADD 54 Waianuenue Ave, Hilo, HI 96720 | TEL 808-935-8454 | OPEN 월-토 9:00-17:00 일 10:00-16:00
SITE bigislandjuicecompany.com

## Two Ladies Kitchen
### 투 레이디스 키친

찹쌀떡 및 만쥬 전문점. 간판이 작고 외관도 공장 같아 지나치기 쉽다. 매장 내부는 계산대와 세트로 구성된 상품을 올려둔 테이블이 전부이다. 원하는 메뉴를 주문하면 바로 준비해준다. 딸기 찹쌀떡이 유명한데 과일, 찹쌀, 팥이 조화를 이뤄 부드러운 맛이 일품이다. 안에 들어가는 과일도 큼직해 씹는 맛도 좋다. 현금 결제만 가능하다.

ADD 274 Kilauea Ave, Hilo, HI 96720 | TEL 808-961-4766
OPEN 화-토 10:00-16:00

## Big Island Candies
### 빅 아일랜드 캔디스

힐로에서 1977년부터 영업해온 수제 쿠키 전문점이다. 초콜릿, 브라우니, 초콜릿 바 등 여러 메뉴 가운데 코나 커피, 마카다미아 너트, 고급 초콜릿을 주재료로 한 쿠키가 인기다. 달콤한 캔디를 맛보고 싶다면 식후에 들러 시식해보자. 선물 패키지도 잘 갖추어져 있어 선물용으로 구입하기도 좋다.

ADD 585 Hinano Street, Hilo, HI 96720 | TEL 808-935-8890 | OPEN 8:30-17:00 | SITE bigislandcandies.com

# SHOPPING

쇼핑

## The Locavore Store
**더 로카보어 스토어**

2010년 오픈했으며 식품, 화장품 같은 유기농 상품을 판매하는 푸드 펍(Food Pub)이다. 현지 농장에서 생산된 재료로 만든 음식과 최고의 시즌 음식을 선별해 상품화했다. 아보카도, 딸기 치즈를 비롯해 소금, 코코넛 오일, 하와이 꿀 등을 구입할 수 있다.

**ADD** 60 Kamehameha Ave, Hilo, HI 96720 | **TEL** 808-965-2372 | **OPEN** 월-금 9:00-18:00, 토 9:00-15:00
**SITE** bigislandlocavorestore.com

## Mauna Loa Factory
**마우나 로아 팩토리**

마카다미아 너트의 대표 기업인 마우나 로아의 농장이다. 우주 비행사의 간식으로 제공될 만큼 몸에 좋은 마카다미아 너트의 재배 모습부터 수확, 가공을 거쳐 상품으로 만드는 과정을 견학할 수 있다. 시식은 물론 구입도 가능하다. 시중 마트보다 비싼 편이지만 상품이 더 다양하다.

**ADD** 16-701 Macadamia Rd, Keaau, HI 96749 | **TEL** 808-966-8618 | **OPEN** 8:30-17:00 | **SITE** maunaloa.com

# HAWI & HAMAKUA

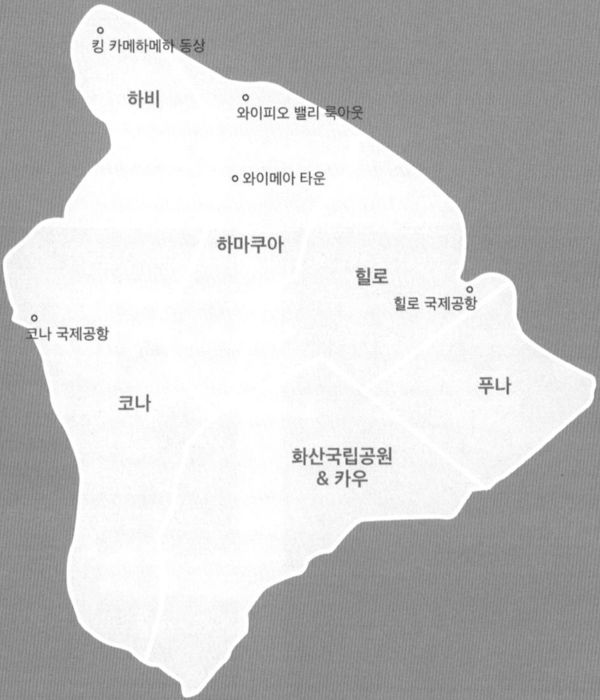


하와이 북쪽 끝에 있는 하비와 노스 코할라에서 동쪽으로 위치한 하마쿠아는 시골 마을을 연상시킨다. 노스 코할라 지역 중 가장 큰 마을이기도 한 하위는 현재 아이언맨 월드 챔피언십의 자전거 경주 반환점이기도 하다. 또한 과거에는 사탕수수 산업으로 번창했던 노스 코할라 지역의 경제 허브였다. 카우보이의 고장 와이메아는 하와이 섬 중 가장 큰 목장과 아름다운 초원을 가졌다.

# ATTRACTION

명소

## Statue of King Kamehameha

고향을 지키는 왕

### 킹 카메하메하 동상

1878년 캡틴 쿡이 하와이 발견 100주년 기념 사업의 일환으로 만든 것으로, 미국 출신의 작가 토마스 구드(Thomas Gould)가 제작했다. 이 동상에는 일화가 있는데, 1880년 이탈리아 피렌체에서 하와이로 운송하던 중 배가 침몰해 동상도 바다에 가라앉고 말았다. 이후 동상을 다시 제작하던 중 한 영국 선박이 좌초선에서 건져 올린 동상을 구해 하와이에 이를 팔았고, 동상은 결국 두 개가 되고 말았다. 이를 놓고 고민하던 당국은 추후에 만든 동상은 호놀룰루 이올라니 궁전 맞은 편, 나머지 하나는 카메하메하 대왕의 탄생지인 카파아우(Kapaau)에 두는 것으로 결론을 내렸다.

ADD Akoni Pule Hwy, Kapaau, HI 96755

## Lapakahi State Historical Park

하와이 선사 유적지를 걷다

### 라파카이 주립역사공원

하와이 선사 유적지이며 해안을 따라 형성된 어촌의 주거 터가 잘 복원되어 있다. 전통 집터와 가옥을 볼 수 있고, 30분 이내로 트레일 하며 전체를 둘러볼 수 있다. 트레일 중간 지점에는 빅 아일랜드에서 유일한 흰색 산호로 이뤄진 비치가 있다. 물이 워낙 맑아 스노클링 하지 않고도 물고기를 볼 수 있고 소금을 채취하던 암석, 전통 식물 등을 볼 수 있다.

**ADD** HI-270, Waimea, HI 96743 | **TEL** 808-961-8311
**OPEN** 8:00-16:00 | **FEE** 무료 | **SITE** hawaiicounty.gov/pl-s-kohala-map2

## Pololū Valley & Pololū Beach

전경이 아름다운 해식 절벽

### 폴롤루 밸리 앤드 폴롤루 비치

코할라 산 북부 계곡과 골짜기를 눈에 담을 수 있는 곳이다. 전망대에서는 가파른 절벽과 계곡, 검은 모래 해변으로 유명한 폴롤루 비치를 감상할 수 있다. 와이피오 밸리부터 폴롤루 밸리까지 7개의 계곡이 있는데 한센병 환자를 몰로카이로 격리 수용할 당시 많은 환자들이 이곳으로 숨어든 것으로 전해진다. 원래는 유명 관광지가 아니었으나 검은 모래 해변이 관심을 끌기 시작하면서 하나둘 찾는 이들이 늘어났다. 폴롤루 밸리 룩아웃(Pololu Valley Lookout)에서 15-20분 정도 내려가면 비치에 도착할 수 있다.

**ADD** 52-5088 Akoni Pule Hwy, Kapaau, HI 96755

## Kohala Mountain Road

목장 길 따라 달리는 드라이브

**코할라 마운틴 로드**

하비와 와이메아를 잇는 250번 도로다. 대표적인 산길 드라이브 코스로 푸른 목초지와 아이언 나무 가로수길을 내달릴 수 있다. 빅 아일랜드에서는 보기 힘든 산간 드라이브 코스로 코할라 지역의 색다른 매력을 느낄 수 있다.

ADD Route 250, Hawi, Island of Hawaii, HI

## Parker Ranch

미국에서 가장 넓은 개인 목장

**파커 랜치**

170여 년 전 존 팔머 파커(John Palmer Parker)에 의해 개발된 곳으로 소 35,000마리와 말 250마리를 방목한다. 면적이 2억 7,500만 평으로 미국의 개인 목장 중 가장 넓다. 존 파커 이후 6대째인 리처드 스마트(Richard Smart, 1913-1992년)를 마지막으로 이곳은 파커 랜치 재단(Parker Ranch Foundation Trust)에 귀속되어 운영되고 있다. 내부에 있는 파커 랜치 박물관에서 카우보이의 생활을 엿볼 수 있다. 수익금의 일부는 지역 및 학교, 의료시설 복지에 사용된다.

ADD 66-1304 Mamalahoa Hwy, Waimea, HI 96743 | TEL 808-885-7311 | OPEN 월-금 8:00-16:00 | SITE parkerranch.com

### OH! MY TIP

**왕족 시대의 개인이 어떻게 이토록 넓은 땅을 소유할 수 있었을까?**

카메하메하 가문이 이끌어온 하와이에서 개인이 2억 평이 넘는 땅을 어떻게 소유할 수 있었을까? 그 비결은 바로 '친분'이다. 1809년 매사추세츠주에서 건너온 존 팔머 파커는 카메하메하 대왕과 친분을 쌓으면서 공주와 결혼을 하기에 이른다. 이후 그는 왕족의 후원을 얻어 산림을 해치는 산양, 야생마 등의 동물을 수용한다는 조건을 내걸고 1850년경부터 마우나케아 산기슭을 개발했다.

## Waimea Town

카우보이 마을

**와이메아 타운**

코나-힐로 구간을 이동할 때 지나는 곳으로 '하와이 속 스위스'로 불린다. 초록빛 산자락과 초원이 아름답게 펼쳐져 있으며 파커 랜치가 위치해 있다. 관광지는 아니지만 맛집이 많아 이동 중 식사나 간식을 찾는 이들이 많이 찾아온다. 카우아이 섬의 '와이메아'와 이름이 같은 탓에 우편 배달 실수가 종종 생기자 '카무엘라(Kamuela)'라고 불리기도 한다. 이 이름은 과거 이 지역에서 가장 유명했던 존 팔머 파커의 손자 카무엘라 파커(Kamuela Parker, 1853-1920년)의 이름에서 따온 것이다.

**와이메아 초등학교(와이메아 타운 시작점)** ADD 67-1225 Hawaii Belt Rd, Waimea, HI 96743

## Honokaa Town

힐로 속 작은 일본인 마을

**호노카아 타운**

영화 <하와이안 레시피>의 주 배경이 되었던 곳으로 2,000여 명의 주민이 사는 작은 마을이다. 하와이안 스타일의 낡은 목조 건물이 즐비한데 그중에는 역사적인 건물도 많다. 영화에 등장하는 호노카아 극장(Honoka'a Peoples Theater)은 1930년에 지어진 중요 건물로 지금도 영화를 상영하고 있다. 이 마을은 원래 사탕수수 농장이 있던 곳으로 일본인의 비중이 높아 '하와이 속 작은 일본'이라 부른다. 음식점, 소품점들이 아기자기하게 모여 있다.

ADD 45-3380 Mamane St. Bldg. #3 Honokaa, HI 96727
TEL 808-775-8881

## Waimea Farmers Market

카우보이 마을에서 만나는 파머스 마켓

### 와이메아 파머스 마켓

토요일 오전 와이메아를 지난다면 와이메아 타운 마켓, 카무엘라 파머스 마켓, 와이메아 홈스텐드 파머스 마켓 등을 찾아보자. 대개 직접 재배한 신선한 농산물, 벌꿀, 화초 및 꽃, 예술작품 등 다양한 품목을 판매하며 간식이나 요깃거리도 구할 수 있다. 파커 랜치 센터 내에서 열리는 카무엘라 파머스 마켓(Kamuela Farmers Market)은 마켓과 함께 파니올라 헤리티지 뮤지엄도 함께 둘러볼 수 있다. 와이메아 카우보이들의 발자취와 도구 등을 통해 그들의 역사를 살펴볼 수 있다.

**와이메아 파머스 마켓** ADD waimea farmers market 67-1229 Mamalahoa Hwy. Kamuela, Hawaii 96743 | OPEN 토 7:00-12:00 | SITE waimeafarmersmarket.com

**카무엘라 파머스 마켓** ADD 67 Pukalani Rd, Waimea, HI 96743 | TEL 808-960-1493 | OPEN 토 7:30-13:00 SITE kamuelafarmersmarket.com

## Saddle Road

코나 - 힐로 최단 시간 코스

### 새들 로드

1840년대 당시 죄수들을 동원해 만든 도로로 여러 번의 공사 중단과 재개 끝에 오늘의 모습을 갖추었다. 빅 아일랜드를 여행할 때 꼭 한번은 거치게 되는 곳으로 코나-힐로를 잇는 최단 도로다. 아스팔트로 잘 정비된 도로이지만, 가장 높은 곳이 해발 2,021m에 달할 정도로 언덕이 많아 롤러코스터를 타는 듯한 기분을 느낄 수 있다. 또한 같은 새들 로드라고 해도 지역에 따라 날씨 변덕이 심해 안개와 비가 내리는 곳에서는 속도를 줄이고 방어 운전에 신경 써야 한다. 분화구는 물론 넓게 펼쳐진 대지에 방목된 염소들도 볼 수 있다. 주유소 및 매점 같은 편의시설이 일체 없기 때문에 출발 전 미리 준비하자.

ADD Hawaii Highway 200, Kailua-Kona, HI

## Waipio Valley Lookout

굽은 계곡에서 자아내는 탄성

### 와이피오 밸리 룩아웃

눈과 마음이 탁 트이는 와이피오 전망대는 장엄한 빅 아일랜드의 전경을 감상하기 좋은 곳이다. 전망대 아래로 블랙 샌드 비치가 보이는데 이른 아침보다 정오 즈음에 가면 해안선과 함께 더욱 웅장한 풍경을 즐길 수 있다. 주차장 옆으로 와이피오 밸리로 내려갈 수 있는 길이 있지만 4륜구동 차량이나 투어를 통해서만 방문할 수 있다.

ADD 48-5546 Waipio Valley Rd, Waimea, HI 96743
TEL 808-961-8311 | 편의시설 주차장, 화장실, 피크닉 테이블

### OH! MY TIP

**왕족의 낙원, 와이피오 밸리**

카메하메하 1세가 어린 시절을 보낸 곳이자 하와이 왕국이 시작된, 하와이 역사에서 중요한 장소다. 하와이어로 '물의 곡선'이라는 뜻의 와이피오 밸리는 하와이 계곡 가운데 규모가 가장 크다. 길이 9km, 폭 1.6km로 바다 쪽을 제외한 3면이 모두 해발 600m 이상의 절벽에 둘러싸여 있다. 이곳 마을에는 지금도 소수 원주민이 거주 중인데 1946년 쓰나미, 1979년 대홍수 때에도 인명 사고가 없었다. 타로뿐만 아니라 이곳에서 생산되는 포이는 최고 품질을 인정받고 있다. 와이피오 밸리는 하이킹, 승마, 차량 투어를 통해서 입장할 수 있다. 낙차 442m의 히일라웨(Hiilawe) 계곡이 가장 잘 알려져 있으며, 높이 200m의 칼루아아인(Kaluahine) 폭포는 케빈 코스트너 주연의 영화 <워터월드>의 마지막 장면을 촬영한 곳이다.

# RESTAURANT & CAFE

## 조식 & 브런치

### Lilikoi Café
**릴리코이 카페**

조식과 브런치를 판매한다. 샌드위치, 파스타, 샐러드 콤보 등의 메뉴는 채식 위주로 구성되어 있다. 실내 좌석이 많지 않지만 집 같이 편안한 분위기에서 가볍게 식사할 수 있는 곳이다.

ADD 67-1185 Mamalahoa Hwy, Waimea, HI 96743
TEL 808-887-1400 | OPEN 월-토 7:30-16:00

### Hawaiian Style Café
**하와이안 스타일 카페**

온 가족이 즐길 수 있는 음식점으로 가격 대비 양이 많다. 팬케이크, 프렌치 토스트, 로코모코 등 다양한 요리를 맛볼 수 있다. 이곳에서 유년 시절을 보낸 주인장이 옛 맛을 고스란히 담은 로컬 메뉴를 판매한다. 힐로와 와이메아에 매장이 있다.

ADD 681 Manono St, Hilo, HI 96720 | TEL 808-969-9265
OPEN 월·일 7:00-14:00, 화-목 7:00-14:00·17:00-20:30, 금-토 7:00-14:00·17:00-21:00 | SITE hawaiianstylecafe.com

### Village Burger
**빌리지 버거**

미국 10대 햄버거 중 하나로 선정된 와이메아 마을의 버거다. 주방장 에드윈 고토(Edwin Goto)가 현지 재료로 만든 다양한 버거를 맛볼 수 있으며, 생선으로 만든 버거도 눈에 띈다. 호르몬제와 항생제가 들어가지 않은 신선한 하와이산 고기만 사용한다.

ADD 67-1185 Hawaii Belt Rd, Waimea, HI 96743 | TEL 808-885-7319 | OPEN 월-토 10:30-20:00, 일 10:30-18:00
SITE villageburgerwaimea.com

### Gramma's Kitchen
**그랜마스 키친**

빈티지한 매력을 뽐내는 레스토랑으로 할머니가 정성껏 만들어주는 한 그릇 식사와 디저트를 맛볼 수 있다. 호노카아의 터줏대감 맛집으로 전통 미국식 메뉴를 비롯해 커피와 릴리코이 치즈 케이크가 인기다.

ADD 45-3625 Mamane St. Honokaa, HI 96727
TEL 808-775-9943 | OPEN 화-목 8:00-15:00 금-일 8:00-15:00, 17:00-20:00

# 다이닝

## Sushi Rock
### 스시 록

다양한 재료가 들어간 롤을 맛볼 수 있는 초밥 전문점. 신선한 해산물이 입맛을 돋우는 곳으로 현지인들에게도 인기가 많다. 롤 외에 다른 메뉴도 무난한 편이다.

ADD 55-3435 Akoni Pule Hwy, Hawi, HI 96719 | TEL 808-889-5900 | OPEN 월-목·일 12:00-15:00·17:30-20:00, 금-토 12:00-15:00·17:30-21:00

## Merriman's Big Island
### 메리맨스 빅 아일랜드

세 차례나 제임스 비어드 어워드 결선에 오른 최고의 셰프 피터 메리맨(Peter Merriman)의 요리를 맛볼 수 있는 곳이다. 호놀룰루 매거진에서 '빅 아일랜드 최고의 레스토랑'으로 11년 연속 선정된 바 있다. 예약은 필수다.

ADD 65-1227B Opelo Rd, Waimea, HI 96743 | TEL 808-885-6822 | OPEN 월-금 11:30-13:30·17:30-21:30, 토-일 10:00-13:00·17:30-21:00 | SITE merrimanshawaii.com

## Yong's Kal-bi
### 용스 갈비

빅 아일랜드에서 수십 년간 사랑받아온 한식당이다. 한국인 부부가 운영하며 현지인들에게도 명소로 꼽힌다. 한국인에게는 김치를 듬뿍 주니 한국말로 정답게 인사해보자.

ADD 65-1158 Mamalahoa Hwy # 4, Waimea, HI 96743
TEL 808-885-8440 | OPEN 월-토 10:00-21:00

# 디저트

## Kohala Coffee Mill
### 코할라 커피 밀

커피, 샌드위치 등 간단하게 배를 채울 만한 메뉴를 선보인다. 마카다미아 너트, 코나 커피 등 현지 재료로 만든 아이스크림 맛집으로 더 유명하다.

ADD 55-3412 Akoni Pule Hwy, Hawi, HI 96719 | TEL 808-889-5577 | OPEN 월-금 6:00-18:00, 토-일 7:00-18:00

## Waimea Coffee Company
### 와이메아 커피 컴퍼니

와이메아 여행자들이 통과의례처럼 찾는 곳이다. 와이메아 지역의 사랑방 같은 곳으로 매장은 좁지만 언제나 손님으로 시끌시끌하다. 라떼 아트를 만날 수 있으며 주말이면 기타 연주도 들을 수 있다. 커피 종류도 다양하며 그중 눈에 띄는 것은 숙성된 원두와 오바마 원두다. 전미 대통령 오바마가 태어나고 자란 지역의 원두를 모아 만들었다.

**ADD** 65-1279 Kawaihae Rd, Waimea, HI 96743
**TEL** 808-885-8915 | **OPEN** 월-금 6:30-17:30, 토 7:00-15:00, 일 9:00-15:00 | **SITE** waimeacoffeecompany.com

## Hamakua Macadamia Nut Co.
### 하마쿠아 마카다미아 넛 컴퍼니

마카다미아 너트 회사 중 후발 주자이지만 품질과 맛, 크기만큼은 뛰어나다. 스팸 맛의 마카다미아, 소금에 절인 것, 초콜릿으로 덮은 것, 후추를 뿌린 것 등 종류가 다양하며 커피와 함께 시식이 가능하다. 코나 270번 도로 주행 중 잠시 들려 달콤한 간식에 여행의 피곤함을 덜어내기 좋으며, 매장 안쪽에서 제품 생산 과정도 볼 수 있다.

**ADD** 61-3251 Maluokalani St, Waimea, HI 96743 | **TEL** 888-643-6688 | **OPEN** 9:00-17:30 | **SITE** hawnnut.com

## Tex Drive In
### 텍스 드라이브 인

못생긴 말라사다로 유명한 곳이다. 망고, 구아바, 사과 등 여러 가지 맛을 선보인다. 여느 말라사다보다 훨씬 커서 이동 시 간식으로 먹기에 좋다. 통유리 너머로 제조 과정을 볼 수 있으며, 식사용 플레이트 메뉴도 판매한다.

**ADD** 45-690 Pakalana St #19, Honokaa, HI 96727 | **TEL** 808-775-0598 | **OPEN** 6:00-20:00 | **SITE** texdriveinhawaii.com

## Fresh Off the Grid
### 프레시 오프 더 그리드

신선한 과일, 시원한 음료를 판매하는 푸드 트럭으로 폴룰루 밸리를 다녀온 후 가볍게 들리기 좋다. 음료, 스무디, 아이스크림, 셰이스 아이스, 과일을 판매한다. 스무디와 아이스크림이 특히 인기다. 풍경이 좋아 사진 촬영하기 좋으며, 트럭 앞에 테이블이 있어 휴식을 취하기 좋다.

**ADD** 4700 Akoni Pule Hwy, Kapaau, HI 96755
**OPEN** 12:00-17:00

# CHECK IN BIG ISLAND

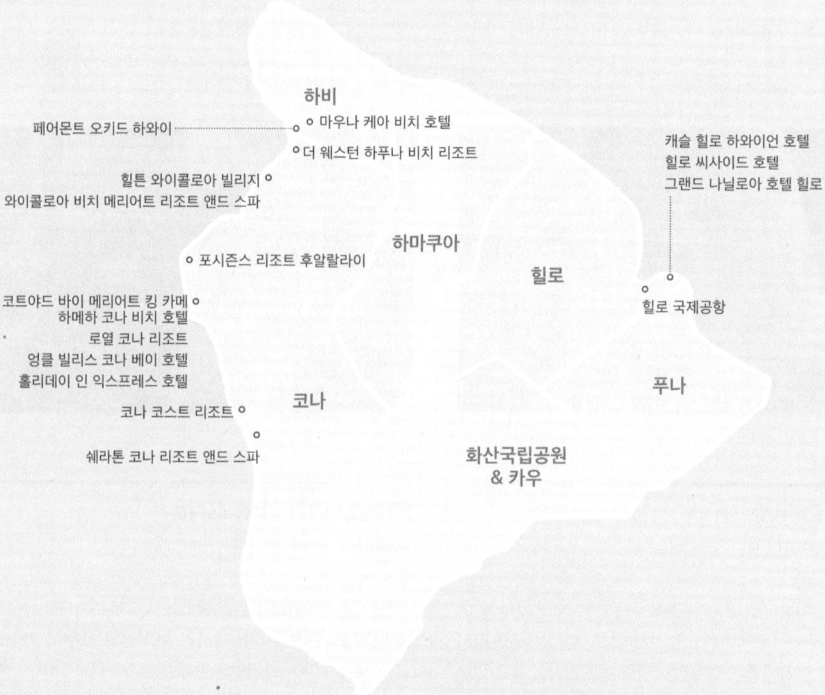


하와이 여행의 꽃은 바로 호텔이다. 해변을 따라 늘어선 세계 유명 호텔 체인들을 보면 하와이의 명성을 짐작할 수 있다. 어디서 묵어야 할지, 어디가 더 좋은 호텔인지 고민이라면 고급 호텔에서부터 가성비 최고의 대중 호텔까지 다양한 옵션을 꼼꼼히 살펴보고 결정하자.

# 럭셔리 호텔

## Four Seasons Resort Hualalai at Historic Ka'upulehu
**포시즌스 리조트 후알랄라이 앳 히스토릭 카우풀레후**

5성급

코할라 해변에 은밀하게 자리한 럭셔리 호텔이다. 마니니오왈라 비치와 가깝고 프라이빗 비치, 리조트 내 18홀 규모의 골프 코스와 7개의 풀장, 레스토랑을 갖추고 있어 조용하게 휴양하기 좋다. 저층으로 구성된 아늑하고 편안한 125개 객실과 51개 스위트 빌라로 구성된다. 객실 인테리어 및 분위기, 전망, 비서 서비스, 리무진·타운카 서비스 등 기본적인 서비스가 타 호텔보다 수준이 높다. 2013년 콘데 내스트 트래블러(Conde Nast Traveler)에서 뽑은 세계 최고의 숙박시설 골드 리스트(Gold List), US뉴스앤드월드리포트(US News and world Report) 2019년 미국 내 최고의 호텔 1위로 선정되었다.

**ADD** 72-100 Kaupulehu Dr, Kailua-Kona, HI 96740
**TEL** 808-325-8000 | **SITE** www.fourseasons.com/hualalai
**PRICE** 1,000$~, 리조트피 없음, 셀프 주차 15$, 발렛 20$

## Fairmont Orchid, Hawaii
### 페어몬트 오키드 하와이 5성급

열대 정원과 홀로홀로카이 비치가 아름답게 조화를 이루는 호텔로 객실이 넓은 편이다. 540개 객실, 레스토랑, 오션프런트 수영장, 스파가 이색적이며 36홀 챔피언십 골프 코스도 갖추고 있다. 호텔 앞 비치에 녹색 거북들이 올라와 휴식을 취하는 모습도 볼 수 있으며 비치에선 스노클링도 가능하다. 부부, 연인 등 커플 단위 고객이 많아 조용하다.

**ADD** 1 N Kaniku Dr, Waimea, HI 96743 | **TEL** 808-885-2000 | **SITE** www.fairmont.com/orchid-hawaii
**PRICE** 488~, 리조트피 30$, 발렛 10$

## Mauna Kea Beach Hotel
### 마우나 케아 비치 호텔 4성급

코할라 지역에 위치한 호텔로 카우나오나 비치 앞에 있어 모래사장을 즐기기 좋다. 마우나 케아 골프 코스도 운영하고 있어 가족 여행객에게 인기 만점이다. 미술작품과 조각품이 많아 마치 미술관 같은 분위기를 느낄 수 있다. 최근 리노베이션을 마쳤으며 여행매거진 트래블+레저(Travle+Leisure) 독자가 선정한 최고의 리조트 중 하나로 선정된 바 있다.

**ADD** 62-100 Mauna Kea Beach Drive, Kohala Coast, Hawaii 96743 | **TEL** 808-882-7222 | **SITE** www.princeresorts-hawaii.com/mauna-kea-beach-hotel | **PRICE** 595$~, 리조트피 없음, 셀프 주차 15$, 발렛 20$

# 대중 호텔

## Courtyard by Marriott King Kamehameha's Kona Beach Hotel
### 코트야드 바이 메리어트 킹 카메하메하 코나 비치 호텔

3성급

카일루아 코나 초입에 위치한 호텔로 전반적으로 깨끗하고 깔끔하다. 코나 시내 및 맛집, 쇼핑센터에 도보 접근이 가능하고 호텔 앞으로 액티비티를 즐기는 배, 크루즈 선이 들어오는 항구가 있어 편리하다. 호텔 내 빅 아일랜드 역사를 살펴볼 수 있는 전시물이 있어 가볍게 둘러보기 좋다. 객실 내 가구에 새겨진 하와이 전통 문양도 인상적이다.

ADD 75-5660 Palani Rd, Kailua-Kona, HI 96740
TEL 808-329-2911 | SITE www.marriott.com
PRICE 249$~, 리조트피 없음, 셀프 주차 7$, 벌렛 26$

## Kona Coast Resort
### 코나 코스트 리조트

3성급

카일루아 다운타운까지 차량으로 7분 정도 소요되지만 가성비가 가장 좋은 숙소 중 하나다. 리조트형으로 객실 내 주방·식기는 물론 세탁기·건조기까지 갖추고 있으며 천장이 높고 객실이 다른 리조트들보다 넓은 편이다. 가족 여행자나 장기간 투숙할 경우 편리하다.

ADD 78-6842 Alii Dr, Kailua-Kona, HI 96740 | TEL 808-324-1721 | SITE extraholidays.com

## Royal Kona Resort
### 로열 코나 리조트

3성급

바닷가 바로 옆에 위치한 리조트로 가족, 연인, 비즈니스 맨 등이 주로 찾는 곳이다. 리조트 내 편의시설은 물론 컨벤션 시설까지 갖추고 있어 국제대회 및 학술대회도 많이 열린다. 객실은 깔끔한 편이며 대부분 바다 조망이 가능하다. 코나 시내를 도보로 이동할 수 있다.

**ADD** 75-5852 Ali'i Dr, Kailua-Kona, HI 96740 | **TEL** 808-329-3111 | **SITE** www.royalkona.com | **PRICE** 215$~, 리조트피 없음, 셀프 주차 10$

## Uncle Billy's Kona Bay Hotel
### 엉클 빌리스 코나 베이 호텔

2성급

카일루아 코나 시내 중심에 있어 위치가 가장 좋은 호텔이다. 하지만 시설이나 룸 컨디션은 조금 아쉬운 편. 객실마다 라나이가 있으며 라나이에서는 코나 거리와 바다를 조망할 수 있다. 객실에 전자레인지가 비치되어 있다.

**ADD** 75-5739 Alii Dr, Kailua-Kona, HI 96740 | **TEL** 808-961-5818 | **SITE** unclebilly.com | **PRICE** 136$~, 리조트피 없음, 셀프 주차 5$

## Holiday Inn Express Hotel & Suites Kailua-Kona
### 홀리데이 인 익스프레스 호텔 앤드 스위트 카일루아 코나

3성급

가장 최근에 지어진 호텔 중 하나로 카일루아 코나 시내 중심에 있다. 호텔 자체는 아담하지만 객실은 넓은 편이며 객실에 전자레인지, 싱크대 시설을 갖추고 있다. 코나 시내를 도보로 즐길 수 있다는 장점과 깨끗한 객실, 간단한 조식이 제공된다. 레지던스 같은 모던한 분위기가 돋보인다.

**ADD** 75-146 Sarona Rd, Kailua-Kona, HI 96740 | **TEL** 808-329-2599 | **SITE** www.ihg.com/holidayinnexpress
**PRICE** 148$~, 리조트피 없음, 셀프 주차 10$

# 가족 호텔

## Sheraton Kona Resort & Spa at Keauhou Bay

### 쉐라톤 코나 리조트 앤드 스파 [4성급]

검은 용암지대 위에 세워진 오래된 리조트로 만타레이 덕분에 유명세를 타고 있는 곳이다. 호텔 내 레스토랑에는 밤마다 만타레이를 보기 위해 모여드는 이들이 많다. 가족끼리 편하게 쉴 수 있으며 풀장 시설도 잘 갖추고 있다. 코나 시내까지 트롤리를 운영한다(투숙객 무료). 섬 남쪽 지역으로 이동하기 좋은 위치에 있다.

**ADD** 78-128 Ehukai St, Kailua-Kona, HI 96740 | **TEL** 808-930-4900 | **SITE** www.sheratonkona.com | **PRICE** 235$~, 리조트피 36$, 발렛 7$

## The Westin Hapuna Beach Resort

### 더 웨스틴 하푸나 비치 리조트 [4성급]

빅 아일랜드에서 가장 큰 해변으로 손꼽히는 하푸나 비치가 눈 앞에 펼쳐져 있는 호텔이다. 8층 건물에 350개의 객실이 있고 객실마다 라나이가 있어 비치를 눈으로 즐기기도 좋다. 모던한 분위기와 전통 하와이 분위기를 동시에 느낄 수 있는 인테리어, 골프 클럽, 풀장 등을 갖추고 있다. 호텔 입구에서부터 호텔까지 차량으로 5분 정도 들어가야 한다.

**ADD** 62-100 Kauna'Oa Dr, Kohala Coast, HI 96743
**TEL** 808-956-1111 | **SITE** www.princeresortshawaii.com
**PRICE** 341$~, 리조트피 31$, 발렛 5$

## Hilton Waikoloa Village
### 힐튼 와이콜로아 빌리지

4성급

모노레일부터 운하, 1,241의 객실을 갖춘 대형 리조트로 규모나 시설 면에서 둘째가라면 서러울 정도다. 리조트에서 운영하는 돌핀 퀘스트가 유명하며 다양한 수상 액티비티를 리조트 내에서 즐길 수 있다. 가족 여행객이 즐겨 찾는 곳 중 단연 으뜸이다.

ADD 69-425 Waikoloa Beach Dr, Waikoloa Village, HI 96738 | TEL 808-886-1234 | SITE www.hiltonwaikoloavillage.com | PRICE 260$~, 리조트피 30$, 셀프 주차 25$, 발렛 30$

## Waikoloa Beach Marriott Resort & Spa
### 와이콜로아 비치 메리어트 리조트 앤드 스파

4성급

코할라, 와이콜로아 내 위치한 리조트로 고급스러우며 객실이 모두 넓다. 555개 객실에 라나이를 갖추고 있고 26홀 골프 코스와 24시간 이용 가능한 풀, 레스토랑 등의 시설이 있다. 리노베이션을 통해 전 객실의 70%가 비치 조망이 가능하다.

ADD 69-275 Waikoloa Beach Dr, Waikoloa Village, HI 96738 | TEL 808-886-6789 | SITE www.marriott.com PRICE 322$~, 리조트피 30$, 발렛 3$

# 대중 호텔(힐로)

## Hilo Seaside Hotel
### 힐로 씨사이드 호텔 2성급

호텔보다는 오래된 집 같은 느낌의 숙소다. 1956년 지어졌으며 가격도 저렴한 편이다. 큰 기대 없이 잠만 잘 숙소를 찾을 때 딱 좋은 곳이다.

ADD 126 Banyan Way, Hilo, HI 96720 | TEL 808-935-0821
SITE www.hiloseasidehotel.com | PRICE 119$~, 리조트피 없음, 주차 무료

## Castle Hilo Hawaiian Hotel
### 캐슬 힐로 하와이언 호텔 3성급

힐로 지역에서는 규모가 있는 호텔로 2010년 리노베이션을 거쳐 쾌적한 룸 컨디션을 자랑한다. 286개의 객실은 비교적 넓고 깨끗하다. 힐로 공항과 차량으로 10분, 힐로 다운타운과도 차량으로 5분 거리에 위치하며 여러 가지 면에서 장점이 많다.

ADD 71 Banyan Dr, Hilo, HI 96720 | TEL 808-935-9361
SITE www.castleresorts.com | PRICE 125$~, 리조트피 없음, 주차 무료

## Grand Naniloa Hotel Hilo - A DoubleTree by Hilton
### 그랜드 나닐로아 호텔 힐로 - 더블 트리 바이 힐튼 3성급

2016년 리노베이션을 마치고 힐튼 브랜드 중 하나인 '더블 트리 바이 힐튼'으로 새롭게 단장했다. 객실은 모던하고 깨끗하게 꾸며져 있으며 힐로 항 앞에 위치하고 있다. 가족, 커플 등이 함께 머물기 무난하다. 힐로 공항 및 힐로 다운타운과도 접근하기 좋다.

ADD 93 Banyan Dr, Hilo, HI 96720 | TEL 808-969-3333
SITE doubletree3.hilton.com | PRICE 174$~, 리조트피 없음, 주차 무료

# DRIVE COURSE

## Hertz가 추천하는 드라이브 코스

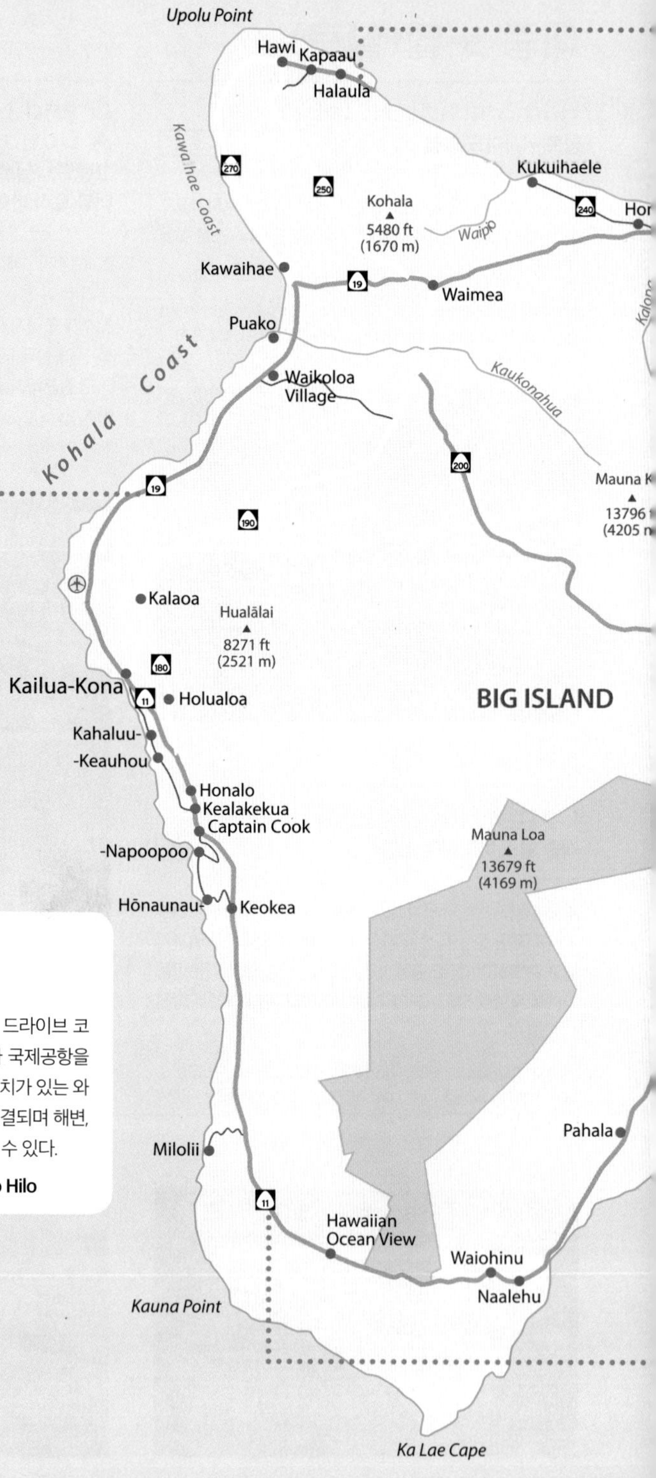


### ROUTE 19
### 19번 도로

빅 아일랜드 북쪽을 지나 힐로로 넘어가는 드라이브 코스로 빅 아일랜드 정중앙을 관통한다. 코나 국제공항을 시작으로 와이콜로아, 하푸나 비치, 파커 랜치가 있는 와이메아, 호노카아, 호노무를 지나 힐로로 연결되며 해변, 초원, 정겨운 마을까지 푸른 자연을 만끽할 수 있다.

**총 길이 160.61km | 구간 Kailua - Kona to Hilo**

## ROUTE 240
## 240번 도로

호노카아에서 와이피오 밸리까지 연결된 드라이브 코스다. 길이 하나뿐이라 이정표만 보고 가면 된다. 호노카아는 2009년 개봉한 영화 <하와이언 레시피>에서 주요 배경으로 등장했다. 한적하고 맛집이 많아 와이피오 밸리로 가는 도중에 휴식을 취하는 여행객이 많다.

**총 길이 15.4km | 구간 Honokaa-Waimanu Natural Estuarine Research Reserve**

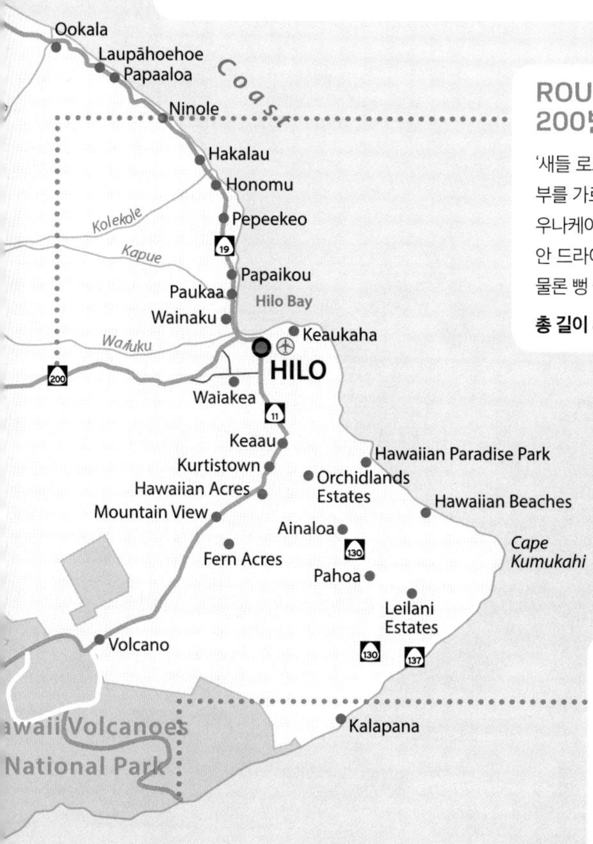


## ROUTE 200
## 200번 도로

'새들 로드(Saddle Road)'로도 불리며, 빅 아일랜드 중앙부를 가로 질러 코나와 힐로를 가장 빠르게 연결하며 마우나케아 정상으로 가기 위해 이용하기도 한다. 다른 해안 드라이브와는 달리 해발 고도 2,021m의 산간 지역은 물론 뻥 뚫린 초원도 만날 수 있다.

**총 길이 84.8km | 구간 19번 도로 Hilo-Waimea**

## Chain of Craters Road
## 체인 오브 크레이터 로드

1928년 만들어진 도로로 화산 분출 시 바다로 흘러내린 용암이 굳으면서 만들어진 용암 지대를 가로지르는 편도 30km 코스다. 거칠고 삭막한 용암 벌판은 해안도로가 되었다가 푸른 바다와 만나면서 극적인 풍경을 만들어낸다.

**총 길이 30km | 구간 Crater Rim Drive - Kalapana**

## ROUTE 11
## 11번 도로

빅 아일랜드 남쪽을 따라 코나에서 힐로를 연결하는 코스로 일명 '하와이언 벨트'라 불린다. 미국의 서쪽 땅끝인 사우스 포인트와 880㎢에 달하는 세계 최대의 활화산 지역, 너른 평야, 열대우림, 용암지대 등 다양한 풍경이 펼쳐진다.

**총 길이 196.66 km | 구간 Hilo-Kailua/Kona**

하와이 열대 식물원

## PART 2. MAUI

# 마우이

# 마우이의 7가지 매력

**01**
사진에 꼭 담고 싶은
신비로운 달 표면 같은 풍경

**02**
발 아래 펼쳐진 구름 바다에서
찍는 나만의 영화

**03**
겨울마다 찾아오는
혹등고래를 만나는 감동

에서 서부극!
초 카우보이 파니올로

06
지구 끝까지라도 내달릴 듯
시원한 드라이브 코스

05
비치, 열대 정원, 폭포가 어우러진
압도적 자연 경관

07
어디에서도 볼 수 없는
장엄한 일출과 로맨틱한 일몰

# FROM OAHU TO MAUI

오아후에서 마우이로
이동하기

국내에서 항공권 예약 시, 다구간 설정 후 인천-호놀룰루 국제공항, 호놀룰루 국제공항-카훌루이 공항을 선택하면 된다. 국적기인 대한항공, 아시아나, 진에어의 경우 별도로 주내선 예약을 해야 한다. 하와이안항공의 경우 항공권 발권 전 티켓을 예매한 여행사 혹은 대행사를 통하면 할인 요금에 예약 가능하다. 호놀룰루에서 마우이는 약 30분 소요된다.

카훌루이 국제공항

카훌루이 공항(OGG)
ADD 1 Keolani Pl, Kahului, HI 9673
SITE airports.hawaii.gov/ogg/

카팔루아 공항(JHM)
ADD 4050 Honoapiilani Hwy, Lahaina, HI 96761
SITE airports.hawaii.gov/jhm/

## Kahului & Kapalua Airport

### 카훌루이 & 카팔루아 국제공항

호놀룰루 국제공항에서 마우이로 들어가는 방법은 항공편이 유일하다. 하와이안 항공에서 매일 30여 편의 정규 노선을 운항 중이며 비행 시간은 약 30분이다. 마우이에는 카훌루이 공항(Kahului Airport)과 카팔루아 공항(Kapalua West Maui Airport)이 있다. 카훌루이 공항이 주 공항으로 규모가 크며 카팔루아 공항은 매우 작고 운행 편도 적다. 호놀룰루 공항에서 출발하는 마우이행은 대부분 카훌루이 공항으로 도착한다.

카훌루이 국제공항 1층 약도

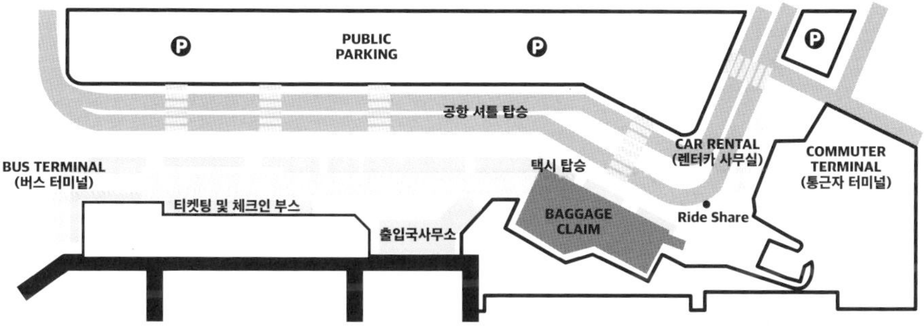

# MAUI TRANSPORTATION

마우이에서
이동하기

편하고 효율적인 마우이 여행을 위해서는 대중교통보다는 렌터카를 이용하는 것이 좋다. 특히 할레아칼라를 방문할 여행자라면 렌터카는 필수다.

카훌루이 국제공항 셔틀 트램

Rent A Car

## 렌터카

마우이를 편리하게 돌아보려면 렌터카를 이용하는 것이 좋다. 도로가 단순해 초보 운전자라도 수월하게 운전할 수 있다. 할레아칼라와 하나 로드의 경우 포장 상태는 좋지만 산길이라 커브가 많으니 주의하자. 공항에 도착한 후 렌터카 셔틀 트램을 타고 렌터카 빌딩으로 이동하면 되며, 이동은 5-7분 정도 소요된다.

**카훌루이 공항**
허츠 TEL 808-893-5200 | OPEN 5:00-23:00 | SITE hertz.co.kr
달러 TEL 66-434-2226 | OPEN 5:00-22:30 | SITE dollarrentacar.kr

Bus

## 버스

마우이 섬을 운행하는 대중버스 '마우이 버스(Maui bus)'가 있다. 주 정부에서 운영하는 교통수단으로 노선이 13개 있지만 섬 전체를 돌아보기는 어렵다. 버스 요금은 성인 2$, 1일권 4$ 노선과 상관없이 한 달간 탑승할 수 있는 이용권은 45$, 2세 미만은 무료다.

마우이 버스 SITE www.mauicounty.gov/605/Bus-Service-Information

Taxi/Uber

## 택시

마우이는 오아후보다 물가가 조금 더 높아 택시비도 비싼 편이다. 택시를 이용하려면 호텔 컨시어지에 요청하는 것이 좋다. 한인 택시도 예약 후 이용할 수 있다. 마우이 공항과 시내에서도 우버 이용이 가능하다. 카훌루이 공항에서 수하물을 찾아 나온 후 렌터카 사무실 방향으로 이동하면 'Ride Share' 표시가 있다. 이곳에서 우버 이용 가능하다.

웨스트 마우이 택시 TEL 808-661-1122 | SITE westmauitaxi.com
사우스 마우이 택시 TEL 808-274-1866
윤스 한인 택시 808-298-2429

SPECIAL

# 마우이에서 즐기는 액티비티

## Molokini Snirkelling

### 몰로키니 스노클링

초승달 모양의 작은 섬 몰로키니에서 진행하는 스노클링 프로그램이다. 여러 투어 업체에서 다양한 프로그램을 제공하며 대부분 마알라에아 항(Ma'alaea Harbor)에서 출발한다. 라하이나 항구에서 몰로키니까지 40분에서 1시간 정도 소요된다. 와일레아 지역에서 출발하는 투어 업체를 이용하면 몰로키니까지 20분밖에 걸리지 않는다. 몰로키니, 터틀 타운에서 스노클링을 진행하며 장비 대여, 조식과 음료 혹은 런치가 포함된다. 투어 시간은 2시간, 4시간으로 나뉜다. 어느 투어 업체이든 배에 먼저 승선한 사람이 좋은 자리를 선점할 수 있다. 한발 빠르게 체크인하자.

## Sunset Cruise

### 선셋 크루즈

마우이 바다에서 아름다운 석양을 즐길 수 있는 프로그램으로 2시간 동안 진행된다. 식사, 칵테일, 맥주 서비스는 물론 호텔에서 항구까지 무료 픽업 서비스를 제공한다. 21세 이하는 탑승할 수 없다.

### OH! MY TIP

**카이카나니**

가장 럭셔리한 세일링 마타마란을 운영한다. 타 투어 업체와 달리 몰로키니와 가까운 와일레아 지역에서 출발한다. 선셋 크루즈 경우 유일하게 몰로키니 섬을 한 바퀴 돈다.

**ADD** 34 Wailea Gateway Place, Suite 105, Kihei, Hawaii 96753 | **TEL** 808-879-7218 | **SITE** kaikananikr.com

**알리 누이**

마알라에아 항구에서 출발한다. 스노클링 조식 서비스를 제공하며 선셋 크루즈의 경우 제공 음식이 훌륭하고 소수 정원만 탑승시키기 때문에 여유롭게 여정을 즐길 수 있다. 무료 픽업 & 드롭 서비스, 선크림, 비치 타월은 물론 시력이 안 좋은 고객을 위한 수경까지 제공한다. 선셋 크루즈는 음료, 맥주, 와인이 무한 리필된다! 스누바, 스쿠버 옵션이 있어 원한다면 체험할 수 있다.

**ADD** 300 Maalaea Rd, Kihei, HI 96753 | **TEL** 800-542-3483 | **SITE** aliinuimaui.com

## Luau Show
### 루아우 쇼

올드 라하이나 루아우 쇼는 하와이 전 섬을 통틀어 단연 최고로 손꼽히는 공연으로 두세 달 전에 예약해야 할 만큼 인기가 대단하다. 라하이나에서 진행되며, 중앙의 원형 무대를 중심으로 좌석이 퍼져 있어 어느 좌석에서건 시야 확보는 문제 없다. 공연 전 다양한 액티비티를 즐길 수 있으니 공연 시작 1시간 30분 전에는 입장하자.

올드 라하이나 루아우
**ADD** 1251 Front st, Lahaina, HI96761 | **TEL** 808-667-1998
**SITE** oldlahainaluau.com

## Whale Watching
### 웨일 와칭

매년 12-4월에만 가능한 투어로, 혹등고래를 가장 가까이에서 관찰할 수 있다. 혹등고래는 12월이 되면 알래스카에서 하와이로 오는데 4개 섬 중 마우이에 가장 많이 몰린다. 마우이에는 늦게 도착해 출산하고 돌아가는 고래들이 많아 5월 초까지도 고래 관찰이 가능하다. 2월 가장 많은 고래가 모이는 시기 축제도 진행한다.

태평양 고래재단
**ADD** 612 Front St. Lahaina HI96761 | **TEL** 808-667-7447
**SITE** pacificwhale.org

## Zipline
### 짚라인

'계곡의 섬'이라 불리는 마우이의 아름다운 모습을 시원한 바람과 함께 즐길 수 있는 투어다. 픽업 & 드롭 서비스는 제공되지 않으니 체크인 사무실이나 액티비티 출발지로 직접 이동하자.

### OH! MY TIP

**스카이라인 에코 어드벤처스**
하와이를 대표하는 유명 짚라인 업체로 프로그램에 따라 군용 트럭을 타고 이동한다. 짚라인 코스와 카호마 연못 코스 등 총 4라인으로 구성되어 있다.

**ADD** 12 Kiopaa Pl #202, Makawao, HI 96768 | **TEL** 808-878-8400 | **SITE** zipline.com

**피이홀로 랜치 짚라인**
마카와오 지역에 위치한 피이홀로 랜치에서 진행된다. 짧은 하이킹을 포함헤 2 3시간이 소요되며 투어 중긴에 간식이 제공된다. 5코스로 이루어져 있으며 마지막 코스의 총 길이는 800m이다.

**ADD** 799 Piiholo Rd, Makawao, HI 96768 | **TEL** 808-572-1717 | **SITE** piiholozipline.com

# MAUI BEACH MAP

## 마우이 해변 지도

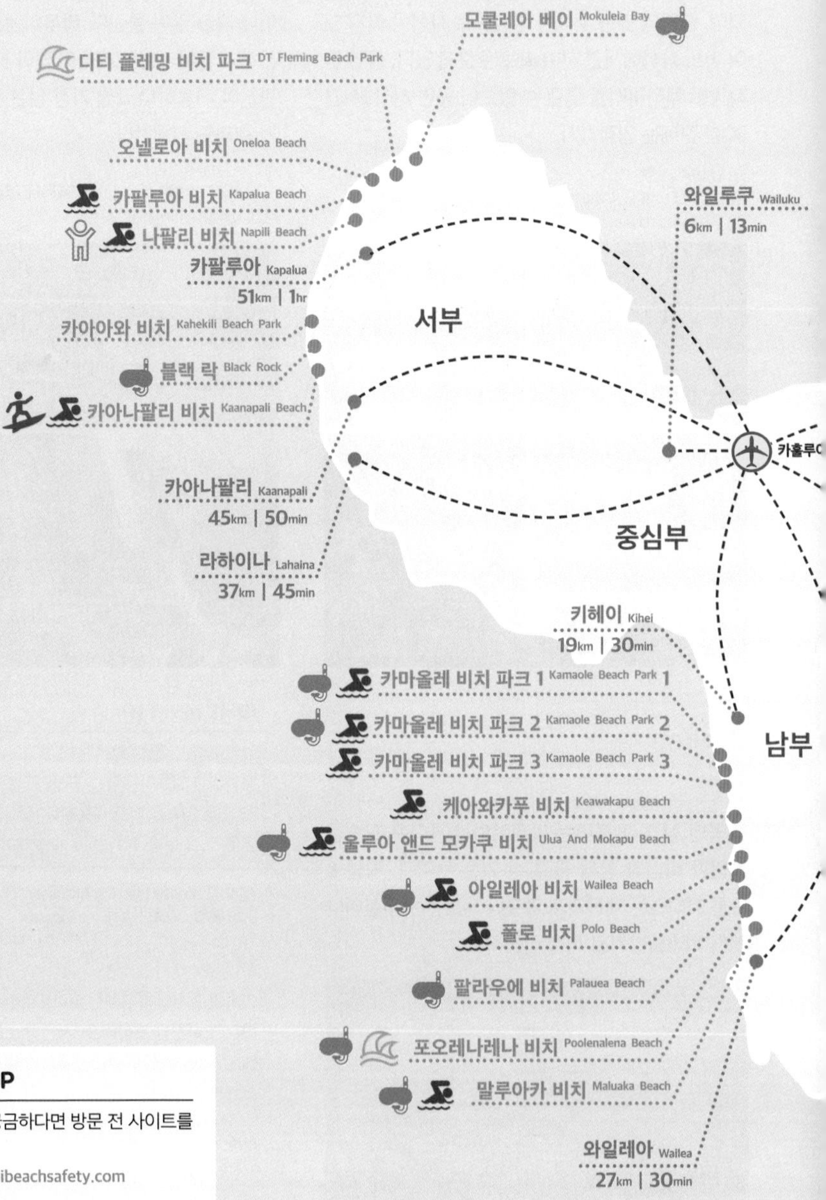


### OH! MY TIP

비치 컨디션이 궁금하다면 방문 전 사이트를 통해 확인하자.

SITE www.hawaiibeachsafety.com

모래 해변
바위 해변
수영
스노클링
윈드서핑
아이들이 놀기 좋은 해변
부기 보드
서핑
드윈 비치 파크 Baldwin Beach Park
타바레스 비치 Tavares Beach
북부
레드 샌드 비치 Red Sand Beach
업컨트리
로드 투 하나 & 동부
하모아 비치 Hamoa Beach
할레아칼라 국립공원
하나 Hana
104km | 2.5hr
할레아칼라 Haleakala
64km | 2hr

# MAUI MAP

마우이 전도

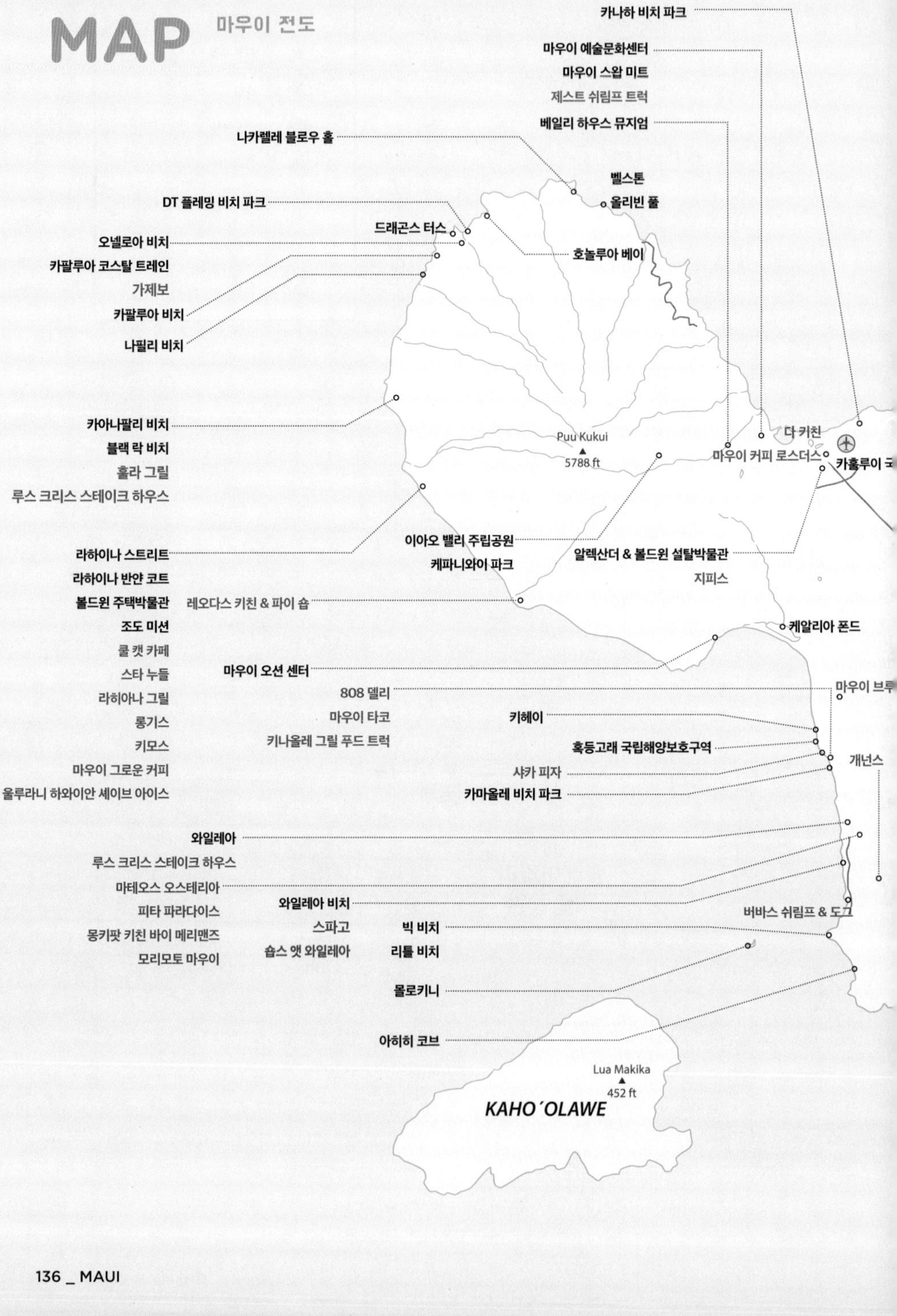

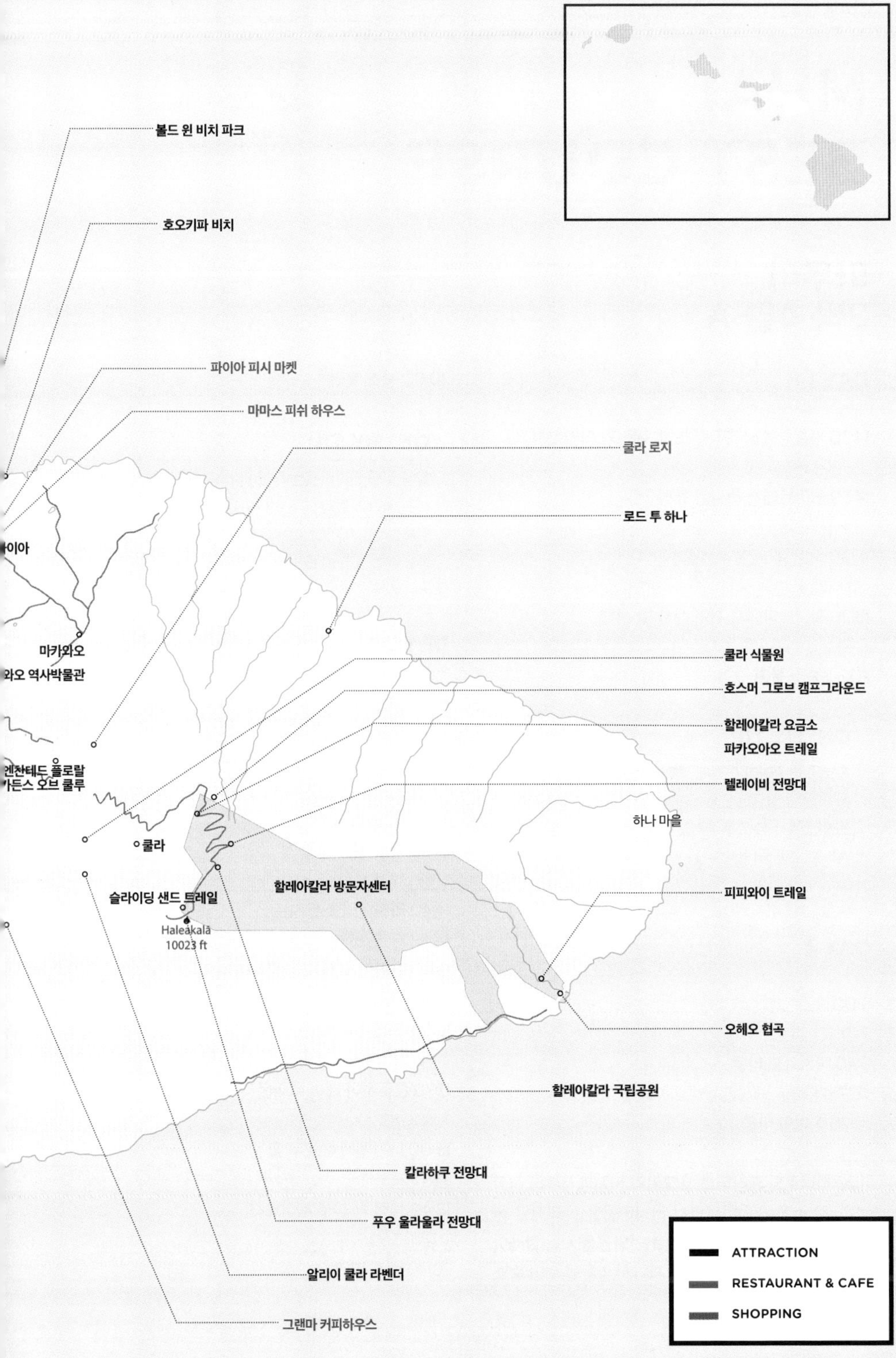
볼드 윈 비치 파크
호오키파 비치
파이아 피시 마켓
마마스 피쉬 하우스
쿨라 로지
로드 투 하나
이아
마카와오
와오 역사박물관
쿨라 식물원
호스머 그로브 캠프그라운드
할레아칼라 요금소
파카오아오 트레일
렐레이비 전망대
하나 마을
쿨라
슬라이딩 샌드 트레일
할레아칼라 방문자센터
Haleakalā
10023 ft
피피와이 트레일
오헤오 협곡
할레아칼라 국립공원
칼라하쿠 전망대
푸우 울라울라 전망대
알리이 쿨라 라벤더
그랜마 커피하우스
ATTRACTION
RESTAURANT & CAFE
SHOPPING

# MUAI BEST COURSE

일정별 추천 코스

## 마우이 3박 4일 A

### DAY 1

14:30 카훌루이 국제공항 도착, 렌터카 픽업하기
↓렌터카 5분
14:50 월마트에서 생필품 쇼핑
↓렌터카 25분
16:30 숙소 체크인(와일레아 지역)
↓렌터카 45분
18:20 와일레아에서 저녁 식사 및 산책
↓도보 10-15분
20:30 숙소 복귀

#### OH! MY TIP

첫날은 마우이에 도착해 렌터카를 픽업 후 월마트에서 여행 중 필요한 것들을 구입하자. 숙소에 도착해서는 인근에서 식사 후 휴식을 갖고 본격적인 여행을 준비하는 것이 좋다.

### DAY 2

9:00 숙소
↓렌터카 35분
9:40 마카와오 타운
↓렌터카 10분
10:20 파이아 마을
↓렌터카 10분
11:20 하나로드 드라이브(호오키파 비치에서부터 시작하자. 각 스폿을 돌아보면서 하나마을을 목적지로 한 후 다시 돌아서 나오거나 혹은 하나마을을 지나 할레아칼라 엉덩이 부분인 키파훌루 지나서 일몰을 보며 숙소로 복귀해도 된다)
↓렌터카
20:00 숙소 복귀

#### OH! MY TIP

하나 로드 드라이브는 각 스팟 소요 시간에 따라 숙소 복귀 시간이 달라진다. 하나마을까지 본 후 숙소로 돌아오는 일정이라면 늦어도 하나마을에서 16:30-17:00에는 숙소를 향해 출발해야 한다.

### DAY 3

6:10 숙소
↓렌터카 25분
6:40 몰로키니 스노클링 투어(마알라에아 하버 기준, 6시간 소요)
↓렌터카 25-30분
13:00 숙소 복귀 후 휴식
↓렌터카 45분
14:40 라하이나 스트리트
↓렌터카 15-20분
15:40 나필리 비치 or 카팔루아 비치
↓렌터카 4분, 도보 20분
16:50 드레곤 티스
↓렌터카 10분
17:20 호노루아 베이 룩아웃
↓렌터카 18분
18:00 나카렐레 블로우 홀
↓렌터카 31분
18:40 블랙 락 선셋 세리모니
↓렌터카 50분
20:30 숙소 복귀

할레아칼라 일출

### OH! MY TIP

야외 활동이 많은 날이기 때문에 생수, 선크림, 선글라스, 바람막이 등을 꼭 준비하자. 만약 비가 온다면 실내에서 즐길 수 있는 여행지부터 방문하자.

## DAY 4

03:20 숙소

↓렌터카 1시간 40분

05:20 할레아칼라 정상(일출 방문 시 예약 필수)

↓렌터카 55분

9:00 이아오 밸리 주립공원

↓렌터카 20분

9:40 카훌루이 국제공항

### OH! MY TIP

할레아칼라에서 꼭 일출만 고집할 필요는 없다. 드라이브 삼아 낮에 올라가거나 일몰을 보는 것도 할레아칼라를 즐기는 방법의 하나다. 일출을 볼 예정이라면 전날 저녁 일찍 취침하는 것이 좋다. 마우이를 떠나는 날 새벽, 할레아칼라 일출을 고려한다면 오아후 및 이웃섬으로 향하는 비행시간은 정오 전후로 하자. 일출 감상 후 근처에서 조식한 후 공항으로 이동하거나 혹은 조식 후 이아오밸리를 둘러본 후 공항으로 가면 효율적으로 시간을 사용할 수 있다.

# 마우이 3박 4일 B

## DAY 1

14:30 카훌루이 국제공항 도착, 렌터카 픽업하기
↓렌터카 5분
14:50 월마트
↓렌터카 40분
17:00 숙소 체크인(카아나팔리 지역)
↓도보 10-15분, 렌터카 5-10분
18:30 카아나팔리에서 저녁 식사 및 산책
↓도보 10-15분, 렌터카 5-10분
20:30 숙소 복귀

### OH! MY TIP

첫날은 마우이에 도착해 렌터카를 픽업 후 월마트에서 여행 중 필요한 것들을 구입하자. 숙소에 도착해서는 인근에서 식사 후 휴식을 갖고 본격적인 여행을 준비하는 것이 좋다.

## DAY 2

03:30 숙소
↓렌터카 1시간 45분
05:30 할레아칼라 일출
↓렌터카 1시간
08:00 조식
↓렌터카 10분
09:10 쿨라 식물원 or 알라이 쿨라 라벤더 팜
↓렌터카 1시간 10분
11:20 나필리 비치 or 카팔루아 비치
↓렌터카 4분, 도보 20분
15:00 드레곤 티스
↓렌터카 10분
15:30 호노루아 베이 룩아웃
↓렌터카 20분
16:10 라하이나 스트리트
↓렌터카 12분, 도보 7분
18:30 블랙 락 선셋 세리모니, 저녁 식사
↓도보 10-20분
20:00 숙소 복귀

### OH! MY TIP

할레아칼라와 비치 등 마우이를 본격적으로 둘러보는 날이다. 야외 활동이 많은 날이기 때문에 생수, 선크림, 선글라스, 바람막이 등을 꼭 준비하자. 일정의 마지막은 블랙 락의 아름다운 선셋을 즐겨보자.

## DAY 3

9:00 숙소
↓렌터카 52분
10:00 파이아 마을
↓렌터카 10분
11:00 호오키파 비치 및 전망대
11:20 하나 로드 출발
↓렌터카
20:00 숙소 복귀

### OH! MY TIP

하나로드 드라이브는 각 스팟 소요 시간에 따라 숙소 복귀 시간이 달라진다. 하나마을까지 본 후 숙소로 돌아오는 일정이라면 늦어도 하나마을에서 16:30-17:00에는 숙소를 향해 출발해야 한다.

## DAY 4

8:30 숙소
↓렌터카 50분
9:30 이아오 밸리
↓도보 3분
10:40 케파니와이 파크
↓렌터카 17분
11:20 카나하 비치 파크
↓렌터카 6분
11:40 카훌루이 국제공항

### OH! MY TIP

렌터카 반납 후 셔틀을 이용해 공항까지 도착하는 데 소요되는 시간은 5분 남짓이다.

나필리 비치

# MAUI WEST

마우이 서부

마우이의 와이키키인 카아나팔리, 모든 여행객이 거쳐 가는 관문 라하이나가 있는 서부는 마우이에서 가장 활기찬 곳 중 하나다. 고풍스럽고 낭만적인 분위기 속에서 평화로운 자연을 만끽할 수 있다.

# ATTRACTION

명소

## Lahaina st.

하와이 왕조의 수도

### 라하이나 스트리트

고대 하와이 왕조 시대 수도로 유서 깊은 하와이 문화를 접할 수 있는 곳이다. 19세기에는 미국의 포경 산업 중심지였으며 하루에도 수백 척의 배와 수많은 선원이 드나들었다. 라하이나 스트리트 중앙 라하이나 반얀 코트에 대형 반얀트리가 있다. 이밖에도 하와이 왕국의 역대 국왕이 잠들어 있는 와이니 교회 묘지, 1901년에 설립된 라하이나 최초의 호텔 파이오니어 인(Pioneer Inn), 가장 오래된 산호 건물 볼드윈 주택박물관(Boldwin Home Museum) 등 옛 수도의 면모를 보여주는 건물이 많이 남아 있다. 길을 따라 레스토랑과 숍, 갤러리들이 줄지어 있다. 선셋 포인트로도 유명하다. 라하이나 방문 시 주차는 무료 주차장을 이용하면 된다. 반얀 코트 주변에 있다.

### OH! MY TIP

**마우이 금요일 타운 파티(Maui Friday Town Parties)**

매주 금요일 저녁 6시~9시. 마우이의 주요 타운에서 순차적으로 파티가 열린다. 음식·음악과 함께 마을 문화를 즐겨볼 수 있는 시간! 와일루쿠(Wailuku), 라하이나(Lahaina), 마카와오(Makawao), 키헤이(Kihei), 라나이(Lanai)에서 열린다. 저녁 시간 마을에서 열리는 작은 파티를 즐겨보는 것도 현지 문화를 체험할 수 있는 방법 중 하나이다. 자세한 일정 및 장소는 홈페이지를 참고하자. mauifridays.com

**파이오니어 인** ADD 658 Wharf St, Lahaina, HI 96761
TEL 808-661-3636 | SITE bestwestern.com
**라하이나 프리 퍼블릭 파킹** ADD 116 Prison St, Lahaina, HI 96761

## Lahaina Banyan Court

하와이에서 가장 큰 반얀트리

**라하이나 반얀 코트**

라하이나 중심에 있는 반얀트리 공원이다. 공원이지만 여러 그루의 나무가 있는 것이 아니라 한 그루의 반얀트리만 서 있다. 나무의 높이는 18m, 나무가 만드는 그늘의 너비는 2,700㎡에 달한다. 1873년 기독교 포교 50주년을 기념해 식수한 것이 지금에 이르렀다. 하와이 전 섬과 미국에서 가장 큰 반얀트리로 꼽힌다. 세계에서는 두 번째로 큰 반얀 트리로 주말에는 인근에서 플리마켓 및 공연이 열린다.

ADD Front St & Canal St, Lahaina, HI 96761 | TEL 808-661-4685

## Baldwin Home Museum

가장 오래된 주택

**볼드윈 주택박물관**

마우이에 현존하는 가옥 중 가장 오래되었다. 1835년 지어졌으며 1836년부터 1868년까지 드와이트 볼드윈(Dwight Baldwin) 목사와 그의 가족들이 거주했다. 19세기 선교사들의 삶을 살펴볼 수 있는 이 박물관에서는 의료 선교 도구, 선교 모음집을 비롯해 당시 사용된 식기, 의복, 여권 등을 살펴볼 수 있다.

ADD 120 Dickenson St, Lahaina, HI 96761 | TEL 808-661-3262 | OPEN 월·목·토·일 10:00-16:00, 금 10:00-20:30
FEE 성인 7$, 12세 미만 무료

## Jodo Mission

일본 이민자들을 기념하는

**조도 미션**

사탕수수밭과 파인애플 농장으로 이주해온 일본인들의 이민 100주년을 기념하기 위해 세워졌다. 불상과 사찰 등이 있어 하와이에서는 꽤나 이국적인 인상을 전한다.

ADD 12 Ala Moana St, Lahaina, HI 96761 | TEL 808-661-4304 | SITE lahainajodomission.org

## Ka'anapail Beach

리조트 단지에서 만나는 최고의 비치

### 카아나팔리 비치

마우이 서쪽의 대표 지역으로 호텔과 리조트가 있는 곳. 하와이어로 '구르는 절벽'이라는 뜻의 카아나팔리는 마우이 서쪽 지역이 시작되는 기점으로 스노클링과 수영을 즐길 수 있다. 리조트 개발 전 마우이 왕족이 모여 서핑과 아웃리거 카누 등 레저와 루아우를 즐기던 곳이다. 하와이에서 처음으로 계획·설계한 리조트 단지로 건물이 해변과 접해 있다. 골프 코스, 쇼핑센터가 여유 있게 마련되어 있으며, 본토에서 휴양을 즐기기 위해 많은 이들이 찾아온다. 현재는 4.8km에 이르는 부드러운 모래사장과 세일링 보트들이 모여 더없이 근사한 풍경을 만들어내고 있다.

ADD Kaanapali, HI 96761 | TEL 808-464-0840

## Black Rock Beach

전통 있는 절벽 다이빙

### 블랙 락 비치

카아나팔리 비치 끝자락, 바다를 향해 튀어나온 검은 바위다. 스노클링과 절벽 다이빙을 즐기러 온 사람들로 늘 북적인다. 이곳에서는 매일 저녁 하와이의 전통과 혼을 이어가는 중요한 의식이 펼쳐지는데 바로 클리프 다이브(Cliff Dive) 세레모니다. 전설에 의하면 마우이의 마지막 추장인 카헬킬리(Kahekili)가 영적인 강인함과 용기를 증명하기 위해 절벽에서 다이빙을 했다고 한다. 이 전설에 따라 사람들은 태평양 바다에 횃불과 레이를 바치고 다이빙한다. 해질 무렵 세레모니가 열리기 때문에 시작 시간은 유동적이다. 정확한 시간은 블랙 락 앞 쉐라톤 마우이 호텔 컨시어지에서 확인하자.

**ADD** Lahaina, HI 96761 | **TEL** 808-464-0840

### OH! MY TIP

**블랙 락 비치 무료 주차 장소**

쉐라톤 마우이 호텔(Sheraton Maui Resort &Spa), 카아나팔리 비치 호텔(Ka'anapali Beach Hotel), 더 웨일러스 빌리지(The Whalers Village) 주차장 내 'Beach Acces Parking' 구역이 있다. 단, Beach Acces Parking 표시가 크지 않으니 표지판을 잘 살피자. 무료 주차 공간에 자리가 없다면 더 웨일러스 빌리지 주차장을 이용하자. 빌리지 내 마트나 숍을 이용하고 주차권을 받으면 요금 할인이 된다.

## Napili Beach

마우이 서부의 보석

### 나필리 비치

카아나팔리와 카팔루아 비치 사이에 샌드위치처럼 끼어 있는 곳으로 이곳에 가려면 정확한 출입로를 기억해야 한다. 로어 호노아피일라니 고속도로(Lower Honoapiilani Hwy)에서 나필리 플레이스(Napili Place)를 따라 안쪽으로 들어가야 하는데, 나필리 플레이스 입구에는 나필리 서프 비치 리조트(Napili Surf Beach Resort) 안내 표지판이 있어 찾기 어렵지 않다. 골목길 양옆에 주차한 후 걸어 들어가자. 눈앞에 비치가 펼쳐지는 순간 이 정도 수고는 할 만하다는 생각이 들 것이다. 나필리는 하와이어로 '함께 있는 장소'를 뜻하며 가족, 친구와 파티 및 모임을 즐기는 곳이라 하여 붙여진 이름이다. 파도가 잔잔하고 물이 깨끗해 수영과 스노클링을 즐기기 좋다.

ADD 53 Hui Dr, Lahaina, HI 96761

## Kapalua Beach

아담하고 조용한

**카팔루아 비치**

마우이에서 산호가 가장 잘 보존된 곳으로 파도가 잔잔하고 물이 깨끗해 스노클링하기 좋다. 비치 왼쪽이 스노클링 명당이며 때로 거북도 등장한다. 해변 수심이 얕고 모래도 고우며 잔디 그늘까지 마련되어 있다. 비치 입구는 카팔루아 코스탈 트레일(Kapalua Coastal Trail)과 같다. 잘 모르겠다면 메리멘즈 마우이(Merriman's Maui)를 찾으면 된다. 퍼블릭 비치 파크라 주차장이 마련되어 있으나 40여 대 규모라 주말이나 휴가철에는 자리가 없는 경우도 있다. 카팔루아 코스탈 트레일 후 비치를 즐기는 것도 방법이다.

ADD Kapalua, HI 96761 | 편의시설 주차장, 비치 샤워

## Kapalua Costal Trail

안구 정화 트레일

**카팔루아 코스탈 트레일**

카팔루아 비치와 고급 리조트를 따라 걸을 수 있는 마우이 베스트 트레일 코스로 왕복 5km, 왕복 2-3시간이다. 하와이 특유의 용암 지형과 기이한 절벽을 볼 수 있으며, 길이 험하지 않아 부담 없다. 트레일 시작은 카팔루아 비치, 종착점은 DT 플레밍 비치와 드래곤 티스다. 코스 중간 무료 주차장이 2-3곳 있지만 카팔루아 비치 주차장을 이용하는 것이 편리하다.

ADD 99 Coconut Grove Ln, Lahaina, HI 96761
SITE kapalua.com

## Dragon's Teeth

자연이 만들어낸 펜스

**드래곤스 티스**

카팔루아 골프장에서 바다를 향해 5분 정도 내려가면 만날 수 있다. 하와이 화산과 용암, 파도와 바닷바람이 만들어낸 숨은 명소로, 절벽 끝부분이 용의 이빨처럼 뾰족하게 솟아 이와 같은 이름으로 불린다. 다소 기괴한 모습이라 더욱 기억에 남는다. 드래곤스 티스 트레일 시작점에 주차장이 있으며 주차장에서 도보로 5-10분 소요된다.

ADD Lower Honoapiilani Rd, Lahaina, HI 96761

## Oneloa Beach

라나이와 몰로카이를 한번에

**오넬로아 비치**

'긴 모래사장'이라는 뜻의 이름만큼이나 긴, 500m 정도의 모래사장이 펼쳐져 있는 해변이다. 라나이와 몰로카이 섬을 가깝게 볼 수 있는 데다 물도 맑아 초보 부기보더와 서퍼들이 좋아하는 장소다. 겨울철에는 파도가 높고 바람이 제법 불어 해양 스포츠를 즐기는 이들이 많다. 사람이 많지 않아 평화롭게 휴식을 취할 수 있지만 그늘이 없다.

ADD 7 Kapalua Pl, Lahaina, HI 96761

## Honolua Bay

마우이의 하나우마 베이

**호놀루아 베이**

마우이 서쪽에서 즐길 수 있는 셀프 스노클링 최고의 스폿으로 해양생물보존 구역이다. 물살이 잔잔하고 깨끗하지만 모래사장이 없는 자갈이라 아쿠아 슈즈 착용을 권한다. 스노클링을 위해 물에 들어갈 때 작은 바위나 돌에 피부가 상처 입지 않도록 유의하자. 베이 가장자리는 스노클링 명당으로 스노클링 투어 업체들도 이곳에서 프로그램을 진행한다. 호놀루아 베이 룩아웃에서 전경을 감상하는 것도 좋다. 주차장에 자리가 없다면 입구 갓길을 이용하자.

ADD Bay Drive, Lahaina, HI 96761 | TEL 808-464-2924

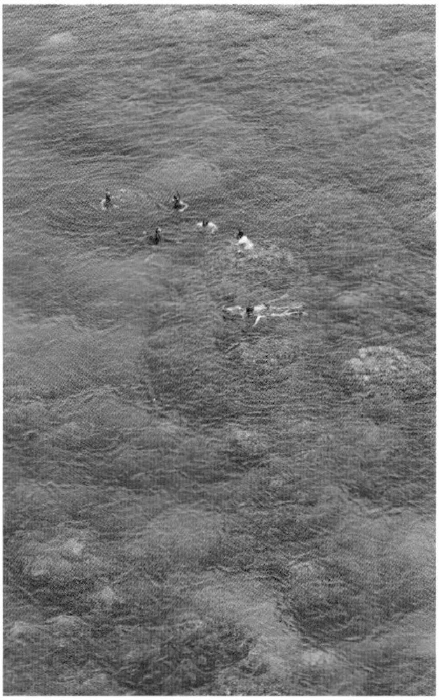

## DT Fleming Beach Park

한적하게 거닐기 좋은 해변

**DT 플레밍 비치 파크**

2003년 미국 최고의 해변으로 선정된 맑고 깨끗한 비치다. 길게 뻗은 모래사장, 키 큰 나무들이 만들어주는 그늘, 잔잔한 파도까지 완벽하다. 큰 파도가 없어 물놀이는 물론 부기보드와 보디서핑을 즐기기도 제격이다.

ADD Honoapi'ilani Hwy, Kapalua, HI 96761 | 편의시설 주차장, 화장실, 구조요원, 피크닉 벤치, 테이블

## Olivine Pools

용암 속에 숨은 신비로운 풀

**올리빈 풀**

울퉁불퉁한 용암 바위를 따라 내려가는 길은 다소 험할 수 있다. 하지만 황량한 용암 위에 마련된 작고 아담한 타이드 풀이 그 수고를 덜어준다. 자연적으로 만들어진 풀로 모래사장이 없고 바닷물이 쉽게 들어오는 구조가 아니다. 하지만 파도가 높은 날은 각별한 주의가 필요하다(익사 사고가 해마다 일어났다). 위에서 내려다보면 하트 모양 형태로 조용하게 경치를 즐기기 좋은 곳이지만, 오래 머물 수 있는 곳은 아니다. 곳곳에 위험을 알리는 경고 안내문이 있으며 별도의 주차장이 없어 입구 도로변에 주차해야 한다. 차량 도난 사고가 빈번한 곳이니 유의하자.

ADD 16 mile marker of Kahekili Hwy, Wailuku HI 96761

## Bellstone

마우이 드라이브 코스

**벨스톤**

마우이 서부 드라이브 시 마지막 종착 지점으로 생각하면 된다. 벨스톤을 기점으로 이후 길은 매우 위험해 추천하지 않는다. 340번 도로(6마일 마커)를 따라가다 보면 오른쪽에 거대하게 자리하고 있는 화산석 벨스톤을 볼 수 있다. 할레마히나 화산이 분출하면서 해안 근처로 떨어진 용암 바위로, 바위를 향해 돌을 던지면 신비한 소리가 난다. 금속 소리인 것 같기도 하고 투명하고 깨끗한 소리인 것 같기도 하니 잠시 차를 세우고 돌을 한번 던져보자. 별도의 주차장이 없다. 올리빈 풀 주차구역에 주차 후 도보로 이동하자.

ADD 7495 Kahekili Hwy, Wailuku HI 96761

## Nakalele Blowhole

솟아라 물기둥!

### 나카렐레 블로우 홀

30m까지 치솟는 물기둥이 장관을 이루는 곳으로 이정표가 작아 놓치기 쉽다. 마일 마커 38과 39 사이에 주차장이 있고 바닷가 쪽으로 난 경사로를 따라 100m 정도 내려가면 만날 수 있다. 동굴에 구멍이 생기면 파도가 칠 때 바람이 물을 구멍 위쪽으로 밀어내면서 물분수가 일어난다. 너무 가까이에서 보면 위험할 수 있으니 적당한 거리를 유지하자. 블로우 홀 내려가는 길 하트 모양 바위(Heart Shaped Rock)가 있으니 찾아보자.

ADD Rt 340, Kahakuloa, HI 96793

### OH! MY TIP

마우이 서부 드라이브로 완주할 수 있을까?

비치를 비롯해 아름다운 풍경이 모여 있어 인기 드라이브 코스로 꼽히는 마우이 서부 지역은 일명 '작은 동그라미'로도 불린다. 그러나 나카렐레 블로우 홀이 위치한 340번 도로 마일 마커 10 구간을 지나는 길은 아주 위험하다. 구불구불 커브가 많고 차선 구분도 없으며 차량 두 대가 통행하기 어려울 만큼 좁다. 차량 중 한 대는 후진을 해야 하는데 커브가 많다 보니 후진이 쉽지 않고 전방 확보도 어렵다. 그렇다고 후진 시 차량이 잠시 대기할 수 있는 도로 내 여유 공간이 있는 것도 아니다. 이런 아찔한 길이 13km가량 지속된다. 차량 운행의 흐름을 안내해주는 사람도 없으니 '작은 동그라미' 완주를 희망한다면 시속 10km 내로 안전하게 운전해야 한다.

# RESTAURANT & CAFE



## 조식 · 브런치

### Leoda's Kitchen & Pie Shop
**레오다스 키친 앤드 파이 숍**

미국 가정식을 선보이는 곳으로, 조용한 시골 마을의 운치가 매력을 더하는 현지인 맛집이다. 파이가 유명하며, 음식에 사용되는 모든 빵은 직접 굽는다. 하와이 요리 매거진과 요리 프로에서 칭찬을 아끼지 않는 곳이다. 단 접시, 포크 등의 식기는 직접 챙겨야 한다.

ADD 820 Olowalu Village Rd, Lahaina, HI 96761
TEL 808-662-3600 | OPEN 7:00-20:00
SITE leodas.com

### Gazebo
**가제보**

조식과 런치를 즐기기 위해 놓치지 말아야 할 곳이다. 예약이 되지 않아 대기시간을 예상하고 방문해야 한다. 평범한 시골집 스타일의 레스토랑으로 맛은 기본, 직원이 친절하기로 유명하며, 양도 많아 여행자의 배를 든든하게 해준다.

ADD 5315 Lower Honoapiilani Rd, Lahaina, HI 96761
TEL 808-669-5621 | OPEN 7:30-14:00

# 버거

## Cool Cat Cafe
### 쿨 캣 카페

하와이에서 손꼽히는 버거 가게로 주문 후 음식이 나올 때까지 즐길 게임이 마련되어 있다. 주문 시 메뉴판에 게코(도마뱀)가 그려진 것을 고르면 기본 이상의 맛을 즐길 수 있다. 추천 메뉴와 베스트 메뉴를 눈여겨보자. 기름기가 적고 자극적이지 않은 버거를 맛볼 수 있다.

**ADD** 658 Front St, Lahaina, HI 96761 | **TEL** 808-667-0908 | **OPEN** 10:30-22:00 | **SITE** coolcatcafe.com

## Hula Grill
### 훌라 그릴

웨일러스 빌리지라는 최적의 위치, 아름다운 오션 뷰를 자랑하는 곳으로 하와이 특유의 분위기가 잘 살아 있다. 칼루아를 올린 하와이 향 가득한 피자, 립 요리 등 메뉴가 다양하다. 라이브 공연도 열려 카아나팔리 비치를 보며 기분 좋게 식사할 수 있다. 대표 디저트인 키모스 오리지널 훌라 파이(Kimo's Original Hula Pie)도 꼭 맛보자. 이 파이를 먹으려고 선원들이 라하이나 해안으로 헤엄쳐 왔다는 이야기가 있을 정도다.

**ADD** 2435 Kaanapali Pkwy, Lahaina, HI 96761 | **TEL** 808-667-6636 | **OPEN** 10:45-22:00 | **SITE** hulagrillkaanapali.com

# 디너

## Star Noodle
### 스타 누들

퓨전 요리와 면 요리가 훌륭한 곳으로 5명 이상 방문할 예정이라면 예약하는 것이 좋다. 쾌적하고 단아한 분위기이며 돼지고기 국물에 일본 된장을 풀어 만든 하파 라멘이 대표 메뉴다. 가격이 저렴하고 메뉴가 다양한 것이 장점이며 후식으로 막대 사탕 모양의 말라사다스가 제공된다.

**ADD** 286 Kupuohi St, Lahaina, HI 96761 | **TEL** 808-667-5400 | **OPEN** 10:30-22:00 | **SITE** starnoodle.com

## Lahaina Grill
### 라하이나 그릴

아메리칸 스타일의 레스토랑으로 미국 내에서도 많은 후기를 가진 곳으로 손꼽힌다. 미국 내 100대 레스토랑, 미국 탑 25 레스토랑에 선정된 바 있다. 마우이 서부 지역에 머물면서 스테이크가 생각난다면 찾아보자. 편안한 분위기로 친절한 서비스는 기본이다. 레스토랑 건물에 달린 다양한 나라의 국기가 이색적이다. 한국어 메뉴판도 있다.

**ADD** 127, 1502, Lahainaluna Rd, Lahaina, HI 96761
**TEL** 808-667-5117 | **OPEN** 17:30-21:00 | **SITE** lahainagrill.com

## Longhi's
### 롱기스

라하이나 디너 시 가장 많은 현지인이 추천하는 레스토랑이다. 일몰을 감상하기 최고의 레스토랑으로 분위기까지 로맨틱하다. 30년이 넘는 오랜 역사를 지닌 레스토랑으로 조식부터 운영한다. 캐주얼 한 분위기에서 이탈리안 음식을 맛볼 수 있으며 디너 시 예약하는 것이 좋으며, 본점은 와일레아에 있다.

**ADD** 88 Front St, Lahaina, HI 96761 | **TEL** 808-667-2288
**OPEN** 7:30-22:00 | **SITE** longhis.com

## kimo's
### 키모스

이국적인 느낌이 가득한 레스토랑으로 런치와 디너를 이용할 수 있다. 라하이나 대표 레스토랑 중 한 곳으로 예약 필수인 곳. 캐주얼 한 분위기의 레스토랑으로 현지인들에게도 인기가 높다. 시푸드가 유명하며 디저트 중 훌라 파이는 잊지 말고 먹어 보자.

**ADD** 845 Front Street, Lahaina | **TEL** 808-661-4811
**OPEN** 11:00-22:00 | **SITE** kimosmaui.com

# 디저트

## Maui Grown Coffee
### 마우이 그로운 커피

하와이에서 생산되는 커피 중 가장 소량이지만 마우이에서도 커피가 재배된다. 인지도는 낮지만 부드러운 맛 덕분에 코나 커피 다음으로 비싼 가격에 거래된다. 시골 작은 카페 같은 느낌으로 마우이 모카가 유명하며 커피 시식은 물론 베이커리도 있다. 매장 옆으로 사탕수수 농장의 흔적이 남아 있어 아이들과 함께 사진 찍기도 좋다.

**ADD** 277 Lahainaluna Rd, Lahaina, HI 96761 | **TEL** 808-661-2728 | **OPEN** 월-토 6:30-17:00 | **SITE** www.mauigrowncoffee.com

## Ululani's Hawaiian Shave Ice
### 울루라니 하와이안 셰이브 아이스

마우이에서 가장 인기 있는 셰이브 아이스점이다. 마우이 내 5곳의 매장이 있다. Ululani's는 이곳 오너의 이름이다. 친절하게 주문 방법을 그림으로 설명해주고 있어 주문 시 편리하다. 36가지 향이 있고 조합된 향도 11가지나 된다. 다양한 맛이 조합된 것으로 선택해도 되고, 각기 다른 향을 선택해서 주문할 수도 있다. 갈증 날 때 시원하게 먹기 좋다.

**ADD** 790 Front St, Lahaina, HI 96761 | **TEL** 808-877-3700 **OPEN** 10:30-21:00 | **SITE** ululanishawaiianshaveice.com

# MAUI CENTRAL & SOUTH

중심부는 마우이 여행이 시작되는 카훌루이 공항을 비롯해 가장 많은 사람이 붐비는 지역으로 울창한 자연과 쇼핑을 함께 누릴 수 있다. 남부는 여유로운 분위기 속에 궁극의 휴식을 취할 수 있다. 키헤이, 마케나-와일레아 그리고 초승달 모양의 섬 몰로키니가 위치한 남부 지역 중에서도 특히, 와일레아에는 마우이의 유럽이라는 호평을 받는 비치와 고급 리조트가 모여 있다.

## Iao Valley State Park

왕족의 성지

### 이아오 밸리 주립공원

카훌루이 국제공항에서 20분 거리에 있어 마우이 도착한 날이나 여행 마지막 날 방문하기 좋다. 훌륭한 촬영 스폿이자 가벼운 산책 코스인 이곳의 하이라이트는 우뚝 솟아 있는 '이아오 니들'이다. 하와이 통일을 위해 전투가 벌어졌던 곳으로 1790년 카메하메하 1세가 마우이 군대를 물리친 장소이다. 이아오 니들을 보기 위해 오전에 방문하는 것이 좋나. 20-30분 정도면 여유있게 돌아볼 수 있으며 산책로 정비도 잘 되어 있다. 1972년 주립공원으로 지정되기 전에는 왕족들만 올 수 있는 마우이의 성지였다.

ADD 54 S High St, Wailuku, HI 96793 | OPEN 7:00-17:30
FEE 차량당 5$

## Kepaniwai Park

이민국의 역사와 문화

### 케파니와이 파크

오래전 하와이로 건너온 이민자들의 역사와 문화를 접할 수 있는 공원이다. 힐링을 위해 현지인도 많이 찾는 곳으로 영국 선교사의 주택, 빵을 만들기 위해 포르투갈에서 가져온 화덕 기념물 등 이색적인 구경거리가 가득하다. 공원 입구 쪽에는 한국 이민 100주년을 기념하며 세워진 한국 공원도 자리해 있다. 15분이면 전체를 돌아볼 수 있으니 이아오 밸리와 함께 방문해보자.

**ADD** 870 Iao Valley Rd, Wailuku, HI 96793 | **TEL** 808-270-7232 | **FEE** 무료

## Bailey House Museum

원주민의 생활을 엿보다

### 베일리 하우스 뮤지엄

원주민의 생활상과 유물을 살펴볼 수 있는 박물관으로, 이곳에 거주했던 에드워드 베일리(Edward Bailey)의 이름을 따 붙였다. 1833년 건설되었으며 현재 국가 사적지로 등록되었다. 이빨로 만든 레이, 무기, 베일리가 그린 마우이 풍경 유화 작품, 코아 아카시아 통나무를 조각해 만든 카누 등이 전시되어 있다.

**ADD** 2375 Main St, Wailuku, HI 96793 | **TEL** 808-244-3326 | **OPEN** 월-토 10:00-16:00 | **FEE** 성인 7$, 아동(7-12세)·60세 이상 2$

## Kanaha Beach Park

카이트 서퍼들의 천국

**카나하 비치 파크**

모래사장 뒤편 나무 그늘 아래에서 휴식을 취하기 좋은 곳이다. 바람 좋은 날이면 카이트 윈드서핑을 즐기기 위해 많은 사람들이 몰려든다. 카이트 윈드서핑은 서핑 보드에 바람의 힘을 실어주는 '카이트'가 달려 있어 더욱 역동적으로 파도를 즐길 수 있다. 웨스트 마우이 산맥과 이아오 밸리를 배경으로 수영, 피크닉, 캠핑도 즐길 수 있다. 카훌루이 국제공항과 5분 거리라 마우이에 도착하거나 떠나기 전 방문하기 좋다.

ADD 9673, Amala Pl, Kahului, HI 96732 | TEL 808-270-7389 | 편의시설 주차장, 화장실, 피크닉 테이블

## Maui Arts & Cultural Center

마우이 예술 공간

### 마우이 예술문화센터

예술과 창의성을 공유하고 즐기기 위해 마련된 주민 공간이자 세계적인 예술가와 가수, 연주자들의 공연이 열리는 종합 문화 공간이다. 현지 학생들의 현장 학습 장소로도 인기가 많다. 하와이 섬 가운데 가장 훌륭한 미적 감각을 자랑하는 마우이의 예술품을 관람할 수 있다. 미술관 관람 및 주차는 무료다.

**ADD** 1 Cameron Way, Kahului, HI 96732 | **TEL** 808-242-7469 | **OPEN** 화-일 10:00-17:00 | **SITE** mauiarts.org

### OH! MY TIP

**비 내리는 마우이 즐기기**

일정 중 비가 내려 야외 활동을 하기 힘들다면 마우이 오션센터, 마우이 예술문화센터, 베일리 뮤지엄, 마우이 와이너리, 설탕 박물관에서 하와이의 역사와 문화를 체험해 보자. 월마트, 로스 등 쇼핑이나 펀 팩토리(Fun Factory)에서 오락 게임을 즐길 수도 있다.

## Maui Swap Meet

야외 장터

### 마우이 스왑 미트

1981년부터 시작된 마켓으로 매주 토요일 오전 7시에 열린다. 의류, 액세서리, 꽃, 과일, 채소, 예술품, 공예품, 먹거리 등을 구경할 수 있다. 마우이에서 열리는 시장 가운데 가장 큰 규모다.

**ADD** 310 W Kaahumanu Ave, Kahului, HI 96732
**TEL** 808-244-3100 | **OPEN** 토 7:00-13:00 | **FEE** 성인 0.5$, 12세 미만 무료 | **SITE** mauiexposition.com

## Maui Ocean Center

하와이 해양 생물의 천국

**마우이 오션 센터**

한 해 40만 명이 방문하는 마우이의 명소로 1998년에 개관했다. 마우이 바다의 집합체라고 해도 과언이 아닌 이곳에서는 하와이 주 정부의 허가 아래 하와이 섬 근처 바다에서 합법적으로 수집된 해양 생물들을 만날 수 있으며, 세계에서 가장 많은 산호초를 보유하고 있다. 체험할 수 있는 것이 많아 가족 단위 여행객이 주로 찾으며 수중 터널과 하와이 최초의 잠수정도 전시되어 있다. 온라인에서 미리 예약하면 할인 혜택도 받을 수 있으며, 한국어 오디오 가이드가 지원된다.

ADD 192 Maalaea Rd, Wailuku, HI 96793 | TEL 808-270-7000 | OPEN 9:00-17:00 | FEE 성인 29.95$, 아동(3-12세) 19.95$, 성인 2명+어린이 2명 78.35$ | SITE mauioceancenter.com

## Alexander & Baldwin Sugar Museum

하와이 설탕 산업의 역사

**알렉산더 앤드 볼드윈 설탕박물관**

사탕수수 및 설탕 산업의 한 페이지를 엿볼 수 있는 박물관이다. 마우이는 사탕수수 재배에 아주 적합한 곳이었지만 물이 부족했다. 물이 풍부했던 마우이 동쪽 지역에서 물을 옮겨오기 위해 관개 시설을 정비한 것은 나라가 아닌 한쪽 팔이 없는 사탕수수 농장 사장이었다. 박물관에서는 오늘날 역사 유적으로 지정된 관개 시스템을 비롯해 사탕수수가 설탕으로 변하는 과정, 이민 노동자들의 생활상을 엿볼 수 있다.

ADD 3957 Hansen Rd, Kahului, HI 96732 | TEL 808-871-8058 | OPEN 9:30-16:30 | FEE 성인 7$, 60세 이상 5$, 12세 미만 무료

## Kihei

하와이 왕족이 찾던 해변 마을

### 키헤이

마우이 남서쪽 해안으로 섬에서 가장 건조한 곳이다. 하와이 왕족이 자주 찾던 곳이기도 하며 10km에 달하는 해변이 자리해 있다. 수영, 서핑, 스노클링, 카약을 즐길 수 있고 겨울이면 혹등고래를 관찰할 수 있다. 넓은 지역에 걸쳐 공원이 조성되어 있고 저렴한 숙소가 많아 장기간 여행을 온 이들이 즐겨 찾는다.

**키헤이 리저널 공원** ADD 1501 Liloa Dr, Kihei, HI 96753
TEL 808-879-4364 | OPEN 7:00-20:00

## Hawaii Humpback Whale National Marine Sanctuary Visitor Center

혹등고래를 위하여

### 혹등고래 국립해양보호센터

혹등고래와 그 서식지를 보호하기 위해 1992년 지정되었다. 혹등고래 국립해양보호 센터는 혹등고래에 대한 교육, 홍보, 연구 및 지원 활동을 통해 해양과 혹등고래 보호에 힘쓰고 있으며 체험 및 교육 프로그램도 운영 중이다. 겨울철에는 이곳에서 혹등고래를 관찰할 수도 있다.

ADD 726 S Kihei Rd, Kihei, HI 96753 | SITE hawaiihumpbackwhale.noaa.gov | OPEN 월-금 10:00-15:00

## Kealia Pond

멸종 위기 새를 만나다

**케알리아 폰드**

국립야생보호구역으로 멸종 위기에 처한 하와이 장다리물떼새와 검둥오리가 서식한다. 많은 여행객이 쉽게 놓치고 가는 곳이지만, 조류를 관찰하기 좋은 곳이다. 조류 전문가가 아니더라도 여유 있게 돌아보며 산책하기 좋다. 나무 데크가 잘 정비되어 있다.

ADD Maui Veterans Hwy, Kihei, HI 96753 | TEL 808-875-1582 | OPEN 월-금 7:30-16:00 | SITE fws.gov

## Kama'ole Beach Park

가족 단위 여행객에게 안성맞춤

**카마올레 비치 파크**

키헤이 대표 해변으로 카마올레 비치 Ⅰ, Ⅱ, Ⅲ으로 나뉜다. 주차장과 잔디가 잘 정비되어 있어 아이를 동반한 가족이 방문하기 좋다. 파도가 높지 않고 모래가 고와 물놀이에도 제격이다. 비치 세 곳이 차례로 있으니 취향에 맞는 곳을 골라보자. 비치 Ⅰ의 백사장이 가장 넓으며, 비치 Ⅲ은 간단한 샤워 시설과 놀이터, 넓은 잔디가 있다. 스노클링과 피크닉을 즐기기 좋지만 그늘이 많지 않다.

**카마올레 비치** ADD Kalama Beach Park, Kihei, HI 96753
**카마올레 비치Ⅲ** ADD 2800 S Kihei Rd,Kihei, HI 96753

## Wailea

고급 리조트 단지

### 와일레아

마우이에서 가장 고급스러운 리조트들이 모여 있는 곳이다. 해변 앞에는 포시즌스, 그랜드 와일레아, 메리어트, 페어몬트 등 최고급 리조트가 당당하게 자리하고 있다. 해변을 따라 산책로가 조성되어 있어 꼭 리조트에 투숙하지 않더라도 해변을 즐기며 호텔 투어하기 좋다. 골프 코스도 잘 갖추어져 있다.

**와일레아 비치 리조트 메리어트**
ADD 3700 Wailea Alanui Dr, Kihei, HI 96753 | TEL 808-879-1922 | SITE marriott.com

**그랜드 와일레아**
ADD 3850 Wailea Alanui Dr, Wailea, HI 96753 | TEL 808-875-1234 | SITE grandwailea.com

**포시즌스 리조트 마우이 앳 와일레아**
ADD 3900 Wailea Alanui Dr, Wailea, HI 96753 | TEL 808-874-8000 | SITE fourseasons.com

## Wailea Beach

황금빛 모래사장을 걷다

### 와일레아 비치

고급 리조트 지역에 위치하고 있는 해변으로 와일레아 지역의 모래사장 치고 규모가 큰 편이다. 관리도 잘 되어 있고 파도가 잔잔해 수영을 즐기기 좋다. 라나이 앞바다가 보이는 황금빛 모래사장에서 여유를 즐겨보자.

ADD Kihei, HI 96753 | OPEN 7:00-20:00 | SITE co.maui.hi.us | 편의시설 주차장, 샤워실, 화장실

## Big Beach

마우이 해변의 웅장함

### 빅 비치

마케나 주립공원에 위치하며, 주차 후 아늑한 숲을 지나면 등장하는 넓고 웅장한 해변이다. 끝없이 펼쳐지는 모래사장에서 선탠을 즐기기 좋지만 스노클링과 수영을 하기에는 다소 아쉽다. 해변 오른쪽 지점의 수질이 좋으니 참고하자.

ADD 6450 Makena Rd, Wailea-Makena, HI 96753

## Little Beach

자유로운 영혼이 모이는 곳

### 리틀 비치

빅 비치와 형제 비치로 마우이에서 자유로운 영혼이 모이는 대표 해변이자 누드 비치다. 빅 비치에서 해변을 마주하고 오른쪽 끝 지점을 보면 작은 언덕 같은 용암 바위가 있는데 이곳을 넘어가면 리틀 비치가 시작된다. 빅 비치의 1/10 크기이며 누드 비치라고 해서 특별한 규칙이 있는 것은 아니다. 모래가 부드럽고 한적해서 일광욕을 즐기는 이들이 많다.

ADD Kihei, HI 96753 TEL 808-464-0840

## Molokini

환상의 스노클링 명소

### 몰로키니

초승달 모양의 작은 섬으로 스노클링 명소다. 250여 종의 열대어 등 야생식물이 서식하고 있는 주립 해양 생물 및 조류 보존지구로 투어 프로그램을 통해 이곳 바다를 즐길 수 있다.

**ADD** Maui, HI 96708 | **SITE** molokinicrater.com

## Ahihi Cove

셀프 스노클링은 이곳에서

### 아히히 코브

마우이 남쪽 지역에 숨겨진 보석 같은 곳이다. 수심이 얕고 코브 앞쪽에 물고기가 많아 안전하게 스노클링을 즐길 수 있다. 단, 산호 아래 숨어 있는 성게가 많으니 아쿠아 슈즈 착용은 필수! 모래사장은 없지만 사람이 많지 않아 조용하게 스노클링을 즐기기 제격이지만 아이를 동반한 가족여행자에겐 추천하지 않는다. 주차는 아히히 베이 파크에 한 후 도보로 5-7분 이동하면 된다.

**ADD** 7660 Makena Rd, Kihei, HI 96753

# RESTAURANT & CAFE

레스토랑 & 카페

## 조식 · 브런치

### 808 Deli
**808 델리**

대표 메뉴는 2008-2011년 마우이 베스트 음식점으로 선정된 샌드위치 전문점이다. 김치 샌드위치는 물론 한국어 메뉴까지 마련되어 있다. 재료를 아낌 없이 넣어줘 저렴한 가격에 간편하면서도 배부르게 한 끼를 먹을 수 있다.

ADD 2511 S Kihei Rd, Kihei, HI 96753 | TEL 808-879-1111
OPEN 9:00-17:00 | SITE 808deli.com

### Maui Taco
**마우이 타코**

마우이에서 가장 가격이 저렴한 체인 음식점이다. 5$로 여러 가지 메뉴를 맛볼 수 있으며, 7-9$ 내외면 멕시코 요리도 먹을 수 있다. 라하이나에도 매장이 있다.

ADD 2411 S Kihei Rd, Kihei, HI 96753 | TEL 808-879-5005
OPEN 9:00-21:00 | SITE mauitacos.com

### Monkeypod Kitchen by Merriman
**몽키팟 키친 바이 메리맨즈**

메리맨즈의 세컨 브랜드로 브런치부터 디너까지 캐주얼하게 즐길 수 있는 레스토랑이다. 하와이 현지 재료를 사용한 젊은 감각의 퓨전 요리부터 시그니처 칵테일, 로컬 맥주, 무알코올 음료까지 제공한다. 디너 이용 시 반드시 예약을 해야 한다.

ADD 10 Wailea Gateway Place, Kihei, HI 96753 | TEL 808-891-2322 | OPEN 11:00-23:00 | SITE monkeypodkitchen.com

## Pita Paradise
### 피타 파라다이스

저렴하게 지중해 요리를 맛볼 수 있는 곳으로, 주인이 바다에서 직접 잡아온 생선에 따라 그날의 특별 메뉴가 정해진다. 소박하고 편안한 분위기의 음식점이며 라이브 공연도 열려 흥겨움이 배가 되는 곳이다.

ADD 34 Wailea Ike Dr, Kihei, HI 96753 | TEL 808-879-7177
OPEN 11:00-21:30 | SITE pitaparadisehawaii.com

## Shaka Pizza
### 샤카 피자

특별한 인테리어 요소는 없지만 피자와 치즈 스테이크로 현지인에게 사랑받는 곳이다. 키헤이 지역 내에서는 배달도 가능하다. 짜지 않고 담백한 피자 한 조각은 3$, 한 판은 15$ 이내이며 4가지 토핑이 올라가는 것은 29$이다. 오픈 주방이라 주문 후 피자가 만들어지는 모습도 볼 수 있다.

ADD 1770 S Kihei Rd, Kihei, HI 96753 | TEL 808-874-0331
OPEN 월-목·일 10:30-21:00, 금·토 10:30-22:00
SITE shakapizza.com

## Matteo's Osteria
### 마테오스 오스테리아

이탈리아 출신 셰프들이 이탈리아에서 공수해온 재료로 요리하는 중저가 레스토랑이다. 독특하고 맛있는 참치 요리에서부터 이탈리아식 디저트와 와인까지 즐길 수 있다.

ADD 161 Wailea Ike Place A107, Wailea, HI 96753 | TEL 808-891-8466 | OPEN 월-금 11:30-21:30, 토·일 17:00-21:30
SITE matteosmaui.com

# 새우 트럭

## Geste Shrimp Truck
**제스트 쉬림프 트럭**

CASH ONLY

마우이를 대표하는 새우 트럭으로 카훌루이 국제공항에서 차로 10분 거리에 위치한다. 새우 12마리와 밥, 샐러드가 푸짐하게 담겨 나오며, 모든 새우 요리는 같은 가격에 맛볼 수 있다. 야외 테이블이 없고 주문 후 요리를 시작하는 탓에 조리 시간이 길며, 현금 결제만 가능하다.

ADD 2001 Kahului Beach Rd, Kahului, HI 96732 | TEL 808-298-7109 | OPEN 화-토 11:00-17:30 | SITE geste-shrimp.com

## Kina'ole Grill Food Truck
**키나올레 그릴 푸드 트럭**

'무결점'이라는 뜻의 이름이 돋보이는 곳으로 외관 디자인이 독특해 쉽게 찾을 수 있다. 새우, 생선, 치킨 가스, 오징어 튀김 등을 맛볼 수 있다. 땅콩 오일을 사용하니 땅콩 알레르기가 있다면 아쉽지만 피하자. 갓길에 무료로 주차가 가능하며 현금 결제만 가능하다.

ADD 1, 7 Alanui Ke'ali'i, Kihei, HI 96753 | TEL 808-280-9048 | OPEN 11:00-21:00

## Bubba's Shrimp & Dog Shack
**버바스 쉬림프 앤드 도그 쉑**

마케나 및 와일레아 지역의 가성비 좋은 빨간색 푸드 트럭이다. 푸드 트럭 주변 갓길에 무료로 주차할 수 있어 접근이 쉽다. 새우가 들어간 잠발라야는 에너지를 보충하기 좋다. 10가지에 가까운 핫도그 토핑은 셀프 바로 준비되어 있어 입맛대로 골라 먹을 수 있다. 고급 리조트가 모인 와일레아 지역에서 착한 가격으로 즐길 수 있는 곳이다.

ADD Makena Rd, kihei, HI 96753 | TEL 808-419-1238 | OPEN 월-목·일 10:30-16:00 금-토 10:30-16:00·18:00-23:30

# 플레이트

## Zippy's
**지피스**

1966년 오픈 이래 현지인과 여행객 모두에게 사랑받아온 캐주얼 음식점으로 24시간 영업한다. 한국, 일본, 포르투갈 등 다양한 나라의 음식을 한자리에서 저렴하게 만날 수 있다는 점이 가장 큰 장점이다. 별도의 팁을 내지 않아도 되는 곳이라 여행객에게 더욱 큰 사랑을 받고 있다.

ADD 15 Ho'okele St, Kahului, HI 96732 | TEL 808-856-7599 | OPEN 24시간 | SITE zippys.com

## Da Kichen
**다 키친**

퓨전 하와이안 스타일 요리를 편안한 분위기에서 즐길 수 있는 곳. 가격 좋고 양도 푸짐하며 서비스도 빠른 편이다. 겉은 바삭하고 속에는 스팸 무수비가 든 '딥 프라이드 스팸 무수비(Deep Fried Spam Musubi)'가 인기 메뉴다. 인기 많은 곳이므로 해피 아워는 피해서 가자. 사람이 몰리는 시간에는 전화번호를 남겨놓으면 전화로 순서를 알려준다.

ADD 425 Koloa St, Kahului, HI 96732 | TEL 808-871-7782
OPEN 월-토 11:00-21:00 | SITE dakitchen.com

# 디너

## Ruth's Chris Steak House
**루스 크리스 스테이크 하우스**

고급 스테이크 하우스지만 마우이에서는 다소 캐주얼한 복장으로 방문할 수 있다. 스테이크, 양고기 립을 비롯해 랍스터 메뉴도 인기가 많다. 와일레아 쇼핑센터 내에 있어 접근하기 편리하다.

ADD 3750 Wailea Alanui Dr, Kihei, HI 96753 | TEL 808-874-8880 | OPEN 17:00-22:00 | SITE ruthschris.com

## Gannon's
### 개넌스

미국 최고의 다이닝 레스토랑 중 하나로 셰프 베브 개넌(Bev Gannon)이 운영한다. '아름다운 풍경을 자랑하는 레스토랑' 100위 내 선정된 곳으로 식사를 하면서 몰로키니 풍경까지 즐길 수 있어 더욱 특별한 시간을 보낼 수 있다. 파노라믹 뷰가 유명해 웨딩 장소로도 인기가 많다.

**ADD** 100 Wailea Golf Club Dr, Kihei, HI 96753 | **TEL** 808-875-8080 | **OPEN** 8:30-21:00 | **SITE** gannonsrestaurant.com

## Morimoto Maui
### 모리모토 마우이

모리모토는 미국 유명 요리 프로그램인 <아이언 쉐프 아메리카>에 출연해 명성을 얻었다. 함께 출연한 셰프들도 공략하기 어려운 셰프 중 한 사람으로 손꼽았다. 레스토랑의 모든 메뉴와 조리법은 모리모토의 승인을 받아야지만 메뉴에 올릴 수 있다. 퓨전 일식을 맛볼 수 있는 레스토랑으로 오픈 키친이라 조리 과정을 직접 확인할 수도 있다. 생선 요리가 많으며, 디저트 말라사다와 소스가 인기다.

**ADD** 3550 Wailea Alanui Dr, Kihei, HI 96753
**TEL** 808-243-4766 | **OPEN** 11:30-14:00·17:30-22:00
**SITE** morimotomaui.com

# 디저트

## Spago
### 스파고

오스트리아 출신의 월드 클래스 셰프 중 한 사람인 울프강 퍽(Wolfgang Puck)의 시그니처 레스토랑이다. 지역 특산물을 자신들만의 조리법으로 풀어내는데 아시아 퓨전이 주메뉴이다. 매일 메뉴와 조리법이 조금씩 바뀐다. 좋은 좌석에 앉아 식사하기 위해서는 예약이 필수며 콜라 한 잔도 5$이나 하는 등 가격대도 높은 편이다. 유명인들도 많이 찾는 마우이 최고급 레스토랑이다.

ADD 3900 Wailea Alanui Dr, Kihei, HI 96753 | TEL 808-874-8000 | OPEN 17:00-23:00

## Maui Coffee Roasters
### 마우이 커피 로스터스

마우이에서 가장 맛있는 커피로 선정될 정도로 맛이 일품인 커피를 선보인다. 일반 커피는 보온병에서 직접 따라 마실 수 있고 라테, 카푸치노, 스무디 등은 직원이 만들어준다. 간단한 샐러드를 비롯해 당일 만드는 페이스트리와 빵도 맛볼 수 있다. 여행객보다 현지 주민들이 더 많이 찾아오는 동네 사랑방 같은 곳이다.

ADD 444 Hana Hwy, Kahului, HI 96732 | TEL 808-877-2877 | OPEN 월-토 7:00-18:00, 일 8:00-16:00
SITE mauicoffeeroasters.com

## Maui Brewing Co.
### 마우이 브루잉 코

마우이 로컬 맥주 브랜드로 양조장과 함께 펍을 운영한다. 기존에 푸드 트럭을 운영하였지만, 2018년 새롭게 단장한 펍에서 편안하고 쾌적하게 맥주를 즐길 수 있다. 하와이에서 손꼽히는 수제 맥주 양조장으로 국제 맥주대회에서 수차례 수상한 바 있다. 포터, 라거 종류의 맥주에서부터 망고, 레몬 등 하와이에서 나는 계절 과일로 만든 맥주도 있다. 양조장은 통유리로 되어 있어 펍에서 볼 수 있으며, 양조장과 연결된 거대한 맥주 파이프 관이 인상적이다. 양조장 투어(유료, 예약 필수)도 가능하며, 라하이나, 오아후 와이키키에 매장이 있다.

ADD 605 Lipoa Pkwy Kihei, HI 96753 | TEL 808-213-3002
OPEN 11:00-23:00 | SITE hmbcrestaurants.com

# SHOPPING

## Shops at Wailea
### 숍스 앳 와일레아

와일레아 지역 쇼핑몰로 명품에서부터 로컬 브랜드, 갤러리, 레스토랑까지 다양한 매장이 입점해 있다. 와일레아 지역 호텔에 머문다면 도보로 산책 삼아 다녀오기 좋다(와일레아 내 호텔에서 셔틀 무료 운행). 우쿨렐레 레슨, 코코넛 체험, 폴리네시안 쇼, 라이브 콘서트 등 매일 다양한 이벤트가 펼쳐진다. 자세한 내용은 홈페이지에서 확인하자.

ADD 3750 Wailea Alanui Drive Wailea, HI 96753
TEL 808-891-6770 | OPEN 9:30-21:00 | SITE theshopsatwailea.com

# MAUI NORTH & UPCOUNTRY

마우이에서 가장 외진 곳인 북부는 이정표가 작거나 아예 없어 힘들다. 또한, 일부 구간 도로 사정이 원활하지 않기 때문에 섬 완주가 쉽지 않다. 하지만 대표 스폿이 위치한 드라이브 코스는 놓치기 아깝다. 업컨트리에서는 옛 정취가 남아 있는 쿨라, 파니올로와 예술공동체 마을 마카와오, 사탕수수 산업으로 전성기를 맞이했던 파이아가 지닌 다채로움을 살펴볼 수 있다.

# ATTRACTION

명소

## Ho’okipa Beach Park

윈드서핑의 천국

### 호오키파 비치 파크

윈드서퍼들의 꿈의 해변으로 파이아 마을 외곽에 위치하고 있다. 하와이어로 ‘환대’를 뜻하는 이곳은 윈드서핑의 세계적 명소 중 하나다. 윈드서핑을 즐기는 사람들의 모습을 구경하는 것만으로도 힐링이 될 것이다. 뿐만 아니라, 서핑을 즐기는 현지인도 많으며, 비치 오른쪽에는 바다거북의 쉼터가 있다. 마우이에서 거북이를 만날 수 있는 대표적인 장소이다.

ADD Mile 9 Hana Hwy, Paia, HI 96779 | TEL 808-572-8122 | OPEN 5:30-19:00 | SITE co.maui.hi.us | 편의시설 화장실, 피크닉 테이블, 샤워기, 주차장, 구조요원

## Baldwin Beach Park

한적한 파도 놀음

### 볼드윈 비치 파크

비치 입구 넓은 축구장부터 입이 '떡'하고 벌어지게 만드는 곳이다. 접근성이 좋은 비치 중 한 곳이다. 한적하게 휴식을 취할 수 있는 곳으로 아이 어른 할 것 없이 비치를 즐기기 좋다(파도가 높은 겨울철에는 피할 것). 마우이 최초의 설탕 공장을 개발한 'Harry A. Baldwin'의 이름을 땄다. 사색하는 것만으로도 힐링이 되는 곳으로 파이아 마을과 가깝다.

**ADD** Hana Highway, Paia, Maui, HI 96779 | **TEL** 8:00-16:00 | **편의시설** 야구장, 축구장, 피크닉 테이블, 화장실, 구조요원

## Paia

농장 마을의 변신

### 파이아

하나 로드 시작 전에 위치한 마을로 현재는 평범한 쇼핑 관광 타운이지만 예전에는 사탕수수 및 설탕 산업의 중심지였다. 풍경은 소박해도 마을 곳곳에는 개성 강한 인테리어 숍과 트렌디한 편집숍을 비롯해 근처 바다에서 잡은 해산물로 요리하는 맛집까지 모여 있다. 예술가, 히피, 서퍼들이 많이 찾는 곳이며 자유롭게 여유를 부릴 수 있다. 마우이에서 가장 유명한 맛집 마마스 피시 하우스(Mama's Fish House)도 이곳에 있다.

**파이아 파크 ADD** 640 Baldwin Ave, Paia, HI 96779 | **TEL** 808-572-8122 | **SITE** mauicounty.gov

## Makawao Town

옛 서부의 향취가 가득한 소박한 마을

**마카와오**

업컨트리 지역의 중심으로 1960-70년대 영화 세트장에 온 것 같은 기분을 느낄 수 있는 마카와오는 미국 최초의 카우보이들이 살던 마을이다. 매년 7월에는 50년 이상의 전통을 자랑하는 하와이 최대의 파니올로(하와이 카우보이) 대회가 열린다. 미국의 25대 예술 여행지로 선정되었으며, 낡은 목조 건물 사이로 개성 있는 숍이 즐비하다. 현지인들도 매일 같이 줄 서서 먹는 코모다 베이커리(Komoda Store & Bakery)는 크림 퍼프가 유명하다. 파니올로 박물관도 있다.

**ADD** Baldwin Ave & Makawao Ave, Maui, HI 96768

## Makawao History Museum

카우보이의 삶을 살펴보다

**마카와오 역사박물관**

카우보이의 역사를 전시해둔 곳으로 정통 하와이식 안장, 장화, 밧줄 등을 만날 수 있다. 규모가 크지 않은 작은 박물관이지만 카우보이들이 살던 마을의 뿌리를 잊지 않으려는 지역 공동체의 노력을 읽을 수 있다.

**ADD** 3643 Baldwin Ave, Makawao, HI 96768 | **TEL** 808-572-2482

## Kula

때 묻지 않은 곳

**쿨라**

마우이 중앙에 위치한 쿨라는 고도가 높아 태평양과 마우이 고원지대를 한눈에 담을 수 있다. 쿨라는 비옥한 화산토 때문에 농작물의 품질이 좋아 가든과 농장이 밀집해 있다. 마우이 유명 레스토랑도 쿨라 지역의 식재료를 사용하는 것에 대해 강조한다. 알리이 쿨라 라벤더 팜, 쿨라 보태니컬 가든 등이 있으며 할레아칼라와 함께 방문하기 좋다. 길거리에 늘어선 자카란다 나무와 허브가 기분 좋게 한다.

**쿨라 컨트리 팜** ADD 6240 Kula Hwy, Kula, HI 96790 TEL 808-878-8381 | OPEN 월-토 9:00-16:00 | SITE kula-countryfarmsmaui.com

## Ali'I Kula Lavender Farm

보라색 꽃내음의 여유

**알리이 쿨라 라벤더 농장**

섬의 전경이 내려다보이는 작은 언덕에 위치한 라벤더 농장이다. 45종류, 55,000여 가지의 라벤더를 감상할 수 있다. 농장에 들어서면 은은한 향기에 절로 기분이 고양된다. 농장 역사와 라벤더에 대한 설명을 들을 수 있는 투어를 운영 중이며 기념품점에서 라벤더를 활용한 오일, 잼, 연고, 드레싱, 로션, 샴푸 등의 제품을 구매할 수 있다. 입장료(3$)가 있으며, 셀프 투어가 가능하다. 특히, 식물을 좋아하거나 여행 중에도 힐링이 필요하다면 꼭 방문하자.

ADD 1100 Waipoli Rd, Kula, HI 96790 | TEL 808-878-3004 | FEE 성인 3$, 12세 이하 무료 SITE aliikulalavender.com

## Kula Botanical Garden

부부의 정성이 담긴

**쿨라 식물원**

워렌과 헬렌 부부가 50년간 직접 가꾸어온 일종의 '비밀의 정원' 같은 곳이다. 부부의 정성과 애정 덕분에, 황무지가 아름다운 산책로와 연못, 열대 식물 가득한 정원으로 탈바꿈했다. 입장할 때 부부가 직접 그린 안내 지도를 나눠주며 추천 코스가 소개되어 있어 편리하다. 입장료가 있지만 이들 부부의 노력에 비하면 약소하다.

ADD 638 Kekaulike Ave, Kula, HI 96790 | TEL 808-878-1715 | FEE 성인 10$, 아동(6-12세) 3$ | SITE kulabotanical-garden.com

## Sun Yat Sen Park

마우에서 만나는 쑨원

**선 야트 센 공원**

마우이에서 만나는 이색 공원. 한문으로 '중산공원'이라고 쓰였다. 중국 근대 아버지라 불리는 혁명가 쑨원을 기념하는 작은 공원이지만, 마우이를 한 눈에 담을 수 있는 가장 좋은 뷰 포인트이기도 하다. 웨스트 마우이, 몰로키니, 라나이, 카훌라베 섬까지 담을 수 있다.

ADD 13434 Kula Hwy, Kula, HI 96790

# RESTAURANT & CAFE

레스토랑 & 카페

## Kula Lodge
**쿨라 랏지**

할레아칼라의 전초 기지로 일출을 보고 내려오면서 조식을 즐기기 좋다. 현지인에게는 석양을 즐길 수 있는 디너 명소로 각광받고 있다. 야외 테이블과 피자를 굽는 화덕, 산책로, 갤러리, 기념품점도 갖추어져 있다.

ADD 15200 Haleakala Hwy, Kula, HI 96790 | TEL 808-878-1535 | OPEN 7:00-20:30 | SITE kulalodge.com

## Grandma Coffee House
**그랜마 커피 하우스**

마우이 명소로 꼽히는 초록색 카페다. 1918년부터 4대째 유기농으로 재배된 커피 원두를 자연 건조 시킨 후 로스팅 및 블랜딩 하는 방식을 이어오고 있다. 갓 볶은 원두로 내린 커피와 함께 아침을 먹기 위해 찾는 사람이 많다.

ADD 9232 Kula Highway, Kula, HI 96790 | TEL 808-878-2140 | OPEN 7:00-17:00 | SITE grandmascoffee.com

## Mama's Fish House
**마마스 피시 하우스**

마우이 최정상 레스토랑이자 파인 다이닝으로 하와이 맛집 순위에서 절대 빠지지 않는 곳이다. 하와이안 시푸드와 하와이 스타일 생선 요리를 맛볼 수 있는 최적의 레스토랑이다. 위치, 서비스, 맛 모두 훌륭하며 주변 풍광도 아름다워 언제나 손님으로 북적인다. 발렛 서비스도 무료다.

ADD 799 Poho Pl, Paia, HI 96779 | TEL 808-579-8488 OPEN 11:00-21:00 | SITE mamasfishhouse.com

## Paia Fish Market
**파이아 피시 마켓**

현지인들이 즐겨찾는 맛집으로 자리가 나는 대로 모르는 이들과 앉아 테이블을 공유하면서 음식을 먹는다. 포장해 해변으로 가 먹기에도 좋다. 물고기, 조개가 그려진 테이블이 흥미롭다. 버거, 생선 요리 등 넉넉한 양의 메뉴를 선보인다.

ADD 100 Baldwin Ave, Paia, HI 96779 | TEL 808-579-8030 | OPEN 11:00-21:30 | SITE paiafishmarket.com

# HALEAKALA NATIONAL PARK

할레아칼라 국립공원

이곳에서 마주할 생애 최초의 광경에 두 눈을 의심케 될지 모른다. 장엄한 광경의 일출, 독특한 지형, 이색적이고도 신비로운 풍경은 지구가 아닌 다른 별에 온 듯한 놀라움을 선사한다. 그야말로 마우이 여행의 No. 1 스폿이다.

# ATTRACTION

명소

## Haleakala National Park

태양의 집

### 할레아칼라 국립공원

옛 마우이 사람들은 할레아칼라 정상의 일출을 보며 태양이 할레아칼라 꼭대기 너머에서 떠오른다고 믿었다. 구름을 뚫고 굽이굽이 올라가야 하지만 충분히 감수할 만하다. 하와이 서쪽, 마우이의 심장에 있는 휴화산 (1750년에 대분화를 일으켰다)이자 국립공원인 이곳의 정상 부근에 오르면 우주의 모습과 비슷한 풍경을 감상할 수 있다. 영화 <2001 스페이스 오디세이>의 감독 스탠리 큐브릭은 이곳의 신비한 매력에 빠져 영화의 주요 배경으로 등장시키기도 했다. 더욱이 파노라마 뷰가 달의 표면과 비슷해 실제로 오래전 나사(NASA)의 캠프가 자리하기도 했다. 일출을 보고 싶다면 예약은 필수다.

ADD Haleakala National Park, HI 96790 | TEL 808-572-4400 | SITE nps.gov

## Hosmer Grove Campground

할레아칼라의 첫 관문

### 호스머 그로브 캠프그라운드

할레아칼라 국립공원 매표소를 지나 전방 50m 지점에 좌측으로 빠지는 길이 나온다. 공원에 입장한 후 제일 먼저 만나는 스폿으로 마우이에서 유명한 캠핑장 중 한 곳이다. 해발 2,134m에 위치하며 할레아칼라에 오르기 전 잠시 쉬며 고산지대에 적응하기 좋다. 시간적으로 여유가 있다면 호스머 그로브 트레일에 도전해보자. 길이가 1km도 채 안 돼 왕복 30분이면 충분한 평지 코스다.

ADD 30076-30136 State Hwy 378 Kula, HI 96790
TEL 808 572-4400

## Leleiwi Overlook

할레아칼라 분화구 절경

### 렐레이비 전망대

378번 고속도로(할레아칼라 하이웨이) 28km(17.5마일) 지점에 자리한다. 놓치기 쉬운 곳이니 횡단보도를 기억하고 이동하자. 주행 방향 오른쪽에 작은 주차장이 있으니 주차한 후 횡단보도를 건너자. 할레아칼라 정상보다 낮은 2,694m에 위치한 전망대에서는 방문객들에게 변덕스러운 할레아칼라 날씨에 대해 설명해준다. 무역풍의 역전 현상으로 구름이 2,682m(8,800ft)에 갇혀 있어, 화창했던 하늘이 5분 만에 구름이 잔뜩 낀 하늘로 변하고 여름에서 겨울 날씨로 급변한다. 뉴욕의 맨하탄 전체가 들어갈 정도의 크기를 자랑하는 분화구 역시 감상할 수 있다.

ADD Leleiwi Overlook Trail, Kula, HI 96790

## Kalahaku Overlook

마우이 서부 마을을 보다

### 칼라하쿠 전망대

할레아칼라 정상 약 3km 전에 위치하며, 작은 표지판만 있어 놓치기 쉽다. 하와이어로 '칼라하쿠'는 '선언하다' 혹은 '선포하다'라는 의미다. 마우이 서부와 쿨라 마을이 내려다보이는 이곳은 정상에 비하면 규모가 작지만 독특한 풍광을 볼 수 있어 가볼 만하다. 마우이 섬 형성 과정에 대한 안내 정보가 있다.

ADD Kalahaku Overlook Trail, Kula, HI 96790

## Haleakala Visitor Center

여행자의 쉼터

### 할레아칼라 방문자센터

할레아칼라 정상에 오르기 전에 있는 방문자센터에서는 각종 기념품과 지도 등을 판매하고 있다. 방문 기념 스탬프도 찍을 수 있다. 매표소 부근에는 할레아칼라 본부 비지터센터(Haleakala National Park Headquarters Visitor Center)가 있다. 은검초에 대한 정보를 확인할 수 있다. 화장실에 가야 할 때(정상에는 화장실이 없다) 꼭 들르자.

ADD Haleakala Hwy, Kula, HI 96790 | OPEN 8:00-15:45
TEL 808-572-4459

## Paka'oao Trail

할레아칼라를 품 안에

### 파카오아오 트레일

방문자센터에서 바로 올라가는 왕복 30분 미만의 코스다. 트레일이라기보다 뷰 포인트로 생각하면 좋은 수준이다. 트레일을 오르다보면 그 무엇도 살지 못할 것 같은 곳에서도 꽃을 피우는 식물을 볼 수 있다. 트레일 끝에 다다르면 할레아칼라를 전부 품을 수 있는데, 이 때문에 일출 시 사람들이 제일 먼저 몰려드는 곳이다.

## Sliding Sands Trail

화산 속으로

### 슬라이딩 샌드 트레일

트레일의 정확한 명칭은 '케오네헤에헤에 트레일(Keone-he'ehe'e Trail)'이다. 화산 속으로 들어가는 감동의 하이킹 코스로 소요시간이 짧아 더욱 좋다. 사실 트레일 전 구간은 왕복 16km로 8시간이 소요되지만, 머물 시간이 촉박하다면 30-40분 정도만 투자해도 좋다. 갈 때 15분, 돌아올 때 30분이면 분화구 속 9개의 작은 분화구를 확인할 수 있다(갈 때는 내리막 길이지만 돌아올 때는 오르막길이 된다).

## Puu Ulaula Overlook

태양의 정기를 받다

### 푸우 울라울라 전망대(레드 힐)

할레아칼라의 일출·일몰을 보는 장소다. 방문자센터에서 할레아칼라 정상(3,055m)까지는 자동차로 5분이 채 걸리지 않는다. 큰 분화구를 감싸안은 모습의 정상부에서 보는 분화구 아래 작은 분화구들의 모습이 압권이다. 정상에는 세계 최고의 천문대가 자리하고 있으며, 2019년에는 하와이 주 상원의 원이었던 다니엘 K. 이노우에의 이름을 딴 세계 최대 솔라돔이 완공, 2020년부터 관측을 시작할 예정이다.

SPECIAL

# 할레아칼라, 이것만 알고 가자!

## 가는 길

마우이 일정이 짧더라도 쉽게 도전할 수 있는 루트이며 마우이 최고 드라이브 코스 중 하나로 꼽힌다. 35km의 할레아칼라 로드에 오르기 위해서는 충분한 기름과 먹거리를 챙겨야 한다. 할레아칼라 하이웨이에 들어서면 어떤 상업 시설도 찾을 수 없기 때문이다.

처음부터 끝까지 왕복 2차선 도로이며, 길이 꼬불꼬불해 어지러울 수 있으니 운전자와 탑승자 모두 마음에 여유를 가지도록 하자. 매표소를 지나 호스머 그로브(Hosmer Grove)에 다다르면 잠시 휴식을 취하는 것이 좋다. 점점 지대가 높아지면서 고산병 증세가 나타날 수 있다. 올라가는 길에 비구름을 만나더라도 포기하지 말자. 매일 화창한 날씨의 할레아칼라는 존재하지 않을 뿐더러 오르는 내내 시시각각 날씨가 변한다. 구름을 뚫고 가야 하는 경우라면 반드시 서행하자. 멋진 드라이빙을 만끽할 수 있는 할레아칼라 로드에는 중간중간 정차할 수 있는 곳도 있으니, 파노라믹 뷰가 펼쳐지거나 구름 위를 가로지르게 되면 잠시 내려 이 멋진 장면을 사진에 담아보자. 또한 렐레이비 전망대로 가는 길에 있는 횡단보도에서 구름 속으로 걸어 들어가는 듯한 모습을 연출할 수 있으므로 놓치지 말자.

정상까지 도로가 잘 정비되어 있으며 하이킹과 캠핑도 가능하다. 일출 감상이 그야말로 정석이고 진리이지만 일몰도 그 못지 않은 장관이니 일찍 일어날 자신이 없다면 일몰에 도전해보자. 일몰 후 하나둘 떠오르는 별들이 하산길의 길잡이가 되어줄 것이다. 산 정상은 일출 시 재킷을 입어야 할 만큼 추우니 외투를 꼭 챙기자.

## 예약

할레아칼라에서 일출을 보고 싶다면 반드시 예약해야 한다. 2017년 2월부터 운영 체계가 변경되어 일출에 한해 반드시 방문을 예약해야 하며, 예약 없이는 7시가 넘어야 입장이 가능하다. www.recreation.gov에서 회원 가입 후 1.5$의 예약금을 지불하면 된다. 입장료는 당일 방문 시 매표소에서 카드로 결제한다. 예약은 방문 전 2개월 안에 해야 하며, 방문 시 예약 확인서와 신분증을 반드시 지참해야 한다. 실제 방문은 오전 3-7시에 이루어져야 한다는 점도 꼭 기억해두자.

### OH! MY TIP

**예약을 못하면 어떻게 되나요?**

할레아칼라의 일출 티켓은 1일 150개 한정이다. 인원수가 아닌 차량 수를 기준으로 하기 때문에 서두르지 않으면 원하는 날 일출 관람은 불가능하다. 예약 마감이 되어 원하는 날 예약을 못했다고 너무 실망하지 말자. 할레아칼라는 150장의 티켓 중 30장을 방문일 이틀 전부터 하루 전 사이, 하와이 현지 시간으로 오후 4시에 배부한다. 만일 예약을 못했다면 일출 대신 낮 또는 일몰 시간에 방문해보자. 일출과는 다른 매력을 느낄 수 있다.

## 거리와 주소

각 지역에서 할레아칼라까지 이동 소요시간은 아래와 같다. 일출을 볼 계획이라면 아래 시간에서 조금 더 여유를 가지고 출발해야 한다. 공원 방문객 대부분 내비게이션에 'Haleakala National Park Visitor Center State Hwy 378, Kula, HI'를 저장한다. 이 주소로 이동하면 매표소 도착 전에 안내가 종료된다. 이후부터는 길을 따라 정상으로 오르면 된다. 단 매표소에서 정상까지는 30분 정도 소요되니 전체 소요시간은 아래 시간에 30분을 더해 예상하자.

와일레아/마케나 → 할레아칼라: 1시간 15분
라하이나 → 할레아칼라: 1시간 20분
카아나팔리 → 할레아칼라: 1시간 30분
카팔루아 → 할레아칼라: 1시간 40분
카훌루이 공항 → 할레아칼라: 1시간
*각 지역에서 매표소까지의 이동 시간 기준

## 요금

할레아칼라에는 일출을 보기 위해 이른 새벽부터 밤잠을 설치고 올라오는 차량들의 행렬이 이어진다. 매표소에서 입장권을 구입한 후에는 영수증을 운전석 대시보드 위에 올려두자.

일출을 위해 방문할 경우 카드로만 결제 가능하다. 요금은 차량당 25$, 모터사이클 20$, 개인(도보) 12$이다. 매표소는 오후 5시까지 운영한다. 해당 시간 이후에 방문하려면 매표소를 지나 우측에 있는 무인 매표소에서 입장료를 내야 한다. 별 생각 없이 올라가다가는 공원 관리인에게 망신을 당할 수 있으니 주의하자.

하나 로드가 있는 키파훌루 지역(Kipahulu Area)에서도 공원을 이용할 수 있다. 할레아칼라 입장권 유효기간은 3일이니 잘 기억해두자. 공원은 24시간 운영된다. 일몰 후 늦은 밤 별을 관측하기 최적의 장소다.

## 날씨, 일출 및 일몰 시간

정상부 기온은 라하이나, 와일레아 등의 지역보다 15-20℃ 낮아진다. 일출이나 일몰을 감상할 예정이라면 여름이라도 얇은 패딩을 준비하는 것이 좋다. 옷을 챙겨오지 못했다면 호텔의 얇은 이불이라도 챙겨가도록 하자.

일기예보 참고 사이트 SITE
nps.gov/hale/planyourvisit/weather.htmw
kopiko.ifa.hawaii.edu/weather/
aa.usno.navy.mil

### OH! MY TIP

**국립공원 한 번에 즐기기!**

하와이 3개 공원 연간 패스(Hawai`i Tri-park Annual Pass)가 있으면 빅 아일랜드 화산국립공원, 푸우호누아 오 호나우나우 국립역사공원, 마우이 할레아칼라를 이용 가능하다. 처음 개시한 날짜로부터 1년간 유효, 패스 소지자 및 동반 승객은 단일 차량으로 입장해야 하며 구매하는 사람의 직계가족끼리만 사용할 수 있다. 비용은 50$이다.

# ROAD TO HANA & EAST

로드 투 하나 & 동부

마우이에서 놓쳐선 안 될 드라이브 코스인 로드 투 하나에는 손대지 않은 자연 그대로의 모습을 만날 수 있는 스폿이 곳곳에 숨겨져 있다. 구불구불한 길을 따라가다 보면 왜 세계의 수많은 여행자가 꼭 가봐야 하는 곳으로 이곳을 꼽았는지 이유를 알게 된다.

# ATTRACTION

명소

## Road to Hana

천국으로 가는 길

**로드 투 하나**

일명 천국으로 가는 길로 불린다. 사실 하나 로드의 남쪽은 렌터카 진입 금지 구간인 데다 비포장도로와 낙석 및 낭떠러지 구간도 있어 짧은 일정이라면 완주하기 부담스러울 수 있다. 그러나 많은 사람들이 울퉁불퉁한 산길, 원 레인 브릿지 등 스릴 만점 드라이브 코스에 도전하고 싶어 한다.

종일 하나 로드에 투자할 계획이라면 아침 일찍 출발하는 것이 좋다. 와일레아·마케나 지역보다는 파이아를 전초 기지로 삼아 출발하는 것을 추천한다. 출발 전 간식과 주유 상태를 꼭 확인하자! 하나 로드 명소는 주로 마일 마커(Mile Marker)로 표시되어 있으니 이를 활용해보자.

ADD Road To Hana Mile Marker Zero (Route 360) 5572 Hana Hwy, Haiku, HI 96708

### OH! MY TIP

도로 번호와 마일 마커를 명심하자!

하나 로드는 마일 마커로 기억하는 것이 가장 편리한데 360번 도로 'Road To Hana Mile Marker Zero(Route 360)' 지점을 기준으로 '0'마일부터 시작된다. 파이아에서 출발할 경우 36번 도로 9.5마일부터 시작하게 된다. 정확한 마일 마커에 명소가 있다기보다는 그 근처에 각 명소들이 자리해 있다고 생각하면 된다.

## Ho'okipa Beach & Lookout

마일 마커 #9 (36번 도로)

**호오키파 비치 & 전망대**

하얀 파도 그리고 한 마리의 새처럼 파도를 즐기는 서퍼들이 가득한 곳이다. 특히 겨울철이면 환상적인 파도와 바람 덕분에 마우이 최고의 카이트 서핑 명소도 꼽힌다. 능숙한 실력의 서퍼가 아니라면 서핑은 눈으로만 감상하는 것이 좋다. 해변 위로 전망을 감상할 수 있는 전망대도 따로 있다. 하나 로드는 호오키파 비치 & 전망대부터 시작하는 것이 좋다.

ADD Ho'okipa Lookout, Paia, HI 96708

## Rainbow Eucalyptus

마일 마커 #6.2 (360번 도로)

**레인보우 유칼립투스**

수많은 레인보우 유칼립투스가 도로 한쪽을 수놓고 있는 곳이다. 사실 이 나무의 정식 명칭은 유칼립투스 디글럽타(Eucalyptus Deglupta). 매년 껍질갈이를 하는 탓에 이렇게 아름다운 모습이 가능하다. 세상에 존재하는 나무 중 가장 아름다운 색을 가진 수종으로 마치 설치미술 작품처럼 근사하다. 자칫 놓칠 수 있으니 마일 마커를 주시하자. 주행 방향 오른쪽에 정차할 수 있는 곳이 있으므로 차를 세우고 도보로 이동해 관람하는 것이 좋다.

## Twin Falls

마일 마커 #2 (360번 도로)

**쌍둥이 폭포**

호올라와 밸리(Ho'olawa Valley)와 와일렐레 농장(Wailele Farm)을 통과하면 폭포에 다다른다. 주차장에서 왕복 1시간에서 1시간 30분 정도 소요되며 잘 정비된 열대우림과 개인 소유의 농장, 흙길과 물길까지 건너야 한다. 성인 여성 발목 높이의 물길과 무릎 높이의 물길이라 위험하지는 않지만 물속을 건너야 하니 아쿠아 슈즈를 착용하는 것이 좋다. 폭포가 그리 높지 않아 아쉽다면 대신 울창한 열대우림을 만끽하자. 도난 사고가 종종 발생하는 곳이니 주차에도 신경 쓰자.

ADD Honokala Rd, Haiku, HI 96708

## Waikamoi Ridge Trail

마일 마커 #9.5 (360번 도로)

**와이카모이 리지 트레일**

유칼립투스, 대나무, 600살 나무 등으로 이루어진 숲을 만끽할 수 있다. 길이는 0.8km로 짧지만 진흙과 작은 웅덩이가 있어 길이 미끄러울 수 있다. 모기나 벌레도 많으니 조심하자. 입구에 주차장이 있지만 넓지는 않다.

ADD HI-360, Haiku, HI 96708 SITE nature.org

## Garden of Eden Arboretum

마일 마커 #10 (360번 도로)

**에덴 수목 정원**

100년 된 망고 나무, 오리 연못, 독특한 꽃, 희귀 나무를 볼 수 있는 수목원으로 하와이 고유 토착종과 지역 생태계 복원을 목적으로 1991년 개관했다. 하와이 티(Ti) 식물 컬렉션을 포함해 700여 가지의 식물이 자라고 있다. 차량을 이용해 내부를 돌아볼 수 있으며 짧은 코스의 트레일도 있다. 영화 <쥬라기 공원>의 오프닝 촬영지로 입장료는 성인 15$, 5-16세는 5$다.

ADD 10600 Hana Hwy, Haiku, HI 96708 | TEL 808-572-9899 | OPEN 8:00-16:00 | SITE mauigardenofeden.com

## Kaumahina State Wayside Park

마일 마커 #12 (360번 도로)

**카우마히나 주립공원**

하나 로드에서 처음으로 만나는 대형 공간으로 겨울 혹등고래 시즌이 되면 무료로 고래를 관찰할 수 있다. 화장실과 피크닉 테이블이 있어 휴식을 취하기 좋다.

ADD Kaumahina State Wayside, Haiku, HI 96708
TEL 808-984-8109 | OPEN 7:00-19:00 | SITE hawaii-stateparks.org

## Ke'anae Lookout

마일 마커 #16 (360번 도로)

**케아나에 전망대**

검은 용암의 비치를 조용하게 감상할 수 있는 곳이다. 룩아웃으로 향하는 길목에는 촉촉하고 부드러워 마우이 최고 바나나 브레드 손꼽히는 앤티 샌드스(Aunty Sandy's)가 있다. 또한, 작은 교회가 있는데 이 교회는 1946년 쓰나미 때 유일하게 훼손되지 않은 교회다. 포토 스폿 중 하나다.

ADD 210 Keanae Rd, Haiku, HI 96708

## Halfway to Hana

마일 마커 #17 (360번 도로)

**하프웨이 투 하나**

하나 로드에서 휴식을 취하기 좋은 곳으로 1982년 오픈 당시에는 먹을 곳 하나 없는 하나 로드에서 유일하게 간식거리를 구할 수 있던 곳이다. 음료, 아이스크림, 과일, 간식, 샌드위치 등을 판매하는데 특히 바나나 브레드가 유명하다.

ADD 13710 Hana Hwy, Haiku, HI 96708 | TEL 808-248-7037 | OPEN 8:30-16:00

## Wailua Valley

마일 마커 #18 (360번 도로)

**와일루아 밸리**

민물 새우, 하와이 달팽이 등을 비롯한 토란 같은 하와이 고대 작물도 찾아볼 수 있다. 마우이에서 개발이 가장 느리게 진행되는 곳 중 하나로 하와이안의 마을이 자리한다.

ADD Kula, HI 96790

## Upper Waikani Falls

마일 마커 #19 (360번 도로)

**와이카니 폭포 상부**

'아빠 곰, 엄마 곰, 아기 곰'이 연상되는 곳이다. 가장 큰 아빠 폭포부터 엄마 폭포, 제일 작은 아기 폭포까지 세 폭포를 만날 수 있다. 주차장은 없지만 2-3대의 차량을 주차할 수 있는 공간은 있다. 사진 촬영지로 인기가 많다.

ADD Hana Hwy, Haiku, HI 96708

## Pua'a Kaa State Wayside Park

마일 마커 #22 (360번 도로)

**푸아아 카아아 주립공원**

공원 화장실에서 길을 따라 출발하면 작은 폭포 아래 수영을 즐기며 휴식을 취할 수 있는 장소에 다다른다. 피크닉 테이블과 함께 친근한 고양이 등 동물들이 여행객의 친구가 되어줄 것이다.

ADD Hana Hwy, Haiku, HI 96708 | SITE lookintohawaii.com

## Hana Lava Tube & Kahanu Garden

마일 마커 #31 (360번 도로)

### 하나 용암 동굴 앤드 카하누 가든

마우이에서 가장 큰 용암 동굴로 매일 10시 30분-16시에 셀프 투어가 가능하다. 40분가량 소요되며 입장료는 12$이다. 땅 밑으로 형성된 용암 동굴에 감탄이 쏟아질 것이다. 입장 시 동굴 내에서 이용할 수 있는 랜턴을 무료로 대여해준다. 카하누 가든도 인근에 있다. 태평양 제도의 식물 수집을 중점으로 하고 있으며 셀프 및 가이드 투어를 할 수 있다. 가든 내 거대한 신전이 함께 있다. 16세기에 이 지역을 통치한 피아 틸라(Pi'ilani)의 신전이다.

ADD 205 Ulaino Rd, Hana, HI 96713 | TEL 808-248-7308
SITE mauicave.com

## Wai'anapanapa State Park

마일 마커 #32 (360번 도로)

### 와이아나파나파 주립공원

마우이 서쪽 해안에 있는 '반짝거리는 물'이라는 이름의 공원이다. 블랙 샌드 비치를 비롯해 마우이에서 손꼽히는 바위 절벽, 기괴한 검은 용암 지대가 해안선과 함께 장엄한 풍경을 만들어낸다. 블로우 홀과 더불어 해안 산책로도 잘 정비되어 있다. 공원에는 캠핑장, 피크닉 테이블, 벤치, 샤워시설이 갖추어져 있다.

ADD Waianapanapa, Hana, HI 96713 | TEL 808-984-8109
SITE dlnr.hawaii.gov

## Hana Town

마일 마커 #34 (360번 도로)

### 하나 타운

마우이 동쪽 해안에 위치한 평화로운 마을로 하와이의 청정 미개척지 중 하나다. 마을이 작아 금세 돌아볼 수 있으며 하와이 전설에 자주 등장하는 '트라바사 하나' 호텔도 볼 수 있다. 하나 로드 완주를 기념하고 싶다면 하세가와 제너럴 스토어(Hasegawa General Store)에서 기념 티셔츠를 구입해보자. 하나 로드에서 유일한 마켓이며 하와이 내 제너럴 스토어 중 가장 오래된 곳으로 4대가 100년 넘게 운영하고 있다. 매장 건너편에는 하나 가스(Hana Gas)가 있어 주유도 가능하다. 하나마을을 지나면 고속도로 번호가 360번에서 31번으로 바뀌니 기억해두자.

하세가와 제너널 스토어 ADD 5165 Hana Hwy, Hana, HI 96713 | TEL 808-248-8231 | OPEN 7:00-19:00

## Hamoa Beach

마일 마커 #50 (31번 도로)

### 하모아 비치

하나 로드 유일의 호텔인 트라바사 하나 호텔(Travaasa Hotel Hana)에서 관리하는 곳으로 시설이 깨끗하고 모래가 고우며 물도 맑다. 많은 사람들이 놓치고 가는 비치 중 하나로 조용하게 휴식을 취하기 제격이다. 단 주차는 갓길에 해야 한다.

**ADD** Hamoa Beach, Hana, HI 96713 | **SITE** hamoabeach.org

## Pool at Ohe'o

### 오헤오 협곡

많은 이들이 사랑하는 하나 로드의 명소 중 하나. 폭포수가 층계 모양의 물웅덩이로 떨어져 바다로 흘러가는 곳이다. 고요한 천연 수영장을 둘러보거나 물놀이를 즐기기 위해 많은 이들이 찾는다.

**ADD** Pipiwai Trail, Hana, HI 96713 | **TEL** 808-248-7375
**SITE** nps.gov

## Kipahulu Visitor Center

마일 마커 #42 (360번 도로)

### 키파훌루 방문자센터

하나를 넘어 남쪽으로 16km 내려가면 할레아칼라의 엉덩이로 불리는 키파훌루 지역에 도착한다. 비포장도로 끝에 국립공원을 알리는 표지판이 있다. 할레아칼라에 다녀온 입장권을 제시하면 확인 후 주차할 수 있다(입장권은 3일간 유효). 방문자센터에서 입산 허용 상황을 확인하자. 방문자센터를 기준으로 위쪽은 대나무 숲과 와이모쿠 폭포를 다녀올 수 있는 피피와이 트레일, 아래쪽은 오헤오 협곡을 둘러볼 수 있는 쿨로아 포인트 트레일(Kuloa Point Trail)이 위치한다.

**ADD** Kipahulu Visitor Center, Hana, HI 96713 | **TEL** 808-248-7375 | **OPEN** 9:00-16:30 | **SITE** nps.gov

# Pipiwai Trail
## 피피와이 트레일

122m 높이의 와이모쿠 폭포(Waimoku Falls)와 1.6km 길이의 대나무 숲을 만날 수 있는 피피와이 트레일은 현지인을 비롯한 미 본토 관광객들에게 큰 사랑을 받는 코스다. 이색적인 분위기가 일품이지만 여행 일정이 짧다면 방문하기 어려울 수 있다.

입구에서 10분쯤 들어가면 마카히쿠 전망대(Makahiku Overlook)가 나온다. 잠시 경치를 둘러보며 올라가자. 눈앞에 펼쳐진 울창한 숲과 탁 트인 하늘에 가슴까지 시원해진다.

이후 작은 철문이 나오는데 입산 통제 시 닫아두는 문이니 당황하지 말자. 이 문을 지나면 반얀트리 한 그루뿐이지만 어디에서도 쉽게 볼 수 없는 모양이라 다들 사진 찍기 바쁘다. 조금 더 올라가 짧은 다리를 건너면 대나무 숲길에 다다른다. 하늘을 향해 시원하게 뻗은 대나무도, 바람결에 흔들리며 부딪치는 댓잎 소리도 일품이다. 대나무가 울창한 곳에는 나무 데크가 있어 통행이 편하다.

**ADD** Pipiwai Trail, Hana, HI 96713 | **SITE** pipiwaitrail.com

# SPECIAL 로드 투 하나 제대로 즐기기

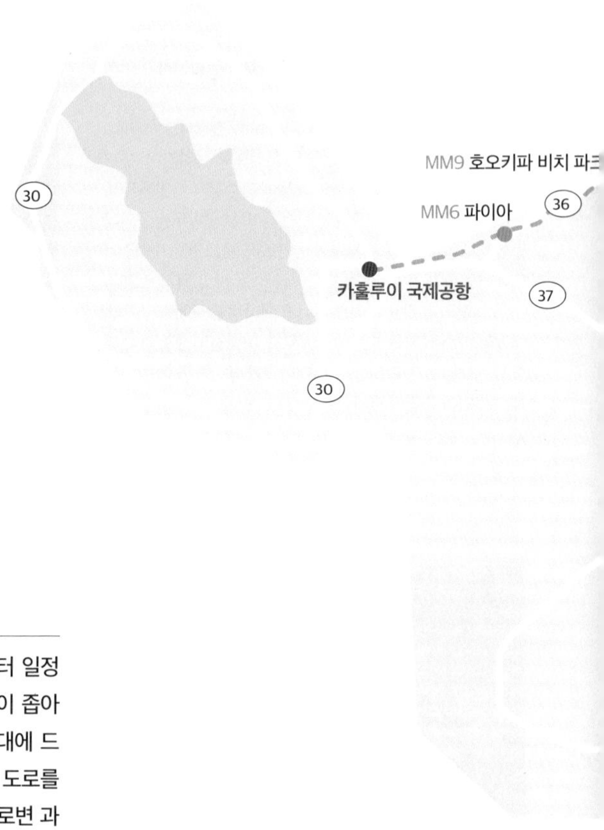


### 로드 투 하나 드라이브 시 주의사항

하나 로드에는 볼거리가 많아 아침 일찍부터 일정을 시작하는 것이 좋다. 커브 길이 많고 길이 좁아 어두워지면 운전이 힘들기 때문에 낮 시간대에 드라이브를 즐기고 가급적 어두워지기 전에 도로를 벗어나자. 하나 로드에는 푸드 트럭이나 도로변 과일 상점이 전부이기 때문에 도시락이나 간식거리를 준비하고 현금도 미리 준비해두는 것이 좋다.

### 특별한 로드 투 하나 즐기기

대부분 여행자들은 하나 타운과 하모아 비치까지만 드라이브를 즐긴다. 하지만 하나 베이 비치 파크를 지나 조금만 더 들어가면 '할레아칼라의 엉덩이'라 불리는 키파훌루, 오헤오 협곡 등 숨은 명소가 많다. 특별한 일몰을 보고 싶다면 할레아칼라 뒤쪽으로 가보자. 단, 이 구간 중 일부는 사고 시 렌터카 보험이 적용되지 않는다.

### OH! MY TIP

**렌터카 보험 미적용 구간**

하나로드를 주행하다보면 렌터카 회사들이 보험 미적용 구간으로 설정한 도로가 나온다. 파이아-하나 마을까지 돌아본 후 다시 되돌아 오는 코스라면 문제가 없지만, 키파훌루 비지터 센터를 지나는 백 로드 투 하나 코스에 진입한다면 이 보험 미적용 구간을 통과해야한다. 이 구간은 대부분 차량 한 대만 지나갈 수 있는 1차선 도로이다. 그 중 마일마커 38-39구간을 특히 주의해야한다. 또한 칼레파브릿지(Kalepa Bridge)를 지나면 하나 하이웨이(Hana Hwy 360번 도로)는 피일라니 하이웨이(Piilani Hwy, 31번 도로)로 변경된다.

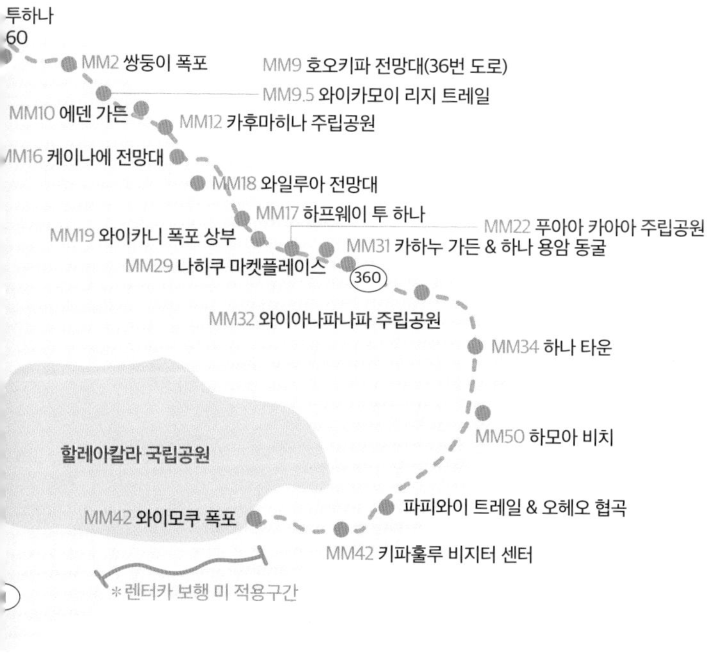


### 준비품

물, 간식, 하이킹 신발, 카메라, 선크림, 수영복, 모기 기피제, 우비, 외투(밤에는 기온이 떨어짐), 멀미약.

### OH! MY TIP

**잠깐의 휴식! 니하쿠 마켓 플레이스**

마일 마커 #29에 있는 니하쿠 마켓 플레이스(Nahiku Market Place)에는 2-3군데의 음식점과 커피, 기념품점이 있다. 데이블이 있어 식사를 즐길 수도 있어 잠시 쉬어가기 좋다.

**ADD** 800 Hana Hwy, Hana, HI 96713 | **TEL** 808-248-8848

# CHECK IN MAUI

**마우이 숙소 정하기**

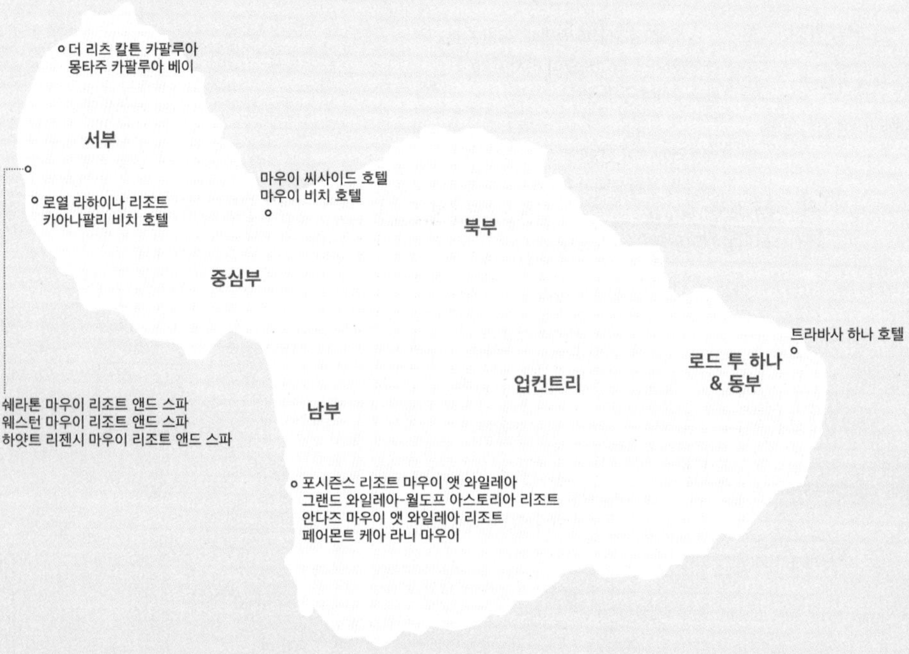


하와이 여행의 꽃은 바로 호텔이다. 해변을 따라 늘어선 세계 유명 호텔 체인들을 보면 하와이의 명성을 짐작할 수 있다. 어디서 묵어야 할지, 어디가 더 좋은 호텔인지 고민이라면 고급 호텔에서부터 가성비 최고의 대중 호텔까지 다양한 옵션을 꼼꼼히 살펴보고 결정하자.

## Four Seasons Resort Maui at Wailea

### 포시즌스 리조트 마우이 앳 와일레아 5성급

와일레아에 위치한 럭셔리 호텔이다. 와일레아 비치와 마주하고 있으며 객실은 라나이를 갖추고 있다. 유럽식의 고풍스러운 호텔로 'U'자 형태의 구조로 설계되어 있어 태평양 바다와 할레아칼라의 경치를 모두 담을 수 있다. 전 세계 70여 개의 포시즌 호텔 중에서도 마우이 섬 포시즌은 여행자들이 꿈꾸는 최고의 호텔로 꼽힌다. 울창한 열대 정원과 황금빛 비치가 조화를 이루며 특히, 일몰은 우아한 분위기를 자랑한다. 평화롭기 그지없는 야외 수영장에서 휴식을 취해보자. 깨끗한 대자연, 아름다운 풍경은 기본, 흠잡을 데 없는 고객 서비스가 기분 좋은 휴식을 선사한다.

**ADD** 3900 Wailea Alanui Dr, Wailea, HI 96753 | **TEL** 808-874-8000 | **PRICE** 객실 739$- 리조트 수수료 없음
**SITE** fourseasons.com/maui

## The Ritz-Carlton, Kapalua
### 더 리츠 칼튼 카팔루아

5성급

카팔루아에 위치한 최고급 호텔로 마우이의 청명한 자연과 조용한 분위기에서 낭만과 휴식을 취할 수 있는 곳이다. 배우 김승우와 김남주의 허니문 장소로도 유명하며 18홀 골프 코스를 갖추고 있다(매년 PGA 메르세데스-벤츠 챔피언십이 개최된다). 유럽식 호텔 같은 분위기, 3단 계단식 풀이 유명하며 로비의 다양한 예술품 덕분에 미술관에 온 느낌을 받을 수 있다. 호텔 앞 부지는 'Honokahua Burial Site'이다. 원주민들에게 문화적으로 중요한 곳으로 일반인에게 출입이 금지되어 있다. 고대 하와이안 묘지인데, 천 년 이상 전 매장 된 900여 개의 해골이 발견되었다. 호텔 공사 시 발견되었고 리츠 칼튼은 이 구역을 보호하기 위해 자발적으로 호텔 위치를 뒤쪽으로 배치했다. 2017년 호텔 리노베이션을 마쳤다.

**ADD** 1 Ritz Carlton Dr, Kapalua, HI 96761 | **TEL** 808-669-6200 | **PRICE** 객실 484$-, 리조트 수수료 35$-, 발렛 30$
**SITE** ritzcarlton.com/en/hotels/kapalua-maui

## Grand Wailea - A Waldorf Astoria Resort

### 그랜드 와일레아 - 월도프 아스토리아 리조트

5성급

마우이를 대표하는 최고급 호텔로 야자수가 늘어선 메인 풀을 비롯해 수영장만 9곳이나 된다. 수영장마다 콘셉트가 서로 다른데 특히 아이를 동반한 가족이 마음 놓고 즐길 수 있을 만큼 안전하고 다양한 시설을 구비하고 있다. 테니스 클럽은 물론 거품 욕조의 스파 시설까지 갖추고 있어 호텔 내에서만 시간을 보내도 하루가 부족할 정도다. 모던한 객실 인테리어를 비롯해 로비에는 각종 미술품들이 전시되어 있어 갤러리를 연상케 한다. 호텔 정원 어디서든 인생 사진을 찍을 수 있지만 커플이라면 호텔 내 채플에서 사진을 꼭 찍어보자

ADD 3850 Wailea Alanui Dr, Wailea, Maui, HI 96753
TEL 800-925-3673 | SITE waldorfastoria3.hilton.com
PRICE 534$~, 리조트피 30$, 발렛 30$

## Andaz Maui At Wailea

### 안다즈 마우이 앳 와일레아 리조트 5성급

아름다운 계단식 인피니티 풀로 유명한 곳으로 시설, 서비스 등 무엇 하나 빼놓을 수 없이 훌륭하다. 로비 및 객실은 모던한 인테리어로 꾸며져 있으며 로비로 향하는 길은 천국으로 가는 길을 형상화했다. 수심이 얕고 넓은 1층 수영장과 피트니스 센터는 물론 요가 클래스 등 다양한 프로그램도 준비되어 있다. 전 객실 미니바가 무료라는 사실도 기억해두자.

ADD 3550 Wailea Alanui Dr, Wailea, Maui, HI 96753
TEL 808-573-1234 | SITE maui.andaz.hyatt.com
PRICE 450$~, 리조트피 40$, 발렛 30$

## Montage Kapalua Bay

### 몽타주 카팔루아 베이 5성급

카팔루아 비치 앞을 화려하게 수놓는 호텔로 미국 내 초특급 럭셔리 리조트 Top 5 안에 꼽힌다. 미국 시사매체 'US뉴스 앤드 월드리포트(US News and World Report)' 평가 '2019 미국 최고 호텔(Best USA Hotels)' 10위 내 선정된 바 있다. 50여 개의 객실은 모두 주방 및 세탁기, 건조기 등을 갖춘 콘도 스타일로 심플한 인테리어에 최상의 안락함과 편안함을 제공한다.

ADD 1 Bay Dr, Lahaina, HI 96761 | TEL 808-662-6600
SITE www.montagehotels.com/kapaluabay
PRICE 1,225$~

## Travaasa Hana Hotel
### 트라바사 하나 호텔
5성급

몸과 마음의 온전한 휴식을 취하고 싶을 때 제격인 숙소다. 인터넷이 없어 오로지 아름다운 자연을 즐기며 쉬기에 더할 나위 없이 좋다. 하나 마을에 위치한 유일한 호텔로 힐러리 등 사생활 보호가 필요한 셀럽들이 즐겨 찾는 곳이기도 하다. 숙박만 할 수도 있지만 식사 및 액티비티, 1일 1회 스파 등이 포함된 패키지도 운영한다.

ADD 5031 Hana Hwy, Hana, HI 96713 | TEL 808-359-2401
SITE travaasa.com/hana/ | PRICE 700$~, 리조트피 없음

## Fairmont Kea Lani, Maui
### 페어몬트 케아 라니 마우이
5성급

모든 객실이 스위트룸으로 이루어진 호텔로 와일레아에 위치해 있다. 룸은 넉넉한 크기에 공간 분리가 효율적으로 이루어져 있으며 라나이도 갖춰져 있다. 웅장한 로비, 잘 정비된 정원과 산책로는 물론 3곳의 수영장과 어린이 전용 놀이공간까지 마련돼 있다. 한국인들에게는 다소 낯선 곳이지만 해외 셀러브리티에게는 특히 사랑받는 곳이다.

ADD 4100 Wailea Alanui Dr, Wailea, Maui, HI 96753
TEL 808-875-4100 | SITE www.fairmont.com/kea-lani-maui/ | PRICE 819$~, 리조트피 38$, 발렛 30$

# 대중 호텔

## Royal Lahaina Resort
### 로열 라하이나 리조트

2성급

라하이나에서 가장 먼저 생긴 호텔로 최신식 시설은 아니지만 조용하게 하룻밤 머물기에 제격이다. 다양한 타입의 객실을 갖추고 있으며 정원 속 산책로와 호텔 앞 비치도 잘 갖춰져 있다. 우리나라 여행자들에게는 많이 알려지지 않았지만 마우이 인기 호텔 중 하나다.

**ADD** 2780 Kekaa Dr, Lahaina, HI 96761 | **TEL** 808-661-3611 | **SITE** www.royallahaina.com | **PRICE** 195$ ~, 리조트피 없음, 셀프 주차 10$, 발렛 15$

## Kaanapali Beach Hotel
### 카아나팔리 비치 호텔

3성급

라하이나에 위치한 곳으로 호텔 바로 앞에 카아나팔리 비치가 있는 것이 가장 큰 장점이다. 로비부터 객실까지 하와이 스타일로 꾸며져 화려하진 않지만 편안하고 낭만적인 하룻밤을 즐기기에 부족함이 없다. 식사 및 시설, 서비스 등에서 좋은 평가를 받는 곳으로 커플 및 가족 여행객이 많이 찾는다.

**ADD** 2525 Kaanapali Pkwy, Lahaina, HI 96761 | **TEL** 808-661-0011 | **SITE** www.kbhmaui.com | **PRICE** 188$~, 리조트피 없음, 셀프 주차 12$, 발렛 14$

## Maui Seaside Hotel
### 마우이 씨사이드 호텔

2성급

카훌루이 국제공항과 가까운 곳으로 할레아칼라, 이아오밸리 등 마우이 곳곳으로 이동할 때 접근성이 좋다. 객실이 깔끔하고 아늑하며 수영장도 갖추고 있어 요금 대비 시설이 좋은 편이다. 호텔 앞에 월마트와 코스트코도 있다.

**ADD** 100 W Kaahumanu Ave, Kahului, HI 96732
**TEL** 808-877-3311 | **SITE** www.mauiseasidehotel.com
**PRICE** 154$~, 리조트피 없음, 셀프 주차 5$

## Maui Beach Hotel
### 마우이 비치 호텔

2성급

카훌루이 공항과 크루즈가 정박하는 항구와 가깝다. 수영장, 피트니스 룸 외 특별한 부대시설은 없지만, 하룻밤 잠잘 수 있는 알뜰한 호텔을 찾는다면 안성맞춤이다.

**ADD** 170 W Kaahumanu Ave, Kahului, HI 96732
**TEL** 808-877-0051 | **SITE** www.mauibeachhotel.net
**PRICE** 93$, ~15$, 셀프 주차 5$

# 가족 호텔

## Sheraton Maui Resort & Spa
### 쉐라톤 마우이 리조트 앤드 스파 4성급

카아나팔리 비치에 위치한 호텔로 수영장과 넓은 정원이 유명하다. 블랙록 바로 앞에 있어 매일 저녁 블랙록 세레모니도 함께 즐길 수 있다. 호텔 내에서 루아우 쇼(유료)도 펼쳐진다. 웨일러스 빌리지(Whalers Village)가 바로 옆에 위치해 식사와 쇼핑을 즐기기 편리하다. 커플은 물론 가족 단위 여행객에게 인기 만점이다.

ADD 2605 Kaanapali Pkwy, Lahaina, HI 96761
TEL 808-661-0031 | SITE www.sheraton-maui.com
PRICE 322$~, 리조트피 26$, 셀프 주차 22$, 발렛 30$

## The Westin Maui Resort & Spa
### 웨스틴 마우이 리조트 앤드 스파 4성급

카아나팔리 비치 가장 중앙에 위치한 곳으로 비치 컨디션, 부대시설, 주변 환경까지 훌륭한 인기 숙소다. 현대적이면서도 따뜻한 분위기의 객실, 워터 슬라이드가 갖춰진 넓은 수영장과 성인 전용 수영장, 아이들을 위한 키즈 클럽이 잘 갖춰져 있다. 가족 여행객이 많이 찾지만 알뜰한 신혼여행자들에게도 인기다.

ADD 2365 Kaanapali Pkwy, Lahaina, HI 96761 | TEL 808-667-2525 | SITE www.westinmaui.com | PRICE 333$~, 리조트피 30$, 발렛 25$

## Hyatt Regency Maui Resort & Spa
### 하얏트 리젠시 마우이 리조트 앤드 스파 4성급

자연 친화적인 호텔로 3개의 건물로 구성되어 있다. 24시간 수영장 이용이 가능하며 호텔 1층에는 메이시스(Macy's)를 비롯해 여러 쇼핑 시설이 있어 무척 편리하다. 호텔 내에서 루아우 쇼(유료)도 진행된다.

ADD 200 Nohea Kai Dr, Lahaina, HI 96761 | TEL 808-661-1234 | SITE maui.regency.hyatt.com | PRICE 361$~, 리조트피 32$, 셀프 주차 20$, 발렛 30$

# DRIVE COURSE

## Hertz가 추천하는 드라이브 코스

### Road to Haleakala
### 로드 투 할레아칼라(378번 도로)

마우이에서의 바쁜 일정 속에서도 쉽게 도전해볼 수 있는 코스로, 마우이 최고 명소 중 하나다. 곡선길이 많으며, 음식점과 주유소가 없기 때문에 주유와 간식을 미리 준비해야 한다. 칼라하쿠 전망대(Kalahaku Overlook)에서는 웨스트 마우이와 쿨라 마을, 할레아칼라 분화구를 내려다볼 수 있다.

## Road to HANA
## 로드 투 하나(36번 & 360번 도로)

마우이 섬 북동부에 위치한 해안도로다. 길이만 100km, 600개의 커브 길을 지나는 59개의 다리가 있는데 그중 46개는 원 레인 브릿지(One Lane Bridge; 1차선으로 차량 1대만 지날 수 있다)다. 스릴 만점 도로에서 드라이브의 묘미를 만끽할 수 있을 것이다.

**총 길이 103.6km | 구간 36번 도로 Kahului - Haiku/Pauwela, 360번 도로 Haiku/Pauwela-Kalepa Gulch**

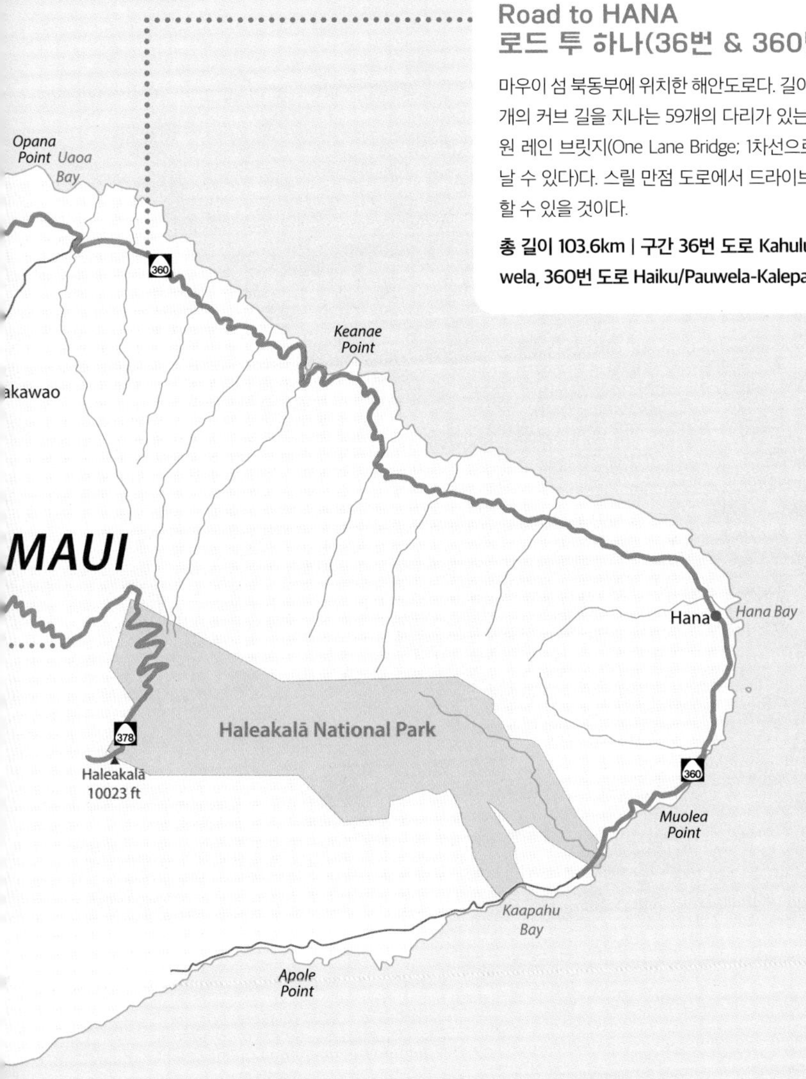

카아나팔리 비치

PART 3. LANAI

# 라나이

# FROM OAHU·MAUI TO LANAI

오아후·마우이에서
라나이로 이동하기

국내에서 항공권 예약 시, 다구간 설정 후 인천-호놀룰루 국제공항, 호놀룰루 국제공항-라나이 공항을 선택하면 된다. 국적기인 대한항공, 아시아나 항공, 진에어의 경우 별도로 주내선 예약을 해야 한다. 하와이안항공의 경우 항공권 발권 전 티켓을 예매한 여행사 혹은 대행사를 통하면 할인된 요금에 예약 가능하다. 하와이안항공에서 할인을 받을 수 있는 다양한 이벤트를 진행하니 이를 활용하는 것도 좋다.

마우이-라나이 구간 페리
FARE 편도 성인 30$, 아동 20$ | SITE 예약처 go-lanai.com

하와이안항공
SITE www.hawaiianair-lines.co.kr

## Lanai Airport
### 라나이 공항

항공편이나 페리를 이용해야 한다. 호놀룰루 국제공항에서 라나이 공항(Lanai Airport)으로 하와이안항공이 매일 5회 운항하며 비행 시간은 30여 분이다. 마우이 섬에서도 라나이로 들어갈 수 있는 데 카훌루이 공항에서 항공편을 이용하거나 라나이 섬을 오가는 페리를 이용하면 된다. 라하이나 항구에서 라나이 마날레 베이 하버까지 매일 5회 왕복 운행 중이며 편도 40분 가량 소요된다.

라나이 공항 약도

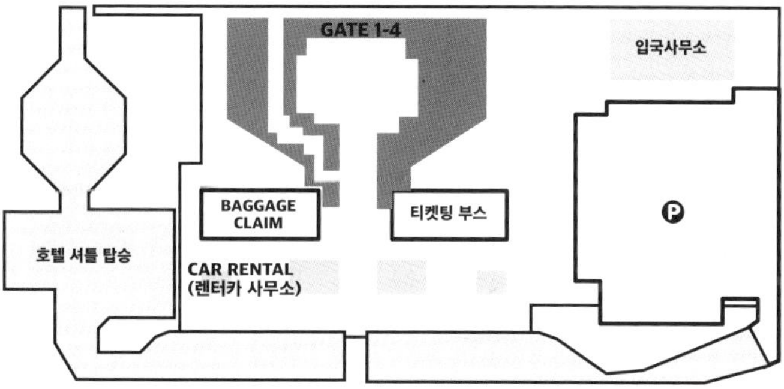

# 라나이에서 이동하기

## Rent A Car

### 렌터카

라나이의 이동 수단은 렌터카가 유일하다. 잘 정비된 아스팔트 길보다 비포장도로가 더 많기 때문에 4륜구동 차량을 렌트하는 것이 좋다. 라나이 시티에 딱 한 곳, 달러 렌터카(Dollar Rent a Car)와 주유소가 있다. 라나이 여행을 계획 중이라면 반드시 예약하자.

**달러 렌터카** ADD 1036 Lanai Ave, Lanai City, HI 96763 | TEL 808-565-7227 | OPEN 7:00-19:00
SITE dollar.com

SPECIAL

# 라나이에서 즐기는 액티비티

## Manele Golf Course

### 마넬레 골프 코스

골프의 전설 잭 니콜라우스가 극적인 자연환경을 바탕으로 설계한 곳. 코스마다 근사한 태평양 뷰가 펼쳐진다. 빌 게이츠가 결혼식을 올린 해안 절벽 위의 골프 코스가 바로 챌린지 앳 마날레이다.

**ADD** 1 Challenge Dr, Lanai City, HI 96763 | **TEL** 808-565-4000 | **OPEN** 7:30-18:00 | **SITE** www.fourseasons.com/

## Lana'i Ocean Sports

### 라나이 오션 스포츠

라나이 섬 마날레 베이 하버 앞에서 스노클링을 하는 투어, 밴을 타고 진행하는 라나이 시티 투어 등의 프로그램을 진행한다. 겨울이면 고래 관찰 투어도 운영한다.

**ADD** 1 Manele Harbor Dr, Lanai City, Lanai, HI 96761
**TEL** 808-874-5649

## UTV

### UTV

숙련된 가이드가 운행하는 UTV를 타고 거친 오프로드를 달려보자. 마우이와 몰로카이를 내려다보는 아름다운 전망은 물론 활발했던 파인애플 산업의 흔적과 라나이 식물 등에 대한 설명을 들을 수 있다. 오프로드 지나기 때문에 흰색 의상은 피하는 것이 좋다. 투어에 필요한 복장 및 장비도 마련되어 있다.

**ADD** 658 Front Street, Suite 127 Lahaina, HI 96761
**TEL** 800-695-2624(무료) | **SITE** go-lanai.com

## Horseback Riding

### 승마

말을 타고 라나이 자연을 천천히 누비며 그 아름다움을 즐겨 보자. 고지대 등산로와 계곡 등에서 야생동물을 만나는 뜻밖의 즐거움도 만끽할 수 있다. 5대째 대를 이어 목장을 경영해온 목장 주인의 노하우로 초보자도 문제없이 탈 수 있다. 1시간 30분-2시간 가량 소요된다.

**ADD** The Stables at Koele 1, Keomoku Highway, Lanai City, HI 96763 | **TEL** 808-565-4000

# LANAI MAP 라나이 전도

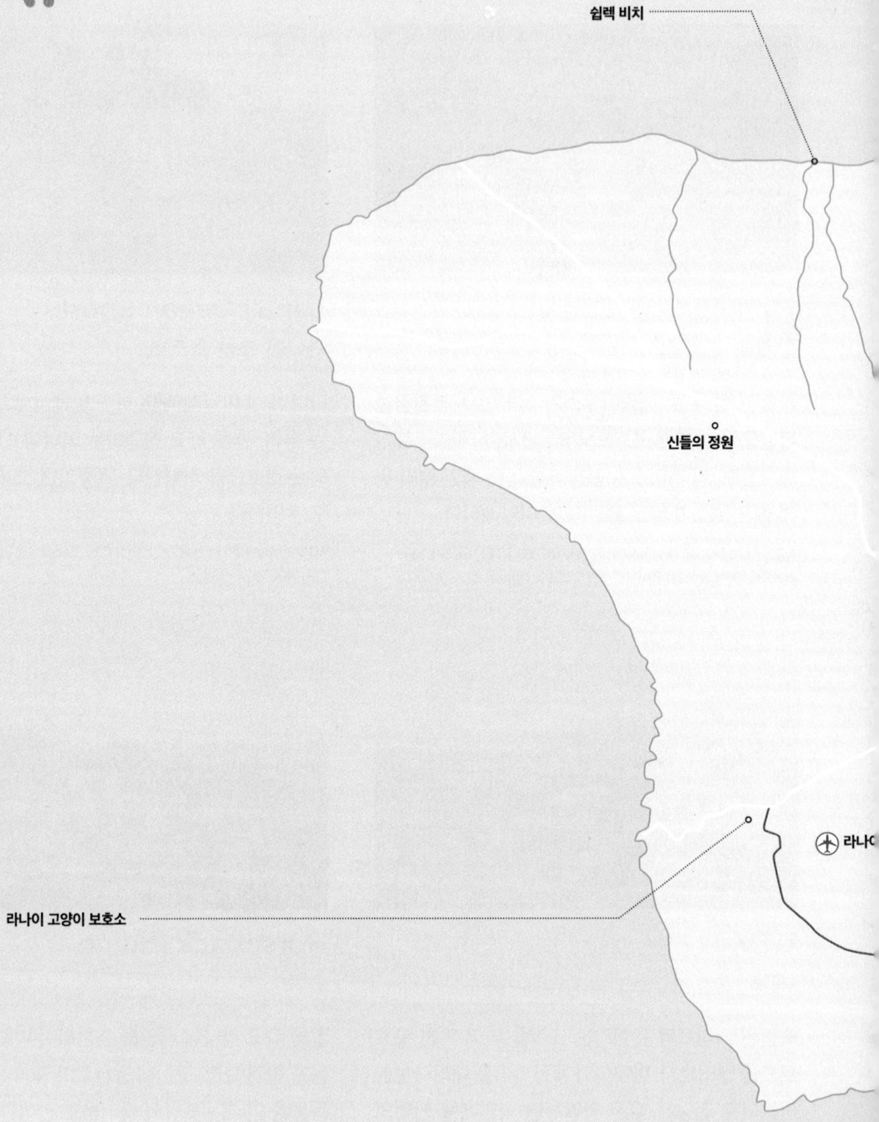

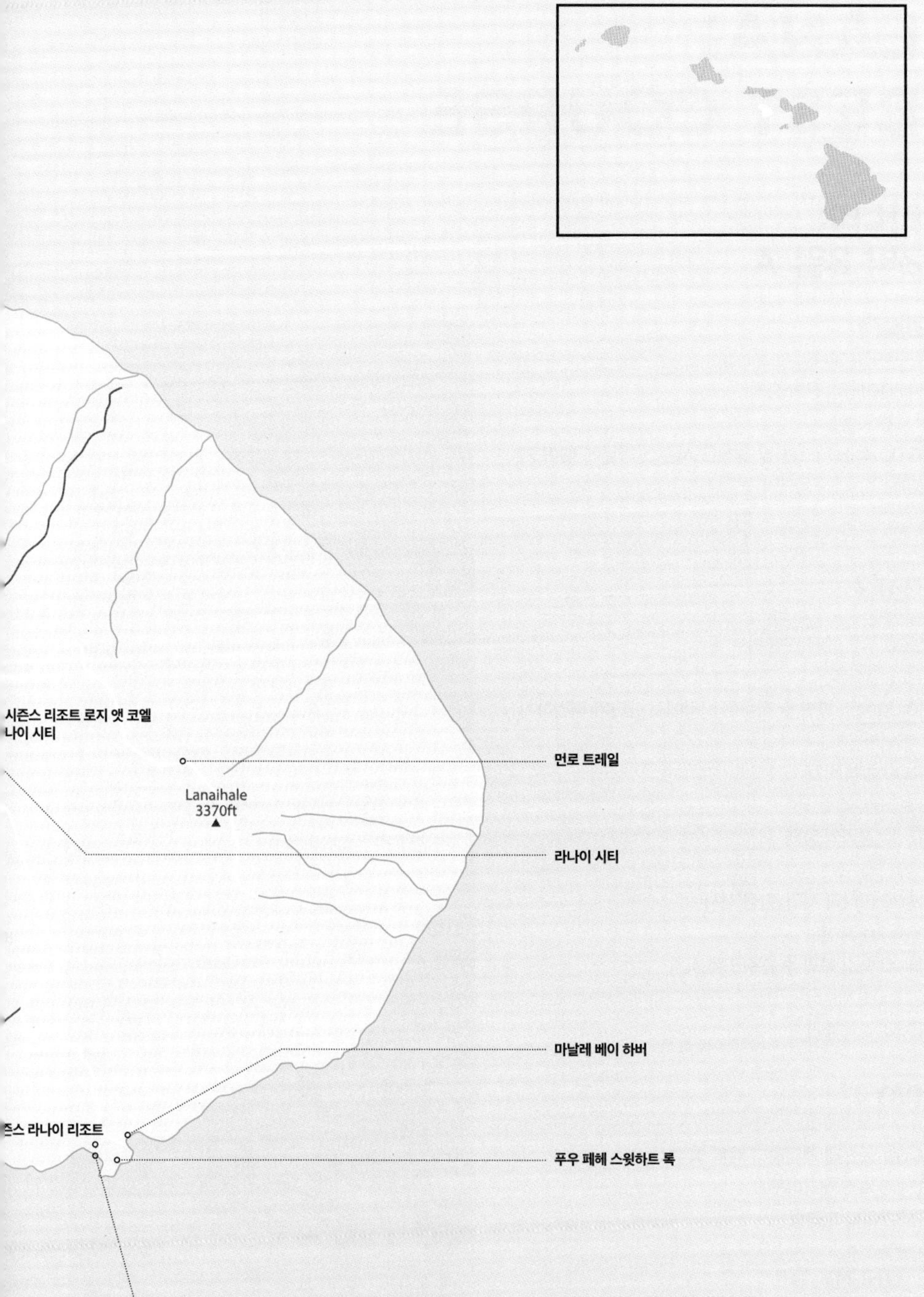

시즌스 리조트 로지 앳 코엘
나이 시티
먼로 트레일
Lanaihale
3370ft
라나이 시티
마날레 베이 하버
즌스 라나이 리조트
푸우 페헤 스윗하트 록
훌로포에 비치

# LANAI BEST COURSE

일정별
추천 코스

## 라나이 2박 3일 A

### DAY 1

14:30 라나이 공항 도착
↓셔틀 20분
15:00 숙소 체크인 및 휴식(포시즌스 마날레 베이 기준)

### DAY 2

9:00 푸우 페헤 스윗 하트 록
↓도보 10-15분
10:00 숙소 복귀 후 라나이 시티에서 렌터카 픽업하기
↓렌터카 50분
11:00 쉽렉 비치
↓렌터카 40분
12:00 신들의 정원
↓렌터카 20분
13:00 라나이 시티, 점심 식사
↓렌터카 20분
15:00 숙소 복귀 후 홀로포에 비치
↓렌터카 2분, 도보 5분
17:30 숙소 복귀

### DAY 3

6:00 숙소 내 액티비티 체험 및 휴식
12:00 숙소 체크아웃
12:30 라나이 공항

#### OH! MY TIP

포시즌스 리조트 라나이-라나이 공항 · 마날레 베이,
라나이 시티 간 픽업 및 드랍 셔틀 서비스 무료 제공

홀로포에 비치

# 라나이
# 2박 3일 B

## DAY 1

14:30 라나이 공항 도착
↓셔틀 20분
15:00 숙소 체크인(포시즌스 마날레 베이 기준) 및 휴식
↓도보 10-15분
17:30 푸우 페헤 스윗하트 록
↓도보 10-15분
18:30 숙소 복귀

## DAY 2

9:00 라나이 시티에서 렌터카 픽업하기
↓렌터카 40분
10:00 쉽렉 비치
↓렌터카 22분
10:50 신들의 정원
↓렌터카 20분
11:20 라나이 시티, 점심 식사
↓렌터카 10분
12:40 라나이 고양이 보호소
↓렌터카 21분
14:00 렌터카 반납 후 호텔 복귀
↓셔틀 20분
14:30 호텔 휴식 및 산책, 액티비티 체험

## DAY 3

9:00 숙소 내 휴식
12:00 숙소 체크아웃
12:30 라나이 공항

### OH! MY TIP

라나이 여행은 특별한 스폿 방문보다는 호텔 휴식 및 액티비티·프로그램 체험이 일정의 대부분이다. 포시즌스 라나이는 요일 및 시간마다 다양한 프로그램을 운영하니 일정표를 잘 확인하자.

푸우 페헤 스윗 하트 록

# LANAI

라나이

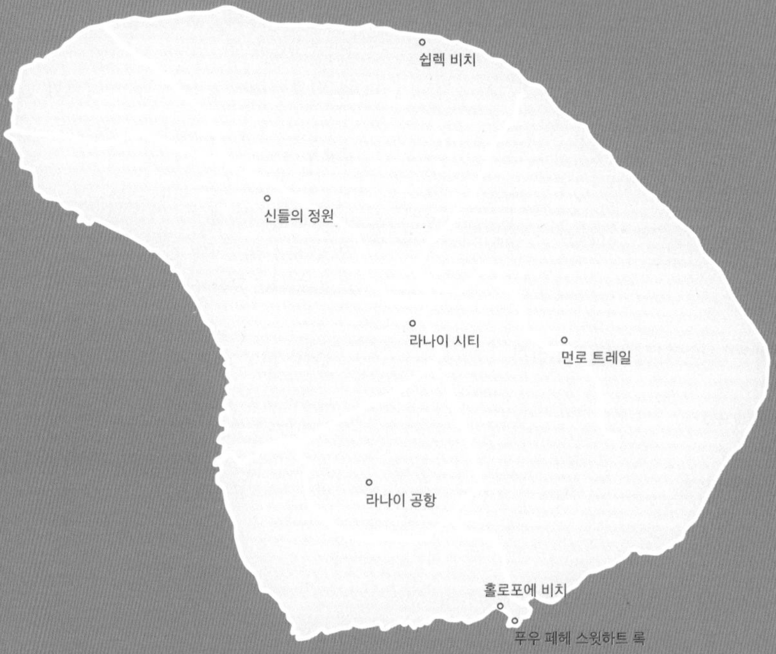


고요함 속에서 특별한 모험을 즐길 수 있는 라나이. 하와이 섬 중 가장 작지만 가장 완벽한 휴식이 가능한 곳이다. 눈부신 자연 속에서 궁극의 휴식을 만끽해보자.

## Hulopoe Beach

라나이에서 가장 대중화된 해변

### 홀로포에 비치

포시즌스 라나이 리조트 바로 앞에 위치한 곳으로 스노클링 명소로 알려져 있다. USA 투데이에서 하와이 최고의 해변 1위로 선정한 바 있으며 스노클링을 비롯해 스쿠버다이빙 등을 할 수 있다. 파도가 있을 때는 부기보드를 타기에도 좋고, 스피너 돌고래(Spinner Dolphins)도 종종 볼 수 있다. 타이드 풀(Tide Pools)에서는 해삼 같은 해양생물을 관찰할 수 있어서 아이들과 함께 방문하기 좋다. 피크닉 테이블을 비롯해 편의시설도 잘 구비되어 있다.

**ADD** HI-440, Lanai City, HI 96763

## Shipwreck Beach

제2차 세계대전의 흔적

### 쉽렉 비치

북동쪽에 위치한 13km 길이의 해변이다. 이곳에서는 모래사장과 가까운 바다에 덩그러니 떠 있는 배 한 척을 볼 수 있다. 제2차 세계대전 때 난파된 수송선으로 산호초에 걸려 난파된 채 시간이 흘러 오늘에 이르렀다. 라나이 시티에서 북쪽으로 30분 거리에 있다. 인적이 드물지만 날카로운 산호초가 많아 수영하기에 좋은 편은 아니다. 가는 길에 돌탑이 쌓여 있는 것을 볼 수 있는데 여행을 온 하와이안들이 행운을 빌며 쌓은 것이라고 한다.

ADD Kaiolohia Bay, Lanai City, Lanai, HI 96763

## Manele Bay Harbor

### 마날레 베이 하버

해안 절벽이 항구를 감싸고 있어 요트와 보트가 안전하게 정박할 수 있다. 산호초 덕분에 물고기가 많아 스노클링을 즐기기 좋지만 배에서만 접근이 가능하다. 마우이-라나이 페리를 이용할 경우 이곳으로 도착한다.

ADD Lanai City, HI 96763 | TEL 808-559-0723 | SITE maneleharbor.com

## Pu'u Pehe Sweetheart Rock

슬픈 연인의 사랑

### 푸우 페헤 스윗하트 록

바다 앞에 우뚝 선 바위 모양이 하트와 비슷해 이와 같은 이름이 붙은 곳으로, 근사한 일출 포인트로 꼽힌다. 이 바위에는 라나이를 지키던 전사와 마우이 출신 여인의 슬픈 러브 스토리가 전해진다. 라하이나 페헤공주를 아내로 맞은 라나이 전사가 공주의 아름다움을 다른 남자들이 보지 못하게 하려고 그녀를 바위 섬 근처 바다 동굴에 숨겼는데, 전사가 외출한 어느 날 폭풍으로 동굴에 물이 차서 공주가 죽게 된다. 상심에 빠진 전사는 신의 도움으로 공주의 시신을 찾아 바위섬에 묻은 후, 자신은 절벽에서 뛰어 내려 목숨을 끊었다는 이야기다.

ADD Manele Rd, Lanai City HI 96763

## Garden of the Gods

신비로운 달나라

### 신들의 정원

울퉁불퉁 비포장도로의 끝에 있는 암석 지대다. 달나라에 온 것 같은 착각을 불러일으키는 신비로운 지형을 만날 수 있다. 화산석은 구름과 태양에 따라 붉은색, 황금색, 갈색, 분홍색, 주황색 등 다양한 빛을 발한다. 전해오는 이야기에 따르면 신들이 하늘에서 돌과 바위를 떨어뜨려 정원을 가꾸고 바람으로 조각품을 만들어 '신들의 정원'이라는 이름이 생겼다고 한다.

ADD 8 Miles North Of Hwy 440, Lanai City, HI 96763

## Lanai City

파인애플 산업의 메카

### 라나이 시티

1900년대 초 라나이의 파인애플 산업을 주도한 곳이다. 라나이 중앙의 고원(해발 512m)에 위치해 있어 포시즌스 마날레 리조트 자리보다 더 시원하다(해변과 비교하면 다소 서늘하게 느껴진다). 숍, 카페 및 음식점 몇 곳이 모여 있으며 갤러리와 아트센터에서 라나이 예술가들의 작품도 감상할 수 있다. 도심의 돌 파크(Dole Park)는 현지인들이 즐겨 찾는 피크닉 장소다. 가벼운 산책 삼아 30분 정도면 충분히 둘러볼 수 있다.

**돌 파크** ADD Lanai Ave, Lanai City, HI 96763

## Munro Trail

꾸밈없는 경치에 반하다

### 먼로 트레일

1890년 라나이에 도착한 뉴질랜드 자연주의자 조지 먼로(George Munro)의 이름을 딴 트레일이다. 20km의 비포장길을 걸으며 먼로가 가져온 쿡파인트리 사이로 멋진 경관을 감상할 수 있다. 라나이의 중심을 이루는 산맥과 골짜기, 아름다운 식물, 이웃섬을 파노라마 뷰로 볼 수 있다. 도보, 렌터카로 모두 이동이 가능하다. 코스 4km 지점에 위치한 전망대에서는 마우이, 몰로카이, 빅 아일랜드 등 이웃섬도 감상할 수 있다.

ADD Palawai Rd, Lanai City, Lanai, HI 96763 | TEL 888-403-1475

## Lanai Cat Sanctuary

유기묘의 천국

### 라나이 고양이 보호소

유기묘의 구조부터 보호, 입양까지 관할하고 있는 단체다. 400여 마리의 고양이들이 편하게 생활할 수 있도록 자연 속에 보호벽을 만들어놓았다. 비영리 단체로 자원봉사자의 도움으로 운영되고 있다.

ADD 1 Kaupili Road, Lanai City, Lanai, HI 96763
TEL 808-215-9066 | SITE lanaicatsanctuary.org

# RESTAURANT & CAFE

레스토랑 & 카페

## Nobu
**노부**

하와이에는 두 곳의 노부 식당이 있다. 한 곳은 오아후에 있고, 나머지 한 곳은 라나이에 있다. 세계적으로 유명한 식당인 만큼 음식의 맛, 플레이팅, 서비스, 분위기까지 어느 것 하나 빠지지 않는다. 포시즌스 리조트 마날레 베이 수영장에서도 노부 식당의 음식 가운데 몇 가지를 맛볼 수 있다.

ADD 1 Manele Rd, Lanai City, HI 96763 | TEL 808-565-2832 | OPEN 18:00-21:30 | SITE noburestaurants.com/lanai

## One Forty
**원 포티**

포시즌스 리조트 마날레 베이에 있는 레스토랑으로 멋진 뷰와 맛있는 식사, 친절한 서비스를 만끽할 수 있다. 디너는 물론 조식도 훌륭하다. 식사하며 바라보는 태평양의 모습이 로맨틱한 분위기를 한층 더 올려준다. '원 포티'는 스테이크가 가장 먹기 좋게 익는 온도인 140도를 뜻한다.

ADD 1 Manele Bay Rd, Lanai City, HI 96763 | TEL 808-565-2000 | OPEN 6:30-21:30

## Blue Ginger Café
**블루 진저 카페**

1991년 이후 동네 사랑방 같은 역할을 하는 곳. 조식과 런치만 제공하는 음식점이다. 피자, 햄버거 등 대중적인 메뉴를 선보인다. 요일마다 영업시간이 다르니 잘 확인하자.

ADD 409 7th St, Lanai City, HI 96763 | TEL 808-565-6363 | OPEN 월·목·금 6:00-20:00, 화·수 6:00-14:00, 토·일 6:30-20:00

# CHECK IN LANAI

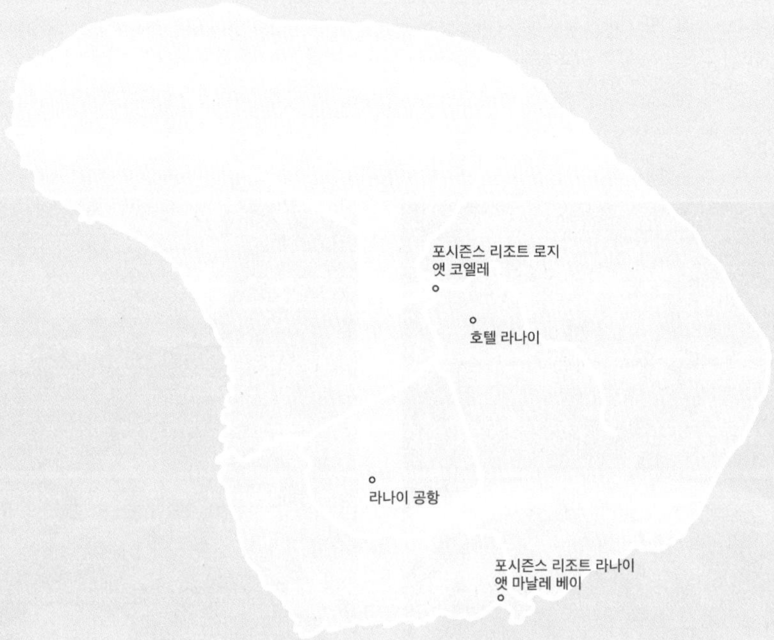


하와이 여행의 꽃은 바로 호텔이다. 해변을 따라 늘어선 세계 유명 호텔 체인들을 보면 하와이의 명성을 짐작할 수 있다. 어디서 묵어야 할지, 어디가 더 좋은 호텔인지 고민이라면 고급 호텔에서부터 가성비 최고의 대중 호텔까지 다양한 옵션을 꼼꼼히 살펴보고 결정하자.

## Four Seasons Resort Lanai at Manele Bay

### 포시즌스 리조트 라나이 앳 마날레 베이 5성급

빌 게이츠가 프라이빗한 웨딩을 올린 최고급 리조트로 1억 1000만 평의 규모를 자랑한다. 최근 리노베이션을 거쳤으며 모든 룸에서 아름다운 뷰를 감상할 수 있다. 호텔 내에서 요가 등 다양한 유·무료 프로그램이 진행된다. 인테리어, 소품 할 것 없이 최고급이며 스마트한 시설과 서비스까지 갖춰져 있다. 잭 니클라우스가 설계한 18홀 골프 코스에서는 기암 절벽의 풍경을 벗삼아 라운딩할 수 있다. 북미에서 상위 0.3%, 트리플 A 다이아몬드 5개 등급의 호텔이다. 미국 시사매체 'US뉴스 앤드 월드리포트(US News and World Report)' 평가 '2019 미국 최고 호텔(Best USA Hotels)' 4위에 선정되었다.

**ADD** 1 Manele Bay Rd, Lanai City, HI 96763 | **TEL** 808-565-2000 | **SITE** fourseasons.com/lanai/

## Four Seasons Resort Lanai The Lodge at Koele

### 포시즌스 리조트 라나이 로지 앳 코엘레 5성급

코엘레에 있는 별장 같은 호텔로 건물이 소나무에 둘러싸여 있어 휴양림에서 묵는 듯한 기분이 든다. 잔디, 연못, 꽃, 하늘이 아름답게 어우러진 자연 속에서 승마, 양궁 등 액티비티도 즐겨보자. 세계적인 여행 잡지 <콘데 내스트 트래블러(Conde Nast Traveller)>에서 세계 최고의 리조트 호텔로 선정되었으며, 2년간의 리노베이션을 거쳐 2020년 초 재오픈을 앞두고 있다.

**ADD** 1 Keomuku Hwy, Lanai City, HI 96763 | **TEL** 808-565-4000 | **SITE** fourseasons.com/koele

## Hotel Lana'i

### 호텔 라나이 2성급

1923년 돌 파인애플 창업자인 제임스 돌이 회사 중역들의 숙소로 지은 호텔로 1990년대까지 라나이 최초이자 유일한 호텔이었다. 객실은 11개가 전부이지만 각기 다른 디자인으로 꾸며져 있다. 아늑하고 편안한 분위기가 돋보이는 곳이다. 라나이시티에 위치하며 최소 2박 이상 예약해야 한다.

**ADD** 828 Lanai Avenue, Lanai City, HI 96763 | **TEL** 808-565-7211 | **SITE** hotellanai.com

마날레 베이

PART 4. MOLOKAI

# 몰로카이

# FROM OAHU·MAUI TO MOLOKAI

오아후·마우이에서
몰로카이로 이동하기

국내에서 항공권 예약 시, 다구간 설정 후 인천-호놀룰루 국제공항, 호놀룰루 국제공항-몰로카이 공항을 선택하면 된다. 국적기인 대한항공, 아시아나항공, 진에어의 경우 별도로 주내선 예약을 해야 한다. 하와이안항공의 경우 항공권 발권 전 티켓을 예매한 여행사 혹은 대행사를 통하면 할인된 요금에 예약 가능하다. 하와이안항공에서 할인을 받을 수 있는 다양한 이벤트를 진행하니 이를 활용하는 것도 좋다.

몰로카이 공항(MKK)
ADD 3980 Airport Loop, Ho'olehua, HI 96729 | SITE airports.hawaii.gov/mkk/

호놀룰루 국제공항 또는 마우이 카훌루이 공항, 카팔루아 공항에서 몰로카이 공항으로 가는 주내선을 이용해야 한다. 항공편으로는 주 20여 회 운항하는 하와이안 항공이 있다. 논스톱 비행은 아침, 점심, 저녁 단 3회뿐이다. 경비행기인 모쿨렐레 에어라인(Mokulele Airline)은 몰로카이 호올레후아 공항을 거쳐 칼라우파파로 가는 노선도 운행한다.

모쿨렐레 에어라인 SITE mokuleleairlines.com

## 몰로카이에서 이동하기

Rent A Car

### 렌터카

도로는 대부분 잘 정비되어 있으나 비포장도로도 있으니 4륜구동 차량을 렌트하는 것이 좋다. 몰로카이 공항을 나오면 알라모 렌터카가 바로 보인다. 물론 사전에 예약을 마쳐야 한다.

알라모 렌터카 SITE alamo.com | OPEN 운영시간 6:00-20:00

Taxi

### 택시

몰로카이는 대중교통이 발달되어 있지 않다. 차량을 렌트할 것이 아니라면 택시를 이용하는 것이 좋다.

헬레 마이 택시 TEL 808-336-0967
몰로카이 택시 미드나이트 택시 TEL 808-553-5652 | MAIL molokaimidnitetaxi@yahoo.com

SPECIAL

# 몰로카이에서 즐기는 액티비티

## 할라바 계곡 하이킹

할라바 계곡의 모오울라(Mooula) 폭포까지 하이킹하는 프로그램이다. 이곳에서 나고 자란 마지막 하와이안인 솔로토리오(Solotorio) 할아버지를 만나 계곡의 역사를 듣고 하와이 문화를 체험할 수 있다. 사유지인 관계로 반드시 예약해야 하며 가이드와 함께해야 한다.

예전에 미 본토에서 온 관광객이 이곳에서 하이킹하다가 다리를 다쳤다며 고소를 한 사건 이후 개별 하이킹은 엄격히 금지되고 있다. 하이킹 투어를 통해 발생하는 수익금은 마을 세금이나 보험금 등으로 사용된다. 외진 곳에 위치해 전화 서비스가 불가능한 만큼, 예약 시 통화가 안 되더라도 걱정하지 말자. 음성 메세지로 이름, 전화번호, 신청 날짜, 참가 인원수를 남겨놓으면 확인 후 연락을 준다.

TEL 808-542-1855 | SITE halawavalleymolokai.com

# MOLOKAI BEACH MAP

## 몰로카이 해변 지도

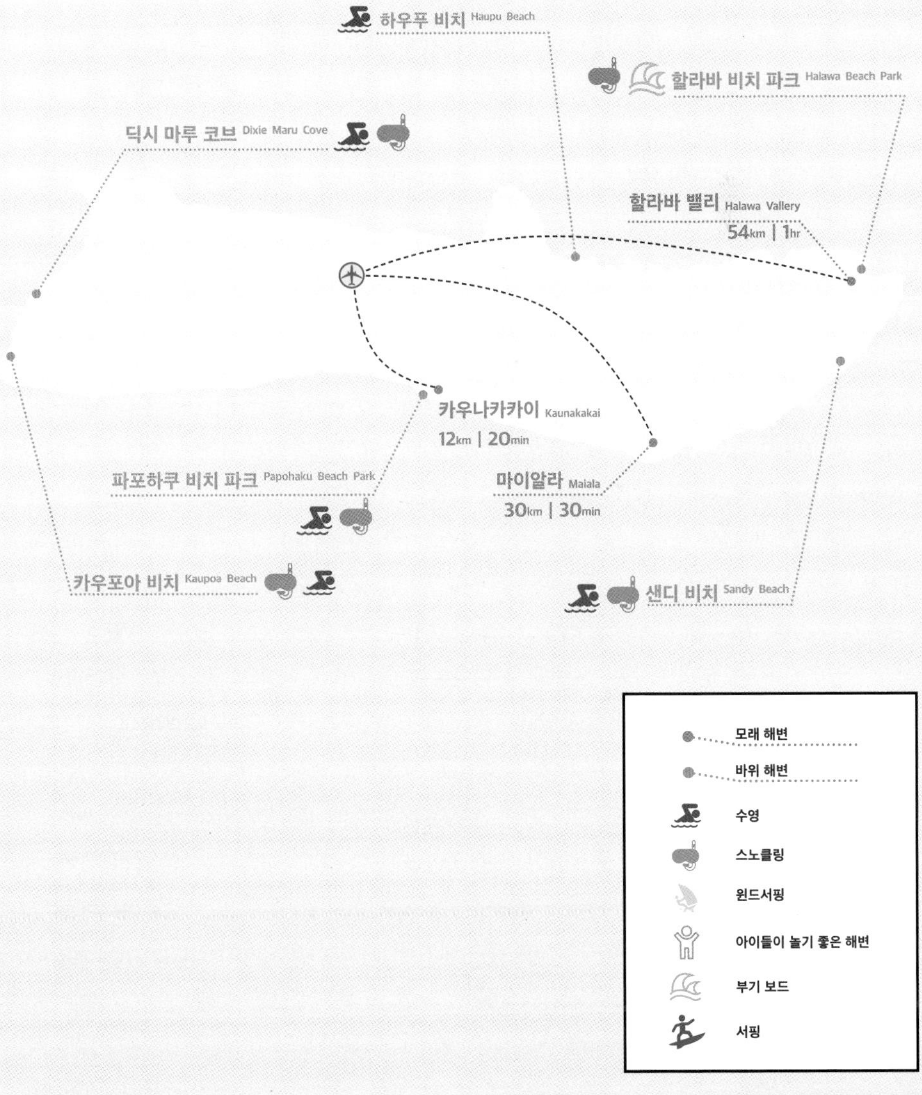

# MOLOKAI MAP
몰로카이 전도

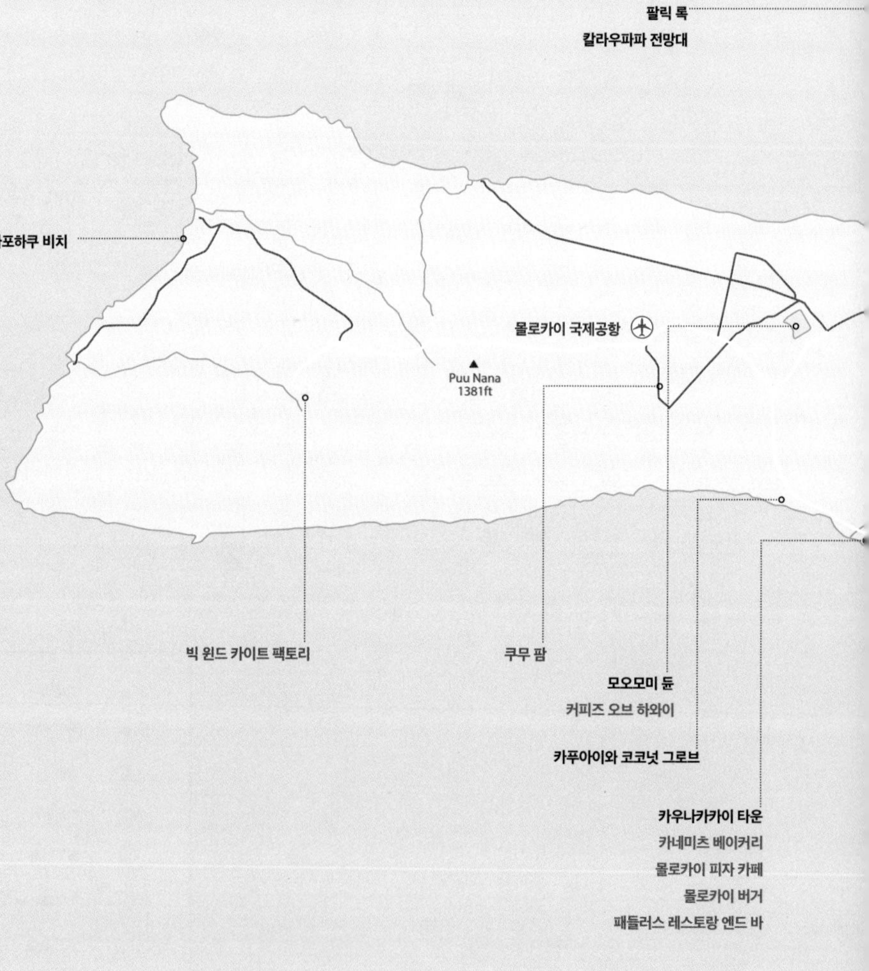

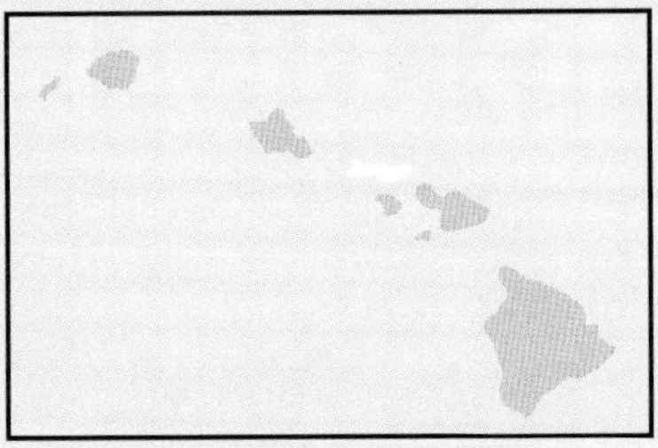

ATTRACTION
RESTAURANT & CAFE
SHOPPING

# MOLOKAI

몰로카이

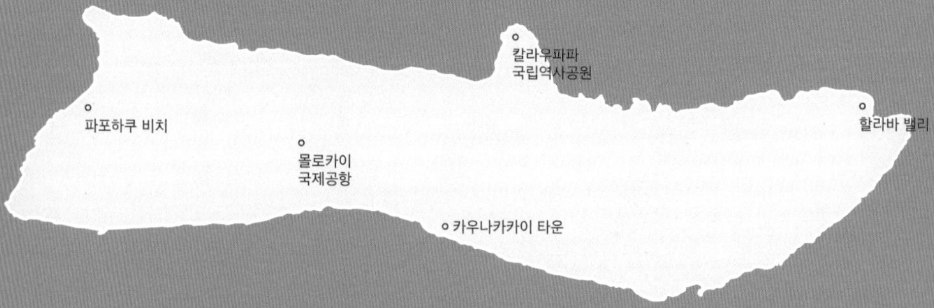


몰로카이는 하와이안의 숨결을 느껴볼 수 있는 미지의 섬으로 세계에서 가장 높은 해식 절벽을 가졌다. 친절한 주민들의 마음에 따스함을 느낄 수 있는 곳이다. 마치 다미안 신부의 숨결이 남아 있는 듯하다.

# ATTRACTION

명소

## Kaunakakai Town

19세기 파인애플 산업의 중심

### 카우나카카이 타운

섬의 중심 타운으로 은행, 우체국, 쇼핑가가 한자리에 모여 있다. 타운 전체를 돌아본다고 해도 1시간이 채 걸리지 않을 정도로 아담하다. 쇼핑가에는 유명한 햄버거 가게나 마켓은 하나도 없고 로컬들이 운영하는 숍만 자리한다. 50여 년 전 사진과 대조해봐도 다를 것 하나 없는 모습이다. 상점 대부분 일찍 문을 닫으니 식사 시간부터 미리 체크하는 것이 좋다. 토요일 6시부터 정오까지 기념품, 채소, 과일 등을 살 수 있는 마켓이 열린다.

**카우나카카이 볼 파크** ADD Kaunakakai Ball Park, Kaunakakai, HI 96748 | TEL 808-553-3204 | SITE mauicounty.gov

## Kalaupapa Historical Park

몰로카이의 슬픈 역사

### 칼라우파파 국립역사공원

1800년대에 한센병 환자들을 격리했던 곳이다. 1959년 격리 정책이 종료될 때까지 어른 아이 할 것 없이 7,000여 명이 강제 수용되었다. 가파른 절벽과 바다뿐이었던 이 곳에서 격리된 이들이 외부로 나갈 수 있는 방법은 없었다. 절벽의 높이는 무려 1,100m로 세계에서 가장 높은 해안 절벽으로 알려졌다. 깎아지른 듯한 절벽에 의해 섬의 나머지 부분에서 완전히 고립되었다. 그럼에도 벨기에 출신의 다미안 신부는 1873년 섬에 들어와 환자들을 헌신적으로 돌보았다. 그는 이후 한센병에 감염되어 생을 마감했다.

그가 이곳에 머물며 세운 집, 병원, 교회를 돌아보는 투어 프로그램이 마련되어 있다. 한센병은 현대 의학으로 치료가 가능하지만, 환자들이 아직 거주하고 있기 때문에 16세 미만은 투어에 참여할 수 없다. 노새, 항공, 하이킹 투어 가운데 선택할 수 있다. 입장 허가를 받기 위해서는 반드시 투어 프로그램을 이용해야 한다. 호놀룰루에서 경비행기로도 방문할 수 있다.

ADD 189 Kaiulani St, Kalaupapa, HI 96742 | TEL 808-567-6802 | OPEN 월-토 10:00-14:00

### OH! MY TIP

**하이킹 vs 노새, 어떤 투어가 좋을까?**

하이킹 : 버스를 타고 구불구불한 고갯길 26곳을 따라 518m를 내려가는 투어(가이드 겸 운전기사가 영어로 진행, 2시간 소요)를 마치고 다시 하이킹으로 올라오는 방법이다. 체력이 뒷받침된다면 아름다운 풍경도 즐기고 비용도 아낄 수 있다. 단 물과 도시락을 준비해야 하고, 노새가 오면 길을 비켜줘야 한다. 트레일에 노새 분비물이 있을 수 있어 주의해야 한다.

노새 : 가장 많이 이용되는 방법으로 노새를 타고 가이드와 함께 주변을 돌아본다.

## Kalaupapa Overlook

기내에서 내려다보는 듯한 절벽 경관

### 칼라우파파 전망대

하와이어로 '납작한 잎'이란 뜻의 이 전망대는 487m 높이의 절벽에 위치해 있다. 마치 비행기에서 내려다보듯 압도적인 풍광을 선사한다. 가까운 듯 먼 칼라우파파를 보며 이곳의 과거를 떠올려보자. 전망대 주차장에서 도보 1분 거리다.

ADD Hwy 470, Molokai, HI 96748

## Phallic Rock

몰로카이 남근석

### 팔릭 록

칼라우파파 전망대가 있는 팔라아우(Palaau) 주립공원 주차장에 차를 세우고 경질 수목이 자리한 트레일을 5분쯤 걸어가면 팔릭 록을 만날 수 있다. 이 바위에는 전설이 전해내려온다. 번식의 남신 '나나호아(Nanahoa)'가 이곳에서 물속에 비친 자신의 모습을 보고 있는 한 소녀를 보고 반하게 되었다. 그의 부인은 이를 보고 질투에 사로잡혀 소녀의 머리카락을 다 뽑았고, 이에 화가 난 나나호아는 부인을 절벽에서 밀었다. 결국 부인은 돌이 되었고 나나호아 역시 돌이 되어 이곳에 남았다는 전설이다. 전통적으로 출산을 바라는 이들이 기도를 드리러 찾아오던 곳이다.

ADD At the end of Kalae Highway 470, at the base of Nananhoa Hill,, Hoolehua, Molokai, HI 96729 | TEL 808-984-8109

## Halawa Valley

폴리네시안의 숨결

### 할라바 밸리

650년 고대 폴리네시아인들이 정착한 곳으로 몰로카이에서 가장 역사적인 장소로 꼽힌다. 몰로카이 계곡 중 유일하게 차로 접근이 가능해, 고속도로가 끝날 때쯤이면 계곡과 폭포로 이루어진 풍광을 감상할 수 있다. 계곡 앞에 해변도 있어 더욱 근사하다. 유료 가이드 투어(예약 필수)를 통해 수백 년간 전해내려온 조상의 땅에서 살아가는 현지인과 함께 모아울라(Moaula) 밸리까지 하이킹을 할 수 있다.

TEL 808-542-1855 | SITE halawavalleymolokai.com

## Papohaku Beach

사색을 즐기기 좋은

**파포하쿠 비치**

하와이 해변 중 특히 넓고 길다. 오아후 와이마날로 비치, 카우아이 폴리할레 비치와 더불어 한가한 해변으로 손꼽히는데, 5km 길이의 모래사장에서 발자국 하나 찾을 수 없을 정도다. 바람이 많이 불고 파도가 높아 수영에는 적합하지 않지만 백사장에서 고요하게 사색을 즐기거나 캠핑하기에는 좋다. 매년 5월 훌라 페스티벌인 카 훌라 피코(Ka Hula Piko) 축제가 이곳에서 열린다.

ADD West End Mile 14.9 Kaluakoi Rd, Maunaloa, HI96748
TEL 808-553-3204

## Ali'i Fishpond

흥미로운 고대 양어장

**알리이 피시 폰드**

산호와 작은 구멍이 난 벽을 활용해 만든 고대 양어장이다. 어린 물고기가 구멍으로 들어와 자라면 몸집이 커져 다시 바다로 나갈 수 없게 된다. 피시 폰드 옆에 자리한 원 알리 비치 파크(One Alii Beach Park)는 연중 수영이 가능하고 피크닉 시설이 있어서 가족들이 이용하기에 좋다. 섬 남쪽 해안을 따라 잘 보존된 양어장이 많지만, 특히 이곳의 경우 몰로카이 양어장에 좋은 표본이다. 당시에는 추장만이 양어장의 물고기를 먹을 수 있었다.

ADD One Ali'i Park, Highway 450, Kaunakakai, Molokai, HI 96748

## Murphy's Beach

몰로카이 스노클링 스폿

**머피스 비치**

섬 동부로 향하는 450번 고속도로 옆에 늘어선 작고 예쁜 비치 가운데 하나다. 황금색 해변에 야자수가 그늘을 드리우고 있으며 맑은 물에 산호초와 물고기도 많아 스노클링을 즐기기에 좋다.

ADD Mile 20 E Kamehameha V Hwy, Kaunakakai, HI 96748

## Kapuaiwa Coconut Grove

코코넛 풍경을 물들이는 석양

**카푸아이와 코코넛 그로브**

카메하메하 5세가 심은 야자수를 배경으로 아름다운 일몰을 볼 수 있다. 코코넛이 떨어져 다치거나 차량에 피해를 입힐 수 있으니 조심하자. 마우나 로아 하이웨이(Mauna Loa Hwy) 변에 위치해 차량 운행 중에도 쉽게 찾을 수 있다.

ADD Hwy 460, Kaunakakai, HI 96748

## Moomomi Dunes

섬에서 만나는 모래 사막

**모오모미 듄**

엽서에 나올 듯한 모습의 비포장도로를 내달려 길 끝에 다다르면, 해변 서쪽으로 로컬들의 낚시 포인트인 모오모미 듄이 나타난다. 자연보호구역으로 지정되어 있으며 한 달에 한 번(일요일) 하이킹 프로그램도 진행된다. 약 5시간 정도 소요된다. 하이킹에 참여하려면 사전에 반드시 예약해야 한다.

TEL The Nature Conservatory 808-553-5236
E-MAIL molokai@tnc.org

## Purdy's Macadamia Nut Farm

**퍼디스 마카다미아 너트 팜**

마카다미아 나무의 생장 과정을 살펴볼 수 있는 곳이다. 자체 투어를 통해 유기농으로 재배된 마카다미아 너트를 직접 까서 먹을 수 있고 마카다미아 꽃 꿀도 시음해볼 수 있다. 입장은 무료다.

ADD 4 Lihi Pali Ave, Ho'olehua, HI 96729 | TEL 808-567-6601 | OPEN 월-금 9:30-15:30 토 10:00-14:00 | SITE molokai-aloha.com

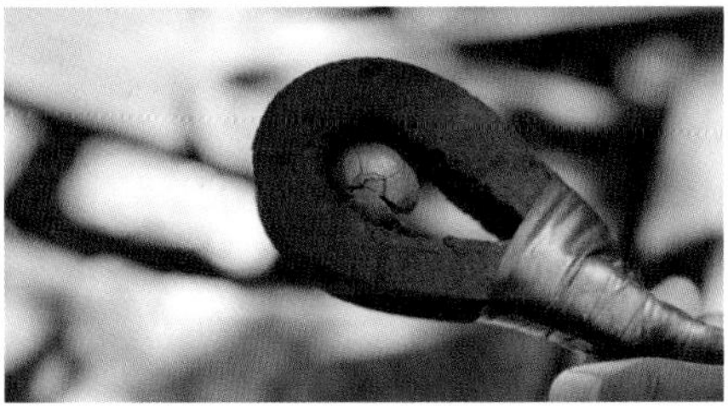

# RESTAURANT & CAFE



## Kanemitsu Bakery
### 카네미츠 베이커리

70년 역사의 가족 운영 베이커리로 스위트 브레드가 특히 유명하다. 베이커리와 함께 레스토랑을 운영한다. 현지인들은 스위트 브레드가 구워지는 밤마다 이곳에 와 빵을 사간다.

ADD 79 Ala Malama Ave, Kaunakakai, HI 96748 | TEL 808-553-5855 | OPEN 조식·런치 월, 수-일 7:00-14:00, 디너 금·토 17:00-21:00/베이커리 화-목 19:30-23:00, 금·토 19:30-24:00(레스토랑 화, 베이커리 월 휴무)

## Molokai Pizza Café
### 몰로카이 피자 카페

친숙한 분위기에서 손쉽게 피자를 맛볼 수 있어 여행객, 현지인 모두에게 사랑받는 곳이다. 깨끗하고 친절하지만 현금 결제만 가능하다. 대부분의 상점이 문을 닫는 일요일에도 문을 연다.

ADD 15 Kaunakakai Pl, Kaunakakai, HI 96748 | TEL 808-553-3288 | OPEN 10:00-22:00

## Coffees of hawaii
### 커피즈 오브 하와이

몰로카이에 있는 커피 농장이다. 매출의 1%를 섬을 위해 기부하며 하와이 원주민 문화와 전통을 이어가기 위해 힘쓰고 있다. 몰로카이 커피를 비롯해 간단한 먹거리도 구입할 수 있으며, 주민들을 위한 강연과 공연도 열린다.

ADD 1630 Farrington Avenue, Kualapuu, Molokai, HI 96757 | TEL 877-322-3276 | OPEN 6:00-17:00
SITE coffeesofhawaii.com

## Molokai Burger
### 몰로카이 버거

현지에서 풀을 먹고 자란 쇠고기 패티를 자랑하는 곳으로 버거와 플레이트 메뉴를 판매한다. 몰로카이 유일의 드라이브 스루(Drive Thru) 음식점으로 카우나카카이 중심에 있어 접근성이 좋고 무료 와이파이, 에어컨 서비스도 제공한다. 밤 9시까지 영업한다는 점도 여행객들에게는 반갑다.

ADD 20 W Kamehameha V Hwy, Kaunakakai, HI 96748 TEL 808-553-3533 | OPEN 월-토 7:00-21:00 | SITE molokaiburger.com

## Kualapuu Cookhouse
### 쿡하우스

지역 주민들의 사랑은 물론 음식 평론가 사이에서도 좋은 평가를 받고 있는 몰로카이의 랜드마크다. 샐러드, 샌드위치, 햄버거, 바비큐, 스테이크, 디저트 및 음료까지 다양한 메뉴를 선보인다. 주문을 늦게 받는다고 불평하지 말자. 그렇다면 몰로카이를 제대로 즐기지 못하는 것이다.

ADD 102 Farrington Ave, Kualapuu, HI 96757 | TEL 808-567-9655 | OPEN 월 7:00-14:00, 화-토 7:00-20:00, 일 9:00-14:00 | SITE thecookhouse.com

## Paddlers Restaurant & Bar
### 패들러스 레스토랑 앤드 바

몰로카이 카우나카카이에 위치한 레스토랑 겸 바로 편안한 분위기에서 훌륭한 음식을 맛 볼 수 있다. 카이노아 터너 셰프가 지역 요리와 독특한 아시아 퓨전 요리를 선보인다. 2017년에 몰로카이 최고의 레스토랑으로 선정되기도 했다.

ADD 10 Mohala St, Kaunakakai, HI 96748 | TEL 808-553-3300 | OPEN 10:00-21:00(해피 아워 14:00-17:00)

# SHOPPING

쇼핑

## Big Wind Kite Factory
### 빅 윈드 카이트 팩토리

연을 만들어 판매하는 곳으로 형형색색 다양한 종류의 연을 구입할 수 있다. 엽서, 자석, 하와이 소금 등 작은 기념품도 함께 판매한다.

ADD 120 Mauna Loa Hwy, Maunaloa, HI 96770 | TEL 808-552-2364 | OPEN 월-토 10:00-16:00, 일 13:00-17:00

## Kumu Farm
### 쿠무 팜

공항 근처에 있는 과일 채소 판매대로 몰로카이 명물인 딸기 파파야를 맛볼 수 있다. 식사를 직접 해 먹을 수 있는 숙소에 머문다면 이곳에서 장을 보아도 좋다.

ADD 1670 Honoapiilani Hwy #5, Wailuku, HI 96793 | TEL 808-244-4800 | OPEN 월-토 10:00-16:00 | SITE mauitropicalplantation.com/kumufarms

# CHECK IN MOLOKAI

몰로카이
숙소 정하기

## Hotel Molokai

**호텔 몰로카이** 3성급

몰로카이의 유일무이한 호텔로 카밀로아의 이국적인 해변 바로 앞에 위치, 하와이 유일의 방벽 암초에 인접해 있다. 열대 섬 마을 같은 분위기에 소박한 멋이 녹아 있는 곳으로 항공권과 렌터카를 포함한 패키지를 운영한다. 카우나카카이에서 불과 5분 거리에 있어 편리하다.

ADD 1300 Kamehameha V Hwy, Kaunakakai, HI 96748
TEL 877-553-5347 | OPEN hotelmolokai.com

칼라우파파 국립역사공원

Canon

PART 5. KAUAI

# 카우아이

# 카우아이의 7가지 매력

**01**
약 500만 년 전에 태어난,
하와이에서 가장 오래된 섬

**02**
사람의 손을 타지 않은 원시적인
자연 그대를 두 눈에 담아보자

**03**
볼수록 장관인 바다, 환상적인 절벽,
오색 빛으로 퇴적된 협곡

04
1835년 시작된 하와이 이민 역사

05
세상에서 가장 아름다우면서
위험한 트레킹

06
길치라도 괜찮아.
도로가 단순한 카우아이

07
눈앞에 생생히 펼쳐진
할리우드 영화의 실제 무대

# FROM OAHU TO KAUAI

오아후에서 카우아이로 이동하기

국내에서 항공권 예약 시, 다구간 설정 후 인천-호놀룰루 국제공항, 호놀룰루 국제공항-리후에 공항을 선택하면 된다. 국적기인 대한항공, 아시아나항공, 진에어의 경우 별도로 주내선 예약을 해야 한다. 하와이안항공의 경우 항공권 발권 전 티켓을 예매한 여행사 혹은 대행사를 통하면 할인 요금에 예약 가능하다. 호놀룰루에서 카우아이는 약 30분 소요된다.

리후에 공항(LIH)
ADD 3901 Mokulele Loop, Lihue, HI 96766
site airports.hawaii.gov/lih/

## Lihue Airport

### 리후에 공항

카우아이 남동쪽 해안에 위치한 리후에 공항은 국제선 및 주내선, 통근 비행기, 헬리콥터를 이용할 수 있는 곳으로 활주로는 단 2개 뿐이다. 호놀룰루-카우아이 간 이동 방법은 항공편이 유일하기 때문에 카우아이 여행자라면 반드시 거쳐야 한다. 하와이안항공에서 매일 40여 편의 정규 노선을 운항하며, 호놀룰루에서 카우아이로 갈 때는 비행기 왼쪽 좌석에 앉는 것이 전망을 즐기기 좋다.

### 리후에 공항 약도

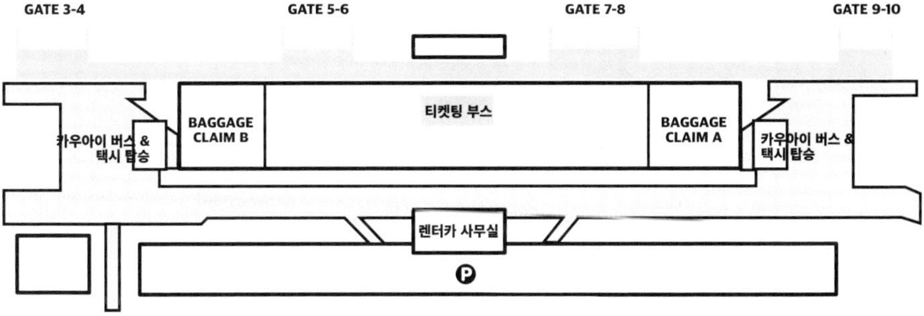

# KAUAI TRANSPORTA-TION

## 카우아이에서 이동하기

짧은 시간을 가장 효율적으로 보내고 싶다면 대중교통 보다는 렌터카로 카우아이를 둘러보는 것이 좋다.

Rent A Car

## 렌터카

카우아이의 도로는 섬 가장자리를 따라 하나로 연결되어 있어 운전하기 쉽다. 주요 명소도 띄엄띄엄 자리한 탓에 직접 차량을 운전해야 접근이 용이하다. 10여 개의 렌터카 업체가 공항에 자리하고 있다.

리후에 공항 렌터카
허츠 TEL 808-245-3356
OPEN 5:00-22:30
SITE hertz.co.kr
달러 TEL 866-434-2226
OPEN 5:00-23:00
SITE dollarrentacar.kr

Bus

## 버스

카우아이 주 정부에서 운영하는 '카우아이 버스(KAUAI BUS)'는 제주도와 비슷한 면적의 섬을 연결하는 교통수단이다. 케카하(Kekaha)에서 하날레이(Hanalei)까지 운행하며, 캐리어와 배낭을 들고 탑승할 수 없고 시내 몇 군데로만 연결되기 때문에 여행자에게는 적합하지 않을 수 있다. 5시 30분 첫 차를 시작으로 23시까지 운행하며 버스 요금은 성인 2$, 7-18세 1$, 6세 미만 무료다.

SITE kauai.gov/Bus

Taxi/ Uber

## 택시

공항이나 호텔 앞에 대기하고 있는 택시가 아니라면 무료 호출 전화를 이용해야 한다. 리후에 공항에는 수하물 찾는 곳 근처에 택시 정류장이 있으며, 카파아(Kapaa) 지역은 25$, 리후에(Lihue) 10$, 포이푸(Poipu) 40-50$ 정도 요금이 발생한다. 우버 이용도 가능하다. 우버 경우 리후에 공항에서 카파아(Kapaa) 21-28$, 콜로아(Koloa) 26-35$, 프린스빌(Princeville) 53-71$ 정도다.

**리후에 & 카파아 지역**
아키코 택시 TEL 808-822-7588 | OPEN 5:00-22:00 | SITE akikostaxikauai.net

**프린스빌 지역**
노스쇼어 캡 컴퍼니 TEL 808-826-4118
OPEN 월-목, 일 4:30-22:00 금-토 4:30-23:00 | SITE northshorecab.com

**포이푸 지역**
카우이 사우스쇼어 캡 TEL 808-742-1525
OPEN 6:00-23:00

SPECIAL

# 카우아이에서 즐기는 액티비티

## Napali Coast Cruise
### 나팔리 코스트 크루즈

바다 위에서 즐기는 나팔리 코스트 투어다. 오전, 오후 프로그램이 다르니 원하는 내용에 맞춰 선택하자. 오전에는 스노클링을 한 후 나팔리 코스트를 즐길 수 있고 오후에는 선셋 디너 크루즈가 진행된다.

캡틴 앤디스 세일링 어드벤처스
(CAPTAIN ANDY'S SAILING ADVENTURES)
**ADD** 4353 Waialo Rd, Eleele, Kauai, HI96705 | **TEL** 808-335-6833 | **SITE** napali.com

## Helicopter Tour
### 헬기 투어

도보로 닿을 수 없는 와이메아 캐니언, 와이알레알레 폭포, 나팔리 코스트 등 웅장한 자연 경관을 한눈에 담을 수 있다. 차량으로 섬을 모두 돌아볼 수 없는 카우아이에서 거대한 자연의 신비로움을 느끼기 가장 좋은 투어다.

블루 하와이안 헬리콥터스(BLUE HAWAIIAN HELICOPTERS)
**ADD** 3651 Akukini Rd, Lihue, HI 96766 | **TEL** 808-245-5800
**SITE** bluehawaiian.com

## Private Horseback Tour

### 승마

말과 함께 자연의 속살을 체험할 수 있는 프로그램으로 농장과 해안을 둘러보며 카우보이가 된 기분을 만끽할 수 있다. 투어 전에 강습을 받고 인솔자가 있기 때문에 승마 경험이 없더라도 어렵지 않게 즐길 수 있다.

실버 폴스 랜치(SILVER FALLS RANCH)

**ADD** 2888 Kamookoa Rd, Kilauea, HI 96754 | **TEL** 808-828-6718 **OPEN** 7:30-17:30 | **SITE** silverfallsranch.com

## Stand Up Paddle

### 스탠드 업 패들

잔잔한 강물에서 즐기는 인기 액티비티다. 불어오는 바람을 가르며 폭포로 이동을 하거나, 시원한 물줄기를 유유자적 따라가며 카우아이의 아름다움을 즐길 수 있다.

하와이 어드벤쳐 센터(HAWAIIAN ADVENTURE CENTER)

**ADD** 3-2600 Kaumualii Hwy, Lihue, Kauai, HI 96766-2040 **TEL** 808-353-3922 | **SITE** hawaiiadventurecenter.com

## Zipline

### 짚라인

풍성하고 아름다운 자연을 제대로 감상할 수 있는 액티비티다. 계곡, 숲, 바다를 바라보며 하늘을 가로지르는 스릴마저 황홀하게 느껴진다. 주로 포이푸 지역과 프린스 빌에서 진행된다.

프린스빌 랜치 어드벤처스(PRINCEVILLE RANCH ADVENTURES)

**ADD** 4520 Kapaka Rd, Princeville, HI 96722 | **TEL** 844-820-3112 | **SITE** princevilleranch.com

아웃피터스 카우아이(OUTFITTERS KAUAI)

**ADD** 2827A Poipu Rd, Koloa, HI 96756 | **TEL** 808-742-9667 **SITE** outfitterskauai.com

## Kayak

### 카약

카우아이는 하와이에서 유일하게 강에서 카약을 즐길 수 있는 섬이다. 와일루아 강에서 진행하는 프로그램이 대표적이다. 자신이 원하는 속도에 따라 자연을 즐길 수 있다. 훌레이아 강, 하날레이 강에서도 투어가 진행된다.

카약 와일루아(KAYAK WAILUA)

**ADD** 4565 Haleilio Road, Kapaa, Kauai, HI 96746 | **TEL** 808-822-3388 | **SITE** kayakwailua.com

# KAUAI BEACH MAP

## 카우아이 해변 지도

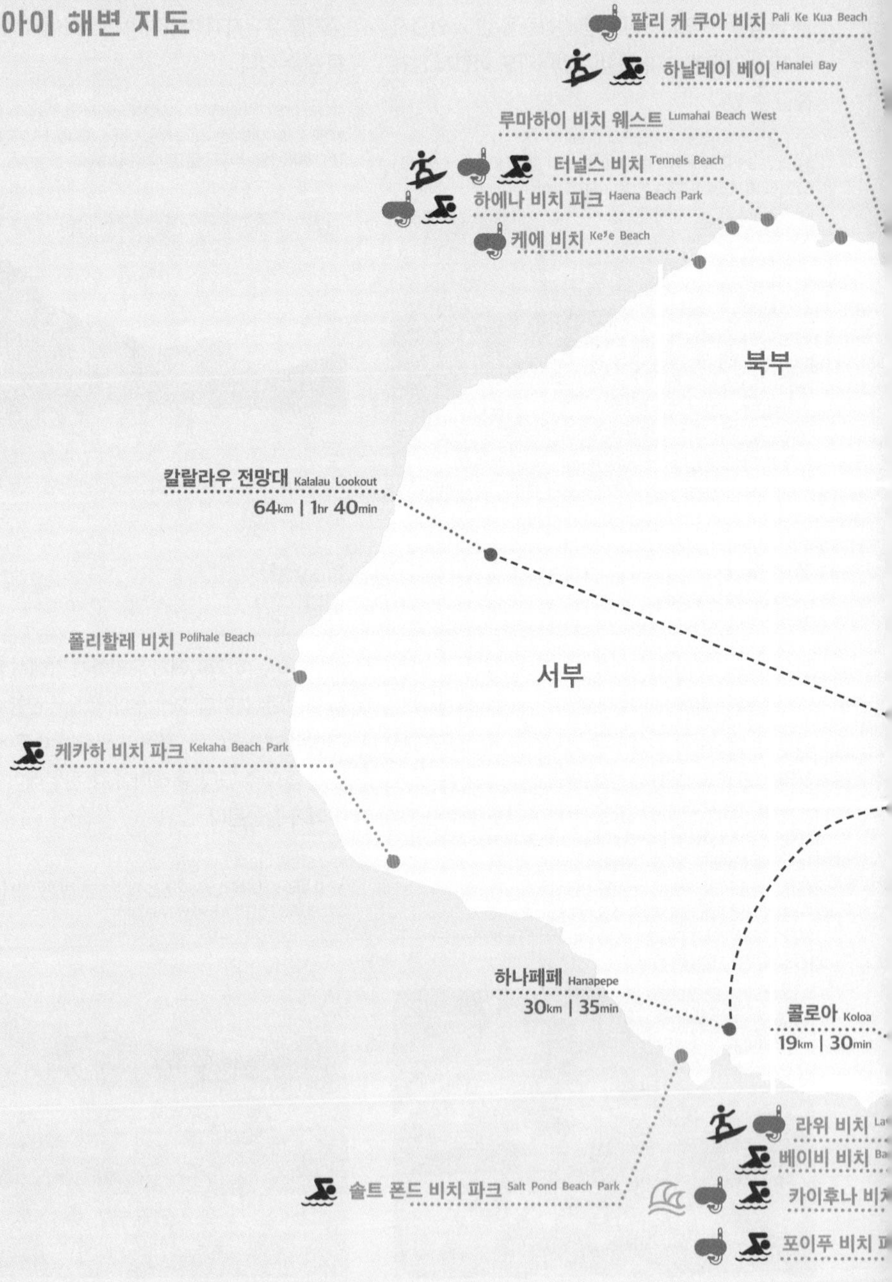

## OH! MY TIP

비치 컨디션이 궁금하다면 방문 전 사이트를
통해 확인하자.
SITE www.hawaiibeachsafety.com

# KAUAI MAP

카우아이 전도

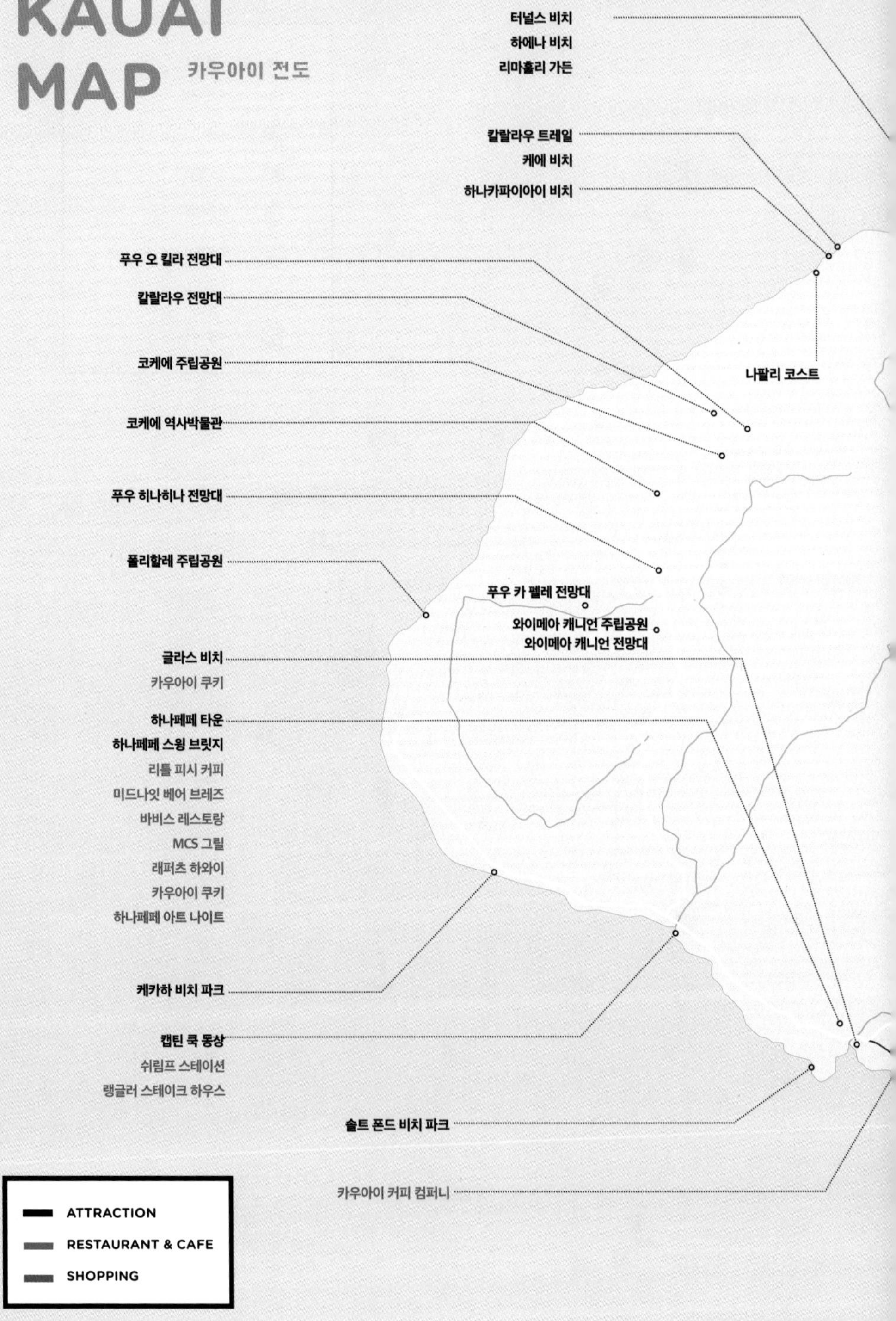

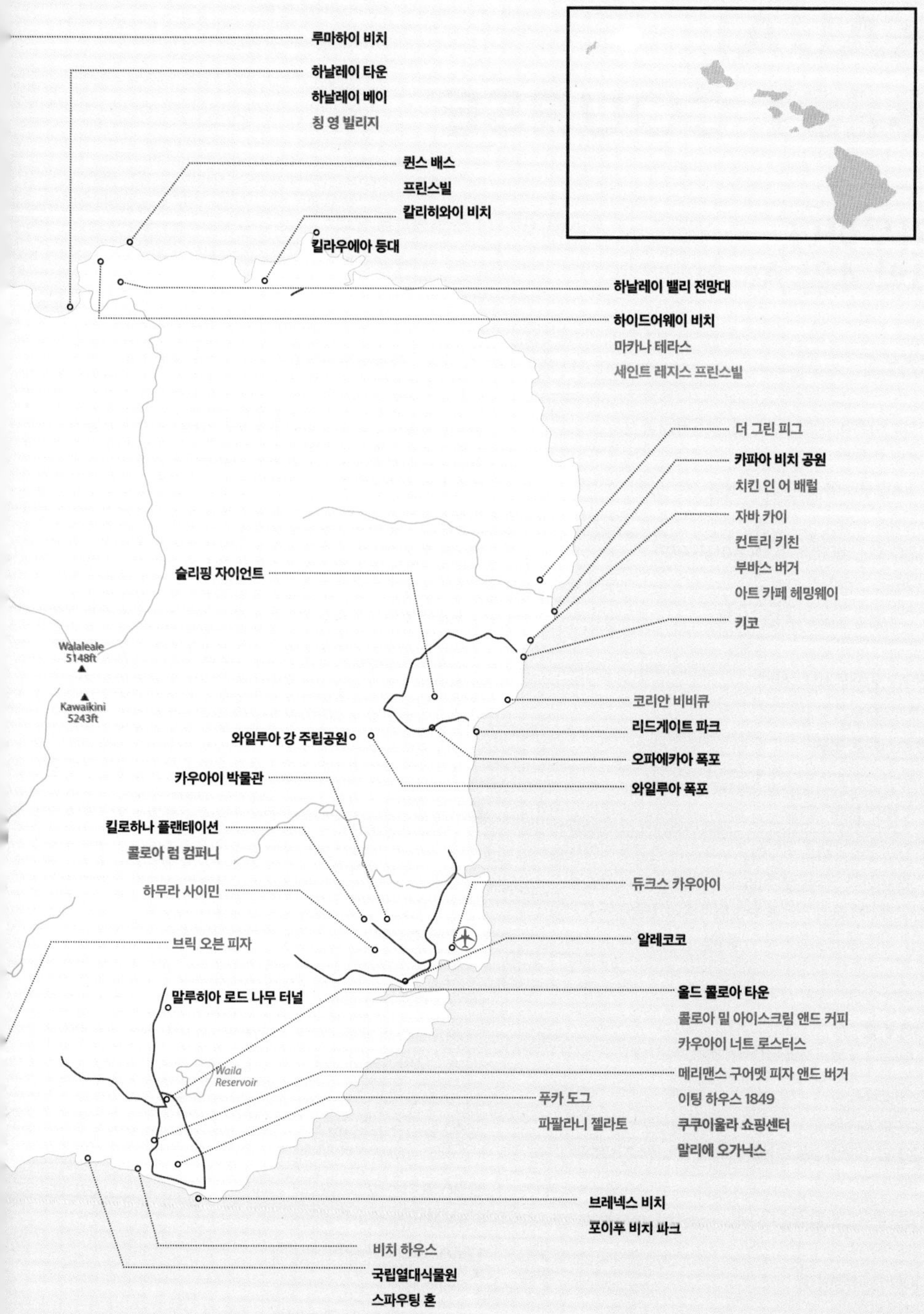

루마하이 비치
하날레이 타운
하날레이 베이
칭 영 빌리지
퀸스 배스
프린스빌
칼리히와이 비치
킬라우에아 등대
하날레이 밸리 전망대
하이드어웨이 비치
마카나 테라스
세인트 레지스 프린스빌
더 그린 피그
카파아 비치 공원
치킨 인 어 배럴
자바 카이
컨트리 키친
부바스 버거
아트 카페 헤밍웨이
키코
슬리핑 자이언트
Walaleale
5148ft
Kawaikini
5243ft
코리안 비비큐
리드게이트 파크
와일루아 강 주립공원
오파에카아 폭포
와일루아 폭포
카우아이 박물관
킬로하나 플랜테이션
콜로아 럼 컴퍼니
하무라 사이민
듀크스 카우아이
브릭 오븐 피자
알레코코
말루히아 로드 나무 터널
올드 콜로아 타운
콜로아 밀 아이스크림 앤드 커피
카우아이 너트 로스터스
Waila
Reservoir
메리맨스 구어멧 피자 앤드 버거
푸카 도그
이팅 하우스 1849
파팔라니 젤라토
쿠쿠이울라 쇼핑센터
말리에 오가닉스
브레넥스 비치
포이푸 비치 파크
비치 하우스
국립열대식물원
스파우팅 혼

# KAUAI BEST COURSE

일정별 추천 코스

## 카우아이 3박 4일 A

*오아후 입국 후 바로 카우아이로 이동하는 경우

### DAY 1

14:30 리후에 공항 도착, 렌터카 픽업하기
↓렌터카 17분
15:10 말루히아 로드 나무 터널
↓렌터카 12분
15:30 숙소 체크인, 휴식(포이푸 지역)
↓렌터카 10분
17:00 올드 콜로아 타운 산책
↓렌터카 8분
18:30 포이푸 비치 선셋
↓도보 10분, 렌터카 5분
19:40 숙소 복귀

#### OH! MY TIP

오아후에서 바로 카우아이로 이동한 만큼 무리한 일정은 피하자. 렌터카를 픽업 후 여행 중 필요한 것들을 구입하거나 숙소 인근에서 산책과 식사를 즐기며 본격적인 여행을 준비하는 것이 좋다.

### DAY 2

6:20 숙소
↓렌터카 55분
7:20 와이메아 캐니언(와이메아 캐니언 전망대)
↓렌터카 22분
8:00 푸우 오 킬라 전망대
↓렌터카 1시간 16분
11:00 스파우팅 혼
↓렌터카 25분
11:50 카우아이 커피 컴퍼니
↓렌터카 7분
12:30 하나페페 타운, 하나페페 스윙 브릿지
↓렌터카 3분
14:30 나팔리 코스트 선셋 디너 세일링(포트 알렌 기준, 출항 45분 전 체크인 필수! 출항 후 4시간 소요)
19:00 항구 도착
↓렌터카 25분
19:40 숙소 복귀

#### OH! MY TIP

와이메아 캐니언, 스파우팅 혼, 나팔리 코스트 세일링 등 야외 활동이 많은 날이기 때문에 생수, 선크림, 선글라스, 바람막이 등을 꼭 준비하자.

### DAY 3

9:00 숙소 체크아웃
↓렌터카 25분
9:30 알레코코
↓렌터카 20분
10:00 와일루아 폭포
↓렌터카 19분
10:40 오파에카아 폭포
↓렌터카 35분
11:40 킬라우에아 등대
↓렌터카 20분
12:30 프린스빌
↓렌터카 3분
12:40 하날레이 밸리 전망대
↓렌터카 8-10분
13:00 하날레이 타운 & 베이
↓렌터카 20분

15:00 케에 비치

↓렌터카 30분

17:00 숙소 체크인, 리조트 내 휴식(프린스빌 지역)

### OH! MY TIP

남쪽 포이푸에서 북쪽 프린스빌까지 이동하는 일정이다. 와일루아 폭포, 킬라우에아 등대, 하날레이 밸리 전망대 등 카우아이 천혜의 자연을 직접 체험해보자. '무지개 마을'이라 불리는 하넬레이 타운에서 간단한 기념품을 구입하는 것도 좋다.

## DAY 4

8:30 숙소

↓도보 10분

8:50 하이드어웨이 비치

↓도보 10분

11:00 숙소 복귀, 체크아웃

↓렌터카 55분

13:00 킬로하나 플랜테이션

↓렌터카 8분

13:30 카우아이 박물관

↓렌터카 6분

14:10 리후에 공항

### OH! MY TIP

오진은 하드이웨이 비치의 한적한 모래사장 나무 그늘에 누워 마지막 휴식을 즐겨보자. 선크림, 선글라스 등은 필수! 스노클링을 즐기고 싶다면 미리 장비를 준비하자. 킬로하나 플랜테이션에서 콜로아 럼과 기념품을 구입할 수 있으니 마지막 쇼핑을 즐겨보자.

# 카우아이 3박 4일 B

*오아후 1박 후 다음날 아침 카우아이 이동하는 경우

## DAY 1

12:00 리후에 공항, 렌터카 픽업하기
↓렌터카 10분
12:20 킬로하나 플랜테이션
↓렌터카 6분
13:00 카우아이 박물관
↓렌터카 12분
14:10 와일루아 폭포
↓렌터카 19분
15:00 오파에카아 폭포
↓렌터카 35분
16:10 킬라우에아 등대
↓렌터카 25분
17:10 하날레이 밸리 전망대
↓렌터카 8-10분
18:00 하날레이 타운, 저녁 식사
↓렌터카 10분
19:30 숙소 체크인(프린스빌 지역)

### OH! MY TIP

오아후에서 아침 일찍 출발해 카우아이를 일찍 만나보자. 와일루아 폭포, 킬라우에아 등대, 하날레이 밸리 전망대를 구경하며 오아후와는 또 다른 자연 그대로의 하와이를 경험할 수 있을 것이다. 아이를 동반한 가족 여행자라면 카우아이의 역사를 담고 있는 카우아이 박물관도 좋다.

## DAY 2

7:30 숙소
↓렌터카 30분
8:00 칼랄라우 트레일(6.4Km 코스)
↓트레일 3시간 30분~4시간, 도보 1분
12:10 케에 비치
↓렌터카 30분
14:00 숙소 복귀

### OH! MY TIP

칼라라우 트레일은 하와이 열대우림을 경험할 수 있는 곳이다. 화장실과 편의시설이 없으니 생수, 먹을거리를 반드시 준비하자. 오후에는 숙소에 머물거나 인근 해변을 거닐며 휴식을 취하자.

## DAY 3

5:40 숙소
↓렌터카 1시간 45분
7:30 와이메아 캐니언(와이메아 캐니언 전망대)
↓렌터카 22분
8:10 푸우 오 킬라 전망대
↓렌터카 55분
10:20 하나페페 타운, 하나페페 스윙 브릿지
↓렌터카 6분
11:20 글래스 비치
↓렌터카 20분
12:00 올드 콜로나 타운, 점심 식사
↓렌터카 7분
14:20 숙소 체크인(포이푸 지역)
↓렌터카 5-10분, 도보 10-20분
15:30 포이푸 비치 파크
↓렌터카 5-10분, 도보 10-20분
19:00 숙소 복귀

### OH! MY TIP

북쪽 프린스빌에서 남쪽 포이푸까지 이동하는 일정이다. 가는 길에 현지인들의 생활상을 체험할 수 있는 하나페페 타운, 올드 콜로아 타운을 찾아보자. 오후에는 숙소 근처 포이푸 비치를 거닐며 아름다운 선셋을 즐기며 하루를 마무리해보자.

## DAY 4

9:00 숙소

↓렌터카 25분

9:30 헬기 투어

↓렌터카 30분

11:40 스파우팅 혼

↓렌터카 1분

11:50 국립열대식물원(가이드 투어 2.5시간 소요)

↓렌터카 30분

15:50 리후에 공항

### OH! MY TIP

카우아이에서 빼놓을 수 없는 것이 바로 헬기 투어다. 하늘에서 바라보는 나팔리 코스트는 이제껏 본 적 없는 대자연의 위대함을 느낄 수 있다.

# KAUAI WEST

카우아이 서부

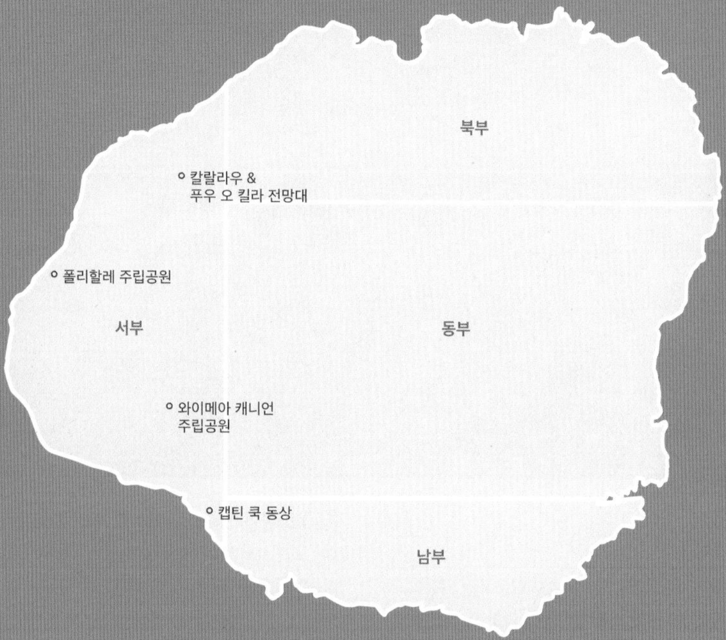


카우아이 자연이 살아 숨 쉬는 곳. 하와이의 첫 역사가 시작된 의미 있는 지역이다. 깊은 골짜기와 험준한 바위가 펼쳐지는 와이메아 캐니언에서부터 생기 넘치는 절벽 계곡, 제임스 쿡 선장이 가장 먼저 첫발을 디딘 와이메아, 카우아이가 건네는 인사에 운치를 느껴보자.

# ATTRACTION

명소

## Polihale State Park

하와이안의 영적 장소

**폴리할레 주립공원**

섬 서쪽의 비포장도로를 15분쯤 달리면 다다르는 폴리할레 비치는 고요한 매력이 가득하다. 고대 하와이안들은 이곳을 영적인 장소로 여겼고 가장 마지막 바위에서 뛰어내리면 내세(來世)로 간다고 믿었다. 20km에 걸쳐 백사장이 이어진 서부의 마지막 해변이자 케에 비치 쪽에서 시작되는 나팔리 코스트의 끝 지점이기도 하다. 주말이면 피크닉을 즐기려는 현지인들이 몰려든다.

ADD Hwy 50, Waimea, HI 967961 | TEL 808-274-344
SITE dlnr.hawaii.gov

## Kekaha Beach Park

낭만적인 석양

**케카하 비치 파크**

카우아이 섬 남서쪽 끝에 자리한 비치로 근사한 석양을 감상할 수 있다. 넓고 하얀 모래사장에서 일광욕하기에는 좋지만 수영이나 서핑을 즐기기에 적합한 환경은 아니다. 현지인에게는 낚시 포인트로 인기가 많다. '금지된 섬'으로 알려진 니하우(Niihau) 섬도 조망할 수 있다.

ADD HI-50, Kekaha, HI 96752 | TEL 808-464-0240
SITE liveinhawaiinow.com

## Waimea Canyon Lookout

웅장한 자연을 즐기다

### 와이메아 캐니언 전망대

550번 도로에서 가장 먼저 만나는 전망대로 주차장에서 산책 삼아 2-3분 정도 걸으면 나온다. 와이메아 캐니언의 첫 번째 포인트 지점으로 세 곳의 전망대 중 풍광이 가장 뛰어나다. 와이메아 캐니언 중앙에 위치해 있어 계곡의 웅장함이 온전히 전해진다. 다른 전망대에 비해 안전시설도 잘 구축되어 있다. 과일 판매대가 있다.

**ADD** Canyon Drive, Waimea, HI 96796 | **TEL** 808-274-3444 | **OPEN** 24시간

## Captain Cook Statue

하와이를 처음 발견한 탐험가

### 캡틴 쿡 동상

1778년 카우아이 와이메아 베이에 상륙한 영국인 탐험가 제임스 쿡 선장을 기리는 동상이다. 쿡 선장이 섬을 발견하면서 하와이가 세상에 알려지게 되었다. 제임스 쿡은 영국 샌드위치 백작의 신하로 카우아이 섬을 발견하고 '샌드위치 아일랜드'라고 부르기도 했다. 동상은 영국 휘트비에 있는 오리지널 동상의 복제품이다.

**ADD** Kaumualii Hwy, Waimea, HI 96796

## Puu Ka Pele Lookout

숨은 매력을 살펴볼 수 있는

### 푸우 카 펠레 전망대

240m의 와이포오 폭포(Waipo'o Falls)와 와이메아 캐니언을 함께 즐길 수 있는 조망대다. 테이블, 화장실, 식수대가 마련되어 있어 피크닉 장소로도 제격이다. 이정표가 없어 놓치기 쉬우나 네비게이션에 'Puu Ka Pele Picnic Area'로 설정하면 어렵지 않게 찾을 수 있다. 단 주행 방향으로 별도의 주차장이 없어 갓길에 주차해야 한다.

ADD Puu Ka Pele Forest Reserve, Waimea, HI 96796

## Pu'u Hinahina Lookout

와이메아 트레일 코스의 시작점

### 푸우 히나히나 전망대

와이메아 캐니언 트레일 코스가 시작되는 곳으로, 다른 전망대보다 공간이 좁은 편이지만 협곡 사이를 조금 더 자세히 볼 수 있다. 와이메아 캐니언 트레일 이용 시 주차를 이곳에 하므로 주차장이 늘 만차다. 주차장 입구 갓길을 이용하거나, 푸우 오 칼라 전망대 방문 후 내려오는 길에 다시 방문해보자.

ADD Koke'e Road, Waimea, Kauai, HI 96752 | SITE dlnr.hawaii.gov

## Waimea Canyon State Park

태평양의 거대한 협곡

### 와이메아 캐니언 주립공원

태평양에서 가장 큰 협곡이다. 원래 화산의 일부였으나 오랜 시간 강물의 침식작용으로 여러 색의 용암층이 솟아나 현재의 모습을 이루었다. 2019년 6월 말부터 와이메아 캐니언 및 코케에 주립공원 입장 시 차량 당 5$의 입장료를 내야 한다.

ADD Waimea Canyon Dr, Waimea, HI 96796 | TEL 808-274-3444 | OPEN 24시간

## Kokee State Park

자연의 민낯을 만나다

### 코케에 주립공원

해발 975-1,280m에 걸쳐 자리한 이곳은 토종 식물을 비롯해 다채로운 하와이 조류를 감상하기 좋은 곳이다. 와이메아 캐니언의 장관은 물론 우림을 지나는 계곡의 놀라운 모습까지 즐길 수 있는 트레일이 잘 정비되어 있다. 늪, 절벽 등 7개의 트레일 코스가 72km 길이로 연결되어 있다.

**ADD** Waimea, HI 96796 | **TEL** 808-335-8405 | **OPEN** 24시간 | **SITE** kokee.org

## Kokee History Museum

카우아이의 자연 이야기

### 코케에 역사박물관

와이메아 캐니언의 역사와 정보를 소개하는 박물관이다. 방문자센터 역할을 하는 곳으로 각종 정보 제공은 물론 카우아이 동식물 등 자연환경에 대해 배우고 체험해볼 수 있다. 트레일을 원한다면 이곳에서 코스에 대한 정보를 얻을 수 있다.

**ADD** 3600 Kokee Rd, Kekaha, HI 96752 | **TEL** 808-335-9975 | **OPEN** 9:00-16:00 | **SITE** kokee.org

## Kalalau Lookout

눈앞에 펼쳐지는 벅찬 감동

### 칼랄라우 전망대

코케에 로드(Kokee Road)를 따라 30여 분을 달려 미 항공 우주국(NASA) 건물을 지나면 칼랄라우 심장부를 들여볼 수 있는 전망대에 도착한다. 나팔리 코스트까지 한눈에 담을 수 있는 장소로 영화 <쥬라기 공원>, <킹콩>의 촬영지로도 유명하다. 해발 1,220m에 위치하며 지형 특성상 구름이 잘 생기기 때문에 가급적 이른 아침에 방문해 깨끗한 전경을 감상하자.

**ADD** Kalalau Lookout, Kauai, HI 96796 | **TEL** 808-274-3444 | **SITE** dlnr.hawaii.gov

## Pu'u O Kila Lookout

전망대에서 만나는 나팔리 코스트

### 푸우 오 킬라 전망대

550번 도로의 종점으로 칼랄라우 전망대에서 동쪽으로 2km 지점, 막다른 곳에 위치한다. 차량으로 이동할 수 있는 마지막 장소이자 피헤아 트레일(Pihea Trail)의 시작점이기도 하다. 피헤아 트레일을 통해 5분 정도 걸어가면 나팔리 코스트와 칼랄라우 밸리의 전경을 함께 볼 수 있다. 다소 길이 험한 만큼 안전에 유의하자. 이른 아침에 방문해야 구름 한점 없는 나팔리 코스트의 절경을 볼 수 있다.

**ADD** Pihea Trail, Kappa, HI 96796

# RESTAURANT & CAFE



## Shrimp Station
### 쉬림프 스테이션

하와이에 있는 새우 요리 매장 중 가장 많은 메뉴를 자랑하는 새우 요리 전문점으로 주문, 픽업 모두 셀프다. 카우아이 맛집으로 손꼽히며 분홍색 간판이 눈에 띈다. 주문 후 이름을 알려주면 음식이 나올 때 불러준다. 새우 요리를 주문하면 사이드로 밥과 감자 중 선택할 수 있다. 카파 지역에도 매장이 있다.

**ADD** 9652 Kaumualii Hwy, Waimea, HI 96796 | **TEL** 808-338-1242 | **OPEN** 11:00-17:00 | **SITE** theshrimpstation.com

## Wrangler Steakhouse
### 랭글러 스테이크 하우스

1909년 건물을 개조해 식당으로 사용하고 있는 카우아이의 유명 스테이크 하우스다. 카우아이에서 자란 소고기만 사용하며 패티는 그릴에 직접 구워 맛이 담백하다. 스테이크, 햄버거, 샐러드, 칵테일 등을 판매하며 날씨가 좋은 날에는 야외 테라스에서 식사도 가능하다. 실내에는 목장에서 카우보이들이 사용하던 용품들이 전시되어 있고 기념품점도 있다.

**ADD** 9852 Kaumualii Hwy, Waimea, HI 9679 | **TEL** 808-338-1218 | **OPEN** 월-목 11:00-20:30, 금 11:00-21:00(일 휴무) **SITE** wranglerssteakhouse.com

# 할리우드 영화 속 카우아이

'지구상 마지막 남은 낙원'이라 불리는 카우아이는 원시림이 잘 보존된 덕에 미국 내에서도 인기 있는 영화·드라마 촬영지로 꼽힌다. 밀림, 고원 등 때 묻지 않는 원시 자연 무대는 단연코 촬영 1순위다.

## 영화 속 카우아이 명소

카우아이 내 할리우드 촬영지 무비 투어가 성행할 만큼 많은 여행자들이 관심을 갖는다. 여행 전 카우아이가 배경이 된 영화를 시청하고 각 스폿을 방문한다면 느낌이 남다를 것이다. 대표적인 촬영지는 다음과 같다. 와이메아 캐니언, 하나페페 타운, 국립 열대 식물원(앨러튼 가든), 와일루아 폭포, 와일루아 강, 오파에카아 폭포 전망대, 카파 타운, 리드게이트 비치 파크, 킬라우에아 등내 전망대, 하날레이, 케에 비치, 나필리 코스트다.

필름카우아이 SITE filmkauai.com

## 카우아이를 배경으로 한 영화들

대표적인 영화는 <쥬라기 공원:잃어버린 세계(Jurassic Park: The Lost World)>, <쥬라기 공원> 시리즈, <킹콩(King Kong)>, <디센던트(The Descendants)>, <캐리비안의 해적:낯선 조류(Pirates Of The Caribbean: On Stranger Tides)>, <소울서퍼(Soul Surfer)>, <아바타(Avatar)>, <인디아나 존스(Indiana Jones)>, <허니문 인 베가스(Honeymoon in Vegas)>, <피펫트 겟어웨이(A Perfect Getaway)>, <식스 데이 세븐 나잇(Six Days Seven Nights)>, <블루 하와이(Blue Hawaii)>, <남태평양(South Pacific)>, <릴리 앤 스티치(Lilo & Stitch)>, <가시나무새(The Thornbirds)> 등이다.

# KAUAI SOUTH

카우아이 남부

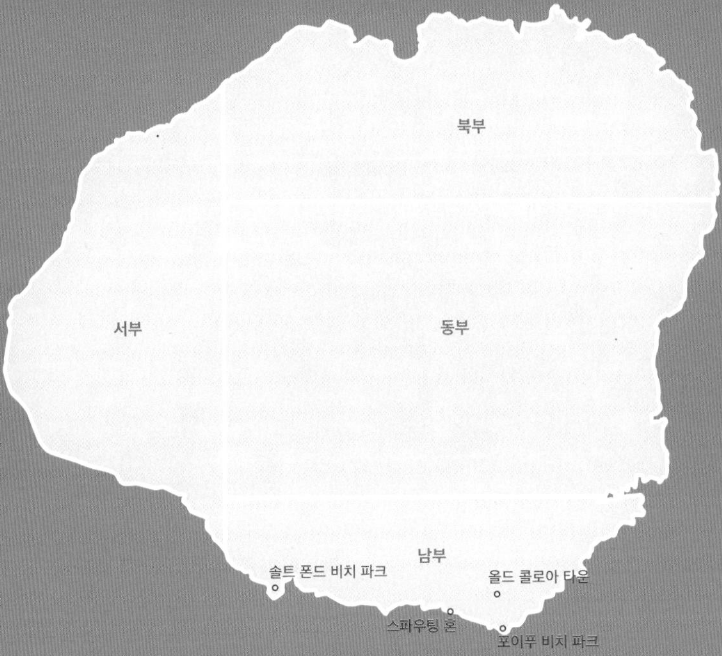


관광 스폿, 리조트, 골프장, 쇼핑, 해변을 모두 갖추고 있어 종일 시간을 보내도 심심할 겨를이 없는 곳. 해변에서 즐기는 낮잠, 절경 위에서 날리는 티샷, 정겨움 가득한 옛 마을까지 어느 하나 빼놓을 수 없는 매력으로 가득한 곳이다.

# ATTRACTION 명소

## Salt Pond Beach Park

천연 소금의 보고

**솔트 폰드 비치 파크**

하와이에서 천연 소금이 생산되는 유일한 곳이다. 이곳의 소금은 건조하고 뜨거운 여름에 전통 방식으로 생산된다. 염수 구역에는 사전 허락 없이 출입할 수 없지만, 바다로 연결된 모래 해변에서는 1년 내내 수영을 즐길 수 있다. 해변 오른쪽 작은 암초들이 파도를 막아줘 자연스럽게 라군이 형성된 덕분이다. 현지인들이 많이 찾는 곳으로 산호초가 많고 파도가 잔잔해 스노클링과 물놀이, 캠핑을 즐기기 좋다.

**ADD** Lokokai Rd, Hanapepe, HI 96716 | **편의시설** 구조요원, 화장실, 주차장, 비치 샤워, 피크닉 테이블

## Hanapepe Town

예술인 마을

### 하나페페 타운

카우아이에서 가장 작은 마을이자 예술인 마을로 불리는 곳이다. 1910년 본토의 한 마을을 참고해 만들어진 곳으로 서부 영화 세트장 같은 느낌이 든다. 1950년대까지는 훈련을 받는 병사들로 카우아이에서 가장 북적이는 곳이었다. 옛 건물을 그대로 남겨둔 채 영업하는 곳이 많은데, 곳곳에 건물의 역사를 소개하는 안내문이 있어 흥미롭다. 현재 개성 있는 미술관과 숍이 모여 있다. 영화 <가시나무새>, <최후의 출격>, <릴로 앤 스티치>의 모델이 된 곳이다. 하나페페 타운의 명물인 트럭을 찾아보는 것도 잊지 말자! 매주 금요일 18:00-21:00까지 '하나페페 아트 나이트'가 열린다. 소박한 장터로 볼거리와 먹거리가 많고 갤러리에서 여유 있게 예술품을 감상할 수 있다.

ADD Hanapepe, HI 96716 | TEL 808-335-5944
SITE hanapepe.org

## Hanapepe Swinging Bridge

100년 역사의 흔들 다리

### 하나페페 스윙 브릿지

한 사람 남짓 지나갈 수 있을 정도로 폭이 좁은 다리로 하와이 나무 중 최고로 꼽히는 코아 나무로 만들어졌다. 만들어진 지 100년이 넘은 유서 깊은 다리이며 그동안 몇 번의 태풍에도 무너지지 않아 의미가 더 깊다.

ADD 3857 Hanapepe Rd, Hanapepe, HI 96716 | OPEN 24시간

## National Tropical Botanical Garden

섬을 더 특별하게 만드는

**국립열대식물원**

12만 평 규모의 앨러튼 가든(Allerton Garden)과 30만 평 규모의 맥브라이드 가든(Mcbryde Garden)이 합쳐져 탄생한 곳이다. 1930년대 시카고 은행 가문인 로버트 앨러튼(Robert Allerton) 가에서 구입해 조성한 정원을 1987년 그의 후손이 식물원으로 세웠다. 앨러튼 가든은 <내셔널 지오그래픽 트레블러>에서 '죽기 전에 가야 할 장소 50곳' 중 한 곳으로 선정했을 만큼 아름다운 조경과 정원 예술, 인공 폭포를 자랑한다. 실제 많은 할리우드 영화의 단골 촬영지이기도 하며 영화 <쥬라기 공원>에 등장하는 모턴 만(Moreton Bay) 무화과 나무도 볼 수 있다.

맥브라이드 가든은 셀프 투어(1시간 30분), 앨러튼 가든은 유로 가이드 투어(2시간)로 돌아볼 수 있다. 가이드 투어는 예약(10% 할인) 및 현지 구매가 가능하다. 앨러튼 가족이 살았던 주택을 방문하고 라나이에서 저녁 식사와 함께 석양(3시간)을 감상하는 프로그램도 있다. 방문자센터에서 가든까지는 셔틀로 이동한다. 식물원 방문 예정이라면 모기약, 모기 패치, 모기 및 벌레 연고를 준비하는 것이 좋다.

ADD 4425 Lawai Road, Koloa HI 96756 | TEL 808-742-2623 | OPEN 8:00-17:00 | SITE ntbg.org/tours

## Spouting Horn

도마뱀의 신음을 담은 물기둥

### 스파우팅 혼

용암으로 굳은 바위가 파도의 침식에 의해 곳곳에 특이한 형태로 구멍을 내거나 갈라지면, 그 틈 사이로 파도가 치면서 바닷물이 분수처럼 크게 솟아오르는 현상을 볼 수 있다. 다른 섬의 블로우 홀과 이곳의 차이점은 크게 신음하는 듯한 소리를 만들어낸다는 것이다. 전설에 따르면 이곳에는 큰 도마뱀이 살았고, 도마뱀은 바다에 들어오는 사람을 잡아먹었다. 어느 날 리코(Liko)라는 사람이 낚시를 갔다가 도마뱀에게 공격을 당하자 도마뱀 입에 창을 던지고 용암 구멍에 숨어 있다가 도망쳐 나왔다. 그를 따라 구멍으로 들어간 도마뱀은 다시 나오지 못했고 그 이후 배고픔과 고통에 신음하는 소리를 낸다고 전해진다. 작은 구멍 사이로 솟구쳐오르는 시원한 물기둥을 볼 수 있으며 전망대 가는 길에는 기념품을 파는 가판대가 모여 있다.

**ADD** Lawai Rd, Koloa, HI 96756 | **TEL** 808-241-4460
**OPEN** 8:00-18:00

## Old Koloa Town

이민자의 흔적을 찾아 떠나는

### 올드 콜로아 타운

현재는 레스토랑과 각종 상점이 가득 들어선 장난감 마을 같은 곳으로 변모했지만, 1835년 카메하메하 통치 당시 하와이 제도 중 가장 먼저 사탕수수 농장이 이곳에서 문을 열었다. 상점 양옆으로 설탕 공장의 흔적이 남아 있다. 콜로아 타운 내 작은 공원에는 이민자들을 위한 기념비가 세워져 있다. 한국 이민자 모습의 흔적도 찾아볼 수 있다. 흰 벽으로 둘러싸인 기념비 안쪽으로 인물들의 모습이 있으니 놓치지 말자.

ADD Koloa Rd, Koloa, HI 96756 | OPEN 9:00-21:00
SITE oldkoloa.com

## Brennecke's Beach

현지인들의 사랑을 받는 해변

### 브레넥스 비치

보디서핑을 즐길 수 있는 곳으로 현지인 사이에서는 인기 해변으로 꼽힌다. 용암이 해변 양쪽을 두르며 가운데로 모래사장이 펼쳐져 있다. 그늘이 없어 다소 아쉽지만 넓은 공원이 펼쳐져 있으며 포이푸 비치와 나란히 연결되어 있다.

ADD 2100 Hoone Rd, Koloa, HI 96756 | TEL 808-742-7588 | OPEN 10:00-23:00 | SITE brenneckes.com

## Poipu Beach Park

카우아이 최고의 해변

### 포이푸 비치 파크

카우아이 남쪽에서 가장 인기가 많으며 미국 여행 채널에서 최고의 해변으로 선정되기도 했다. 비치 오른쪽에서 스노클링을 즐기고 휴식을 취하거나 석양을 감상할 수 있어 가족, 커플 여행객들로 북적인다. 때로 모래사장에서 멸종위기 동물인 하와이 바다표범과 함께 일광욕도 즐길 수 있어 더욱 매력적이다. 썰물 때 바다가 갈라지는데 이때 모래사장에서 떨어진 작은 해변까지 걸어갈 수 있다. 화창한 남쪽에 위치하고 있어 언제 방문하더라도 좋은 컨디션의 바다를 만날 수 있다.

ADD 1959-2177 Hoone Rd, Koloa, HI 96756 | TEL 808-742-7444 | 편의시설 주차장, 구조요원, 비치 샤워, 화장실, 피크닉 테이블

## Maluhia Road Tree Tunnel

자연이 만든 터널

### 말루히아 로드 나무 터널

1911년에 심은 500여 그루의 나무로 이루어진 터널이다. 도로 양쪽으로 1km에 걸쳐 유칼립투스 나무의 향연이 펼쳐진다. 두 차례의 허리케인 피해에서 복구되어 지금의 모습에 이르렀다. 여신 펠레가 인간으로 변신해 차를 세운다는 전설이 있다.

ADD 520 Maluhia Rd, Koloa, HI 96756

## Glass Beach

유리 모래가 이룬 해변

### 글래스 비치

오래전 버려진 유리병 쓰레기가 세월의 시간을 안고 고운 모래로 변해 멋을 더하는 해변으로 여행객들에게는 잘 알려지지 않은 곳이다. 멀리서 보면 모래인지 유리알인지 알 수 없지만 가까이에서 보면 형형색색 둥글둥글하게 다져진 유리알이 아름다운 빛을 발한다. 해수욕을 즐길 수 있는 곳은 아니니 참고하자.

ADD 171 Aka Ula St, Eleele, HI 96705

## Alekoko

뛰어난 시공 기술을 엿볼 수 있는 양어장

### 알레코코

약 1,000년 전 만들어진 곳으로 고대 하와이 양식업의 전형을 확인할 수 있다. 메네후네 양어장(Menehune Fishpond)으로도 불리는데 '메네후네'는 카우아이 전설에 나오는 인물이다. 내륙에 석벽으로 쌓아올린 이 저수지에는 산속 난쟁이들이 하룻밤에 만들었다는 전설이 내려오고 있어 더욱 흥미롭다. 전망대 겸 주차장에서 조망 가능하다.

ADD 2394-2458 Hulemalu Rd, Lihue, HI 96766

# RESTAURANT & CAFE

레스토랑 & 카페

## 조식 & 브런치

### Little Fish Coffee
**리틀 피시 커피**

신선하고 맛있는 아침 식사와 함께 커피를 판매하는 아담한 가게로 이른 아침 식사를 즐기기 좋다. 젊은 히피풍 카페로 대부분 오후 5시 이전에 문을 닫지만 하나페페 아트 나이트가 열리는 금요일은 늦게까지 영업한다. 볼(Bowl) 메뉴가 유명하다. 포이푸 지역에도 매장이 있다.

ADD 3900 Hanapepe Road, Hanapepe, HI 96716
TEL 808-335-5000 | OPEN 7:00-15:00 | SITE littlefish-coffee.com

## Midnight Bear Breads
**미드나잇 베어 브래즈**

하나페페 마을에 위치한 부티크 베이커리로 심플한 인테리어와 빵 굽는 냄새가 사람들의 발길을 붙잡는다. 아몬드 크루아상, 피자, 샌드위치가 특히 맛있다. 매주 토요일 열리는 KCC 파머스 마켓에서도 맛볼 수 있다.

ADD 3830 Hanapepe Road, Hanapepe, HI 96716
TEL 808-346-4949 | OPEN 월, 수 6:30-17:00, 목-토 9:00-15:00(일·화 휴무) | SITE midnightbearbreads.com

## Bobbie's Restaurant
**바비스 레스토랑**

사이민, 스테이크, 새우, 치킨 등 다양한 요리를 즐길 수 있는 곳으로 플레이트 포장 손님이 대부분이다. 현지인에게도 인기가 많다. 양도 푸짐해 배불리 먹기 좋지만 현금 결제만 가능하다.

ADD 3820 Hanapepe Rd, Hanapepe, HI 96716 | TEL 808-335-5152 | OPEN 월-수 10:00-15:00, 목-토 10:00-14:30 17:00-20:00

# 디너

## Beach House
**비치 하우스**

오션 프런트 레스토랑으로 하와이 리저널 퀴진의 멤버인 피터 메리맨이 공동 오너로 활약하고 있다. 현지에서 잡은 생선, 쇠고기, 커피, 과일을 주재료로 한 음식을 선보인다. 어느 시간에 방문하더라도 런치부터 디너, 라운지 메뉴를 편하게 즐길 수 있다.

ADD 5022 Lawai Rd, Koloa, HI 96756 | TEL 808-742-1424
OPEN 11:00-21:00 | SITE the-beach-house.com

## Eating House 1849 by Roy Yamaguchi
**이팅 하우스 1849**

하와이 리저널 퀴진의 창시자 중 한 사람인 로이 야마구치의 레스토랑으로 1849년 호놀룰루에서 오픈했다. 현지 식재료를 이용해 음식을 만드는 플랜테이션 시대의 문화를 현대적으로 재해석해 편안한 분위기에서 즐길 수 있다. 인기가 많은 곳이니 예약을 서두르자.

ADD 2829 Ala Kalanikaumaka Rd A-201, Koloa, HI 96756
TEL 808-742-5000 | OPEN 17:00-21:30

## Merriman's Gourmet Pizza & Burgers
### 메리맨스 구오메이 피자 앤드 버거

2층 규모의 캐주얼 레스토랑이다. 1층은 피자, 버거, 맥주, 칵테일이 주 메뉴이며 스포츠 바 분위기로 언제나 활기차다. 2층에서는 생선 요리를 주로 맛볼 수 있으며 1층보다는 분위기가 차분하다.

ADD 2829 Ala Kalanikaumaka St G-149, Koloa, HI 96756
TEL 808-742-2856 | OPEN 11:30-14:00, 17:00-21:00
SITE merrimanshawaii.com

## MCS Grill
### MCS 그릴

오랜 시간 레스토랑에서 일해온 주인과 그의 자식들이 함께 운영하는 곳이다. 메인 메뉴에서부터 디저트까지 직접 만들어 선보인다. 버거, 스테이크를 비롯해 채식 위주의 메뉴도 판매한다. 특별한 인테리어는 없지만 분위기가 편안하다.

ADD 1-3529 Kaumualii Hwy, Hanapepe, HI 96716
TEL 808-431-4645 | OPEN 월-금 10:30-20:30, 토 17:00-21:00 | SITE mcsgrill.com

## Brick Oven Pizza
### 브릭 오븐 피자

심플한 이탈리안 분위기의 매장으로 카우아이 베스트 피자로 꼽히는 곳이다. 직접 만든 소스와 얇은 도우가 일품인 곳으로 서비스가 좋고 친절하지만, 가격이 조금 비싼 편이다.

ADD 2-2555 Kaumualii Hwy, Kalaheo, HI 96741 | TEL 808-332-8561 | OPEN 11:00-21:00(수 휴무) | SITE brickoven-pizzahawaii.com

# 디저트

## Puka Dog
### 푸카 도그

1개에 6$이 넘는, 하이엔드 핫도그를 선보이는 곳이다. '푸카'는 하와이어로 '구멍'을 뜻하는데 핫도그 빵에 길게 구멍을 내 그 속에 구운 소시지와 소스, 토핑을 넣어 먹는다. 하날레이에도 매장이 있다.

ADD 2360 Kiahuna Plantation Dr, Koloa, HI 96756
TEL 808-742-6044 | OPEN 10:00-20:00
SITE pukadog.com

## Lappert's Hawaii
### 래퍼츠 하와이

유럽에서 캘리포니아 소살리토로 이민 와 레스토랑을 운영하던 월터 래퍼트가 1983년 61세의 나이에 문을 연 아이스크림 가게다. 현지 재료로 만든 슈퍼 프리미엄 아이스크림이 유명한데, 초창기에는 마카다미아 너트와 바닐라 두 종류만 판매했다. 신선도를 위해 매일 소량의 아이스크림만을 만들고 있다. 하나페페 매장이 본점이며 포이푸, 프린스 빌, 카파아는 물론 오아후와 마우이에도 매장이 있다.

**ADD** 1-3555 Kaumualii Hwy, Hanapepe, HI 96716 | **TEL** 808-335-6121 | **OPEN** 12:00-18:00 | **SITE** lappertshawaii.com

## Papalani Gelato
### 파팔라니 젤라토

현지 유기농 재료로 만든 이탈리안 젤라토를 선보이는 곳이다. 적은 양을 바로 만들어 팔기 때문에 맛이 매우 좋다. 이곳에서 카우아이의 달콤함을 제대로 맛보자. 유제품이나 설탕이 들어가지 않은 메뉴도 있다. 콜로아 지역에도 매장이 있다.

**ADD** 3366 Waapa Rd, Lihue, HI 96766 | **TEL** 808-246-2060 | **OPEN** 11:00-21:30 | **SITE** papalanigelato.com

## Kauai Coffee Company
### 카우아이 커피 컴퍼니

카우아이 커피 재배 농장으로 작은 박물관을 함께 운영 중이며 오래된 기계와 함께 하와이 지역의 커피 역사에 대해서도 살펴볼 수 있다. 농장 셀프 투어도 가능한데 짧은 코스에 안내 설명도 잘 만들어 커피에 관심 있는 사람이라면 충분히 즐길 수 있다. 커피 시음은 물론 다양한 크림, 원두 등의 쇼핑도 가능하다. .

**ADD** 870 Halewili Rd, Kalaheo, HI 96741 | **TEL** 808-335-0813 | **OPEN** 9:00~17:00 | **SITE** kauaicoffee.com

## Kauai Cookies
### 카우아이 쿠키

1965년부터 시작된 오랜 전통을 가진 카우아이 대표 쿠키이다. 마카다미아 너트, 구아바, 코코넛 등을 이용해 만든 쿠키를 판매하고 있다. 카우아이 기념품으로 구매하기 좋다.

**ADD** 1-3529 Kaumualii Hwy, Hanapepe, HI 96716
**TEL** 808-335-5003 | **OPEN** 8:00~17:00(토 휴무)

## Koloa Mill Ice Cream & Coffee
### 콜로아 밀 아이스크림 앤드 커피

마우이에서 탄생한 디저트 전문점이다. 부드러운 맛과 향으로 100년 넘게 사랑받고 있는 로즈라니(Roselani) 아이스크림을 맛볼 수 있다. 마카다미아 너트, 하우피아, 파인애플 크림, 코나 머드 파이, 망고 앤드 크림 등 하와이 향 가득한 아이스크림을 선보인다. 신선한 커피와 블루베리 치즈 파이도 유명하다.

**ADD** 5424 Koloa Rd, Koloa, HI 96756 | **TEL** 808-742-6544
**OPEN** 월-금 12:00-21:00 | **SITE** roselani.com

## Kauai Nut Roasters
### 카우아이 너트 로스터스

기름이 아니라 물로 볶은 16가지 종류의 너트를 파는 작은 가게로 대부분의 맛을 무료로 시식해볼 수 있다. 비싸지만 맛이 워낙 좋아 지갑이 저절로 열리는 곳이다. 올드 콜로아와 하날레이에 매장이 있다. 대량 구매하면 서비스도 챙겨준다. 카우아이에서만 구입할 수 있는 먹거리다.

**ADD** 5371 Koloa Rd, Koloa, HI 96756 | **TEL** 808-826-7415
**OPEN** 10:00-18:00 | **SITE** kauainutroasters.com

# SHOPPING

쇼핑

## Hanapepe Art Night
### 하나페페 아트 나이트

역사의 숨결이 살아 숨 쉬는 작은 마을 하나페페에서 매주 금요일마다 열리는 행사다. 미술관이 늦게까지 문을 열고 푸드트럭도 있어서 다양한 체험이 가능하다. 미국 최서단 서점인 토크 스토리(Talk Story)에도 들러보고 스윙 브릿지도 건너보자. 화려하진 않지만 소소한 즐거움이 있는 저녁 나들이 코스로 제격이다.

ADD Hanapepe Road, Hanapepe, HI 96716 | OPEN 매주 금 18:00-21:00

## Malie Organics
### 말리에 오가닉스

하와이 자연의 매력을 담은 천연 화장품이다. 하와이에서 나는 식물로 만드는 럭셔리 스파 브랜드로 카우아이에서 생겨났다. 바디 용품이 인기가 많으며 하와이만 있는 에디션 제품도 있다. 하와이 고급 호텔 내 스파에서도 판매하며 쿠쿠이울라 쇼핑 센터 내, 하날레이에 매장이 있다.

ADD 2829 Ala Kalanikaumaka Rd, Koloa, HI 96756
TEL 808-339-3055 | OPEN 10:00-21:00 | SITE malie.com

## The Shops at Kukui'ula
### 쿠쿠이울라 쇼핑센터

20% 밖에 개발되지 않은 카우아이에서 쇼핑할 곳은 많지 않다. 하지만 이곳만큼은 카우아이에 있는 매장을 다 모아놓은 듯 유명 패션 브랜드부터 캐주얼한 현지 브랜드까지 입점해 있다. 매주 수요일(15:30-18:00) 등 특정 요일마다 마켓이 열리니 방문 전 홈페이지에서 확인해보자.

ADD 2829 Ala Kalanikaumaka Rd A-101, Poipu, HI 96756
TEL 855-742-0234 | OPEN 10:00-21:00 | SITE theshopsatkukuiula.com

### OH! MY TIP

**카우아이에서 만나는 니하우 쉘**

카우아이에서 남서쪽으로 27km 떨어진 금단의 섬 '니하우(Niihau)'는 150~200여 명이 사는 곳으로 심사림 외에는 출입할 수 없다. 이곳 비치에서 나는 희귀한 조개로 직접 만든 레이나 액세서리를 '니하우 쉘(Niihau shells)'이라고 하며 섬과 가장 가까운 카우아이에서만 만날 수 있다.

# KAUAI EAST

카우아이 동부

카우아이가 가진 지역적 특징을 한데 모아둔 곳. 현지인들의 터전인 카파아, 와일루아 강을 비롯해 폭포와 트레일을 즐길 수 있다. 하와이안의 활기찬 기운이 여행의 또 다른 에너지가 된다.

## Lydgate Park

가족 여행객 맞춤 장소

### 리드게이트 파크

비치 가운데 암석이 파도를 막아줘 안전하게 물놀이를 즐길 수 있는 곳이다. 아이들이 마음껏 뛰어놀 수 있는 잔디도 넓게 펼쳐져 있고 피크닉 테이블, 화장실 등 편의시설이 잘 갖춰져 있어 주말이면 가족 단위로 찾아온 현지인들로 북적거린다. 단 암석이 라군을 조성하는 범위 내에서만 해변을 즐기도록 하자. 비치 뒤쪽으로 카말라니 플레이그라운드(Kamalani Playground)가 있어 아이들에게 더할 나위 없이 좋다.

ADD Leho Dr, Lihue, HI 96766 | TEL 808-241-4463
OPEN 7:00-18:00 | SITE kauai.gov

# Kauai Museum

카우아이를 이해하다

## 카우아이 박물관

ADD 4428 Rice St, Lihue, HI96766 | TEL 808-245-6931
OPEN 월-토 10:00-17:00 | FEE 성인 15$, 학생(8~17세), 10$
7세 이하 무료 | SITE kauaimuseum.org

사탕수수 이민의 역사와 하와이 원주민에 대한 전시물, 지도, 지질학적·문화적 유물들이 전시되어 있는 박물관이다. 개관 이후 지난 55년간 방문객들에게 카우아이를 더 깊이 이해할 수 있는 기회를 제공해왔다. 2개의 건물로 이루어진 전시관 가운데 할리우드 영화를 통해 보는 카우아이, 카우아이의 초기 비행 역사 등의 전시물이 특히 흥미롭다. 하날레이 베이에서 좌초한 카메하메하 2세의 배에서 건져낸 유물도 전시되어 있다. 카우아이로 이민을 온 이민국 나라와 이민자들에 대한 전시물도 소개되는데 한국의 사진 신부(남편 될 사람의 사진만 보고 혼인을 결정한 이들) 자료도 눈길을 끈다. 가이드 투어도 가능하며 기념품점에는 책과 지도 등이 잘 갖춰져 있다.

## Wailua Falls

쌍둥이 폭포

### 와일루아 폭포

두 개의 물줄기가 나란히 자리한 와일루아 폭포는 높이 25m의 작은 폭포로, 쌍둥이 폭포로도 불린다. 수직으로 떨어지는 물줄기를 보기만 해도 온몸이 시원해진다. 과거 원주민 남자들이 용맹함을 과시하기 위해 뛰어내렸다고 하여 '남자들의 장소'라는 별명도 붙어 있다. 와일루아 강 주변 폭포 가운데 도로변에 위치하고 있어 접근성이 좋다. 미국 TV 드라마 <판타지 아일랜드>의 오프닝을 비롯해 영화 <쥬라기 공원>, <킹콩>의 주 배경으로 등장하기도 했다.

ADD Ma'alo Rd Hwy 583, Lihue, HI 96766

## Opaeka'a Falls

접근성이 가장 좋은 폭포

### 오파에카아 폭포

카우아이에 있는 큰 폭포 중 가장 접근하기 좋은 곳에 있다. 오파에카아는 하와이어로 '돌돌 말린 새우'를 뜻한다. 전망대에 서면 넓게 펼쳐진 시원한 물줄기와 광활한 풍경이 시선을 사로 잡는다. 건너편에 와일루아 강이 흐르고 있지만 전망대에서는 전경만 볼 수 있다.

ADD Kuamoo Rd, Kapaa, HI 96746 | SITE 808-274-3444

## Wailua River State Park
카우아이 최대의 강에서 만나는 풍경
### 와일루아 강 주립공원

카우아이 최대 규모의 강인 와일루아 강과 풀고사리 동굴, 오파에카아 폭포(Opaeka'a Falls)를 아우르는 공원이다. 하와이 지역에서 유일하게 배가 다닐 수 있는 곳이라 보트, 카약을 이용하는데 대부분 강 초입부터 풀고사리 동굴까지 운행한다. 풀고사리 동굴은 옛 하와이 왕족이 결혼식을 진행하던 성스러운 곳으로 이곳에서 연인의 손을 잡으면 영원한 사랑을 이룰 수 있다는 전설이 있다. 와일루아 강의 대표적인 볼거리이지만 자연 재해 등의 이유로 많이 훼손되었다. 시크릿 폭포(Secret Falls)는 강 상류에 있어 카약을 이용해야만 볼 수 있다.

ADD Highway 56, Lihue, HI 96766 | TEL 808-274-3444

## Sleeping Giant
영원한 잠에 든
### 슬리핑 자이언트

노우노우 산맥(Nounou Mt)을 이루고 있는 슬리핑 자이언트는 사람이 등을 맞대고 누워 있는 형상이다. 전설에 따르면 한 거인이 마을 사람들에게 속아 물고기와 포이에 숨겨진 바위를 먹었는데 이후 식곤증이 밀려와 낮잠을 잤고, 지금까지 깨어나지 않은 채 누워 있는 것이라고 한다. 훌륭한 전망과 숲이 우거진 3.2km 길이의 트레일이 유명하다. 코스 시작점에 무료 주차장이 있다. 쉬운 코스로 왕복 1시간 30분-2시간 소요되며 정상부에서 카우아이 동쪽을 한 눈에 담을 수 있다.

ADD Nounou Rd, Kapaa, Kauai, HI 96747 | TEL 808-464-0840

## Kilohana Plantation

유서 깊은 사탕수수 농장

**킬로하나 플랜테이션**

1936년 설탕 남작 게일로드 윌콕스(Gaylord Wilcox)가 세운 카우아이 최대의 사탕수수 농장으로 현재는 카우아이의 주요 명소로 꼽힌다. 아름다운 대저택 자리에는 고급 레스토랑을 비롯해 기념품점, 미술관, 콜로아 럼(Koloa Rum) 등이 들어서 있으며, 특별한 입장료가 없어 편하게 출입할 수 있다. 사탕수수 운반용 철로는 현재 농장 안을 투어하는 용도로 사용되고 있다. 설탕 산업의 성장과 번영을 확인할 수 있는 기차 투어와 루아우 쇼는 유료로 운영된다.

ADD 3-2087 Kaumualii Hwy, Lihue, HI 96766
TEL 808-245-7245 | OPEN 9:35-14:00, | FEE 기차 투어 성인 19$, 아동 14$ | SITE kilohanakauai.org

## Kapaa Beach Park

일출 감상의 성지

**카파아 비치 공원**

현지인이 주로 찾는 곳으로 아름다운 백사장이 있다. 섬의 동쪽에 있어 매력적인 일출을 볼 수 있다. 산책로가 잘 정비되어 있다.

ADD Kapa'a Bike Path, Kapaa, HI 96746 | 편의시설 주차장, 화장실, 비치 샤워

# RESTAURANT & CAFE

레스토랑 & 카페

## Java Kai
### 자바 카이

카파아에 위치한 작고 깔끔한 카페다. 다양한 종류의 커피와 스무디, 페이스트리 등을 판매한다. 오전 6시에 문을 여는 덕분에 이른 아침 커피와 간단한 식사가 필요한 사람들에게는 단비 같은 곳이다.

ADD 4-1384 Kuhio Hwy, Kapaa HI 96746 | TEL 808-823-6887 | OPEN 6:00-19:00

## Kountry Kitchen
### 컨트리 키친

카파아 지역의 보석 같은 캐주얼 레스토랑이다. 항상 사람들로 붐비며 심플한 미국식·하와이식 아침 식사를 맛볼 수 있다. 카우아이의 상징이라 할 수 있는 '닭'을 테마로 한 다양한 인테리어 소품이 많아 보는 재미도 쏠쏠하다.

ADD 4-1485 Kuhio Hwy, Kapaa HI 96746 | TEL 808-822-3511 | OPEN 6:00-13:30 | SITE kountrystylekitchen.com

## The Green Pig
### 더 그린 피그

케알리아(Kealia) 해변 건너편 잔디밭에 위치한 푸드 트럭으로 샌드위치, 샐러드, 버거 등 간단한 점심 메뉴를 선보인다. BBQ 풀드 포크(Pulled Pork) 샌드위치와 돼지꼬리(Piggy Tails)라는 감자튀김이 인기 메뉴다. 피크닉 테이블에서 식사가 가능한데, 먹는 중간에 닭이 와서 방해하면 물 스프레이를 뿌려서 쫓으면 된다.

**ADD** Kealia, HI 96751 | **TEL** 808-212-8343 | **OPEN** 화-토 11:00-16:00(일·월 휴무)

## Bubba's Burgers
### 부바스 버거

카우아이에서 손꼽히는 맛집으로 1936년부터 영업해온 유서 깊은 햄버거 전문점이다. 본점은 콜로라도에 있으며, 주인의 손자가 카우아이에서 군 복무를 마친 후 섬에 머물면서 이곳에 매장을 냈다. 카우아이 산 쇠고기만 사용하며, 소박한 모습의 기본 버거와 더블 부바 버거가 특히 사랑받는 메뉴다. 치즈를 추가할 수 있으며, 어니언 링도 인기 메뉴이니 함께 먹어보자. 포이푸에도 매장이 있다.

**ADD** 4-1421 Kuhio #104, Kapaa, HI 96746 | **TEL** 808-823-0069 | **OPEN** 10:30-20:00 | **SITE** bubbaburger.com

## Duke's Kauai
### 듀크스 카우아이

열대 음료와 햄버거, 샌드위치를 즐길 수 있는 1층 캐주얼 레스토랑과 2층 고급 다이닝 레스토랑으로 운영되고 있는 곳이다. 1층에서는 해변을 바라보며 칵테일을 즐기기 좋다. 로컬 콜로아 럼을 사용하는 칼라파키 마이 타이는 꼭 마셔보자. 2층에서는 립, 스테이크와 해산물 요리를 맛볼 수 있다.

**ADD** 3610 Rice St, Lihue HI96766 | **TEL** 808-246-9599 **OPEN** 11:00-22:30 | **SITE** dukeskauai.com

## Korean BBQ
### 코리안 비비큐

카우아이의 유일한 한국 식당으로 미국식 런치 플레이트가 주를 이룬다. 갈비, 비빔밥, 오징어 볶음이 단연 베스트로 꼽힌다. 김치찌개는 유동적으로 판매하니 주문 전에 확인하자. 현지인들에게도 인기가 많은 탓에 식사 시간 때는 30분 이상 대기해야 한다.

ADD 4-356 Kuhio Hwy E3, Kapaa, HI 96746 | TEL 808-823-6744 | OPEN 수-일 11:00-20:30

## Chicken in a Barrel
### 치킨 인 어 배럴

이름에서 알 수 있듯, 철통에 넣고 훈제한 닭고기를 선보인다. 부드럽고 맛있는 닭 요리를 저렴한 가격에 맛볼 수 있다.

ADD 4-1586 Kuhio Hwy. Kapaa, HI96746 | TEL 808-823-0780 | OPEN 월-토 11:00-20:00, 일 11:00-19:00
SITE chickeninabarrel.com

## Art Cafe Hemingway
### 아트 카페 헤밍웨이

사랑스러운 느낌의 식당으로 파란 파라솔이 손님을 맞는다. 신선한 재료를 이용해 모든 메뉴를 손수 만든다. 풍부한 여행 경험과 음식에 대한 사랑이 녹아 있는 이곳의 요리는 기대 이상의 즐거움을 선사해준다.

ADD 4-1495 Kuhio Hwy, Kapaa, HI 96746 | TEL 808-822-2250 | OPEN 수-일 8:00-14:00, 18:00-21:00

## Hamura Saimin
### 하무라 사이민

현지인 추천 맛집으로 카우아이에서 사이민은 하무라 사이민으로 통한다고 할 정도다. 사이민을 비롯해 디저트인 릴리코이 쉬폰 파이도 인기며 가격도 저렴하다. 빈자리가 생기는 대로 앉아야 하고, 현금 결제만 가능하다.

ADD 2956 Kress St, Lihue, HI 96766 | TEL 808-245-3271
OPEN 월-목 10:00-22:30, 금-토 10:00-24:00, 일 10:00-21:30

# SHOPPING



## KIKO
### 키코

다른 곳과는 차별화된, 모던하고 심플한 숍으로 각종 아이템에서 주인장의 빼어난 안목을 톡톡히 확인할 수 있다. 가게는 대량 생산되는 물건보다 아티스트에게 생계 유지에 적합한 값을 치르고 구해온 독특한 수공예 제품으로 채워져 있다. 가격도 많이 비싸지 않아 부담스럽지 않고 둘러만 보아도 기분이 좋아지는 곳이다.

**ADD** 4-1316 Kuhio Hwy, Kapaa, HI 96746 | **TEL** 808-822-5096 | **OPEN** 월-토 10:00-19:00, 일 12:00-18:00
**SITE** kikokauai.com

## Koloa Rum Co.
### 콜로아 럼 컴퍼니

카우아이에서 생산되는 유일한 럼이며, 전무후무한 양조장이다. 카우아이의 유산으로도 불리는데 옛 사탕수수의 기술을 활용해 만든다. 열대 우림과 깨끗한 산에서 솟아나는 물, 하와이 마지막 설탕 농장인 마우이 사탕수수 회사에서 공수한 재료로 럼을 제작·생산한다. 21세 이상 무료 시음이 가능하다. 시음은 30분간 진행되며 신분증은 꼭 챙겨야 한다.

**ADD** 3-2087 Kaumualii Hwy, Lihue, HI 96766 | **TEL** 808-246-8900 | **OPEN** 월·수·토 10:00-17:00, 화·금 10:00-21:00, 목 10:00-18:30, 일 10:00-15:00 | **SITE** koloarum.com

# KAUAI NORTH

카우아이 북부

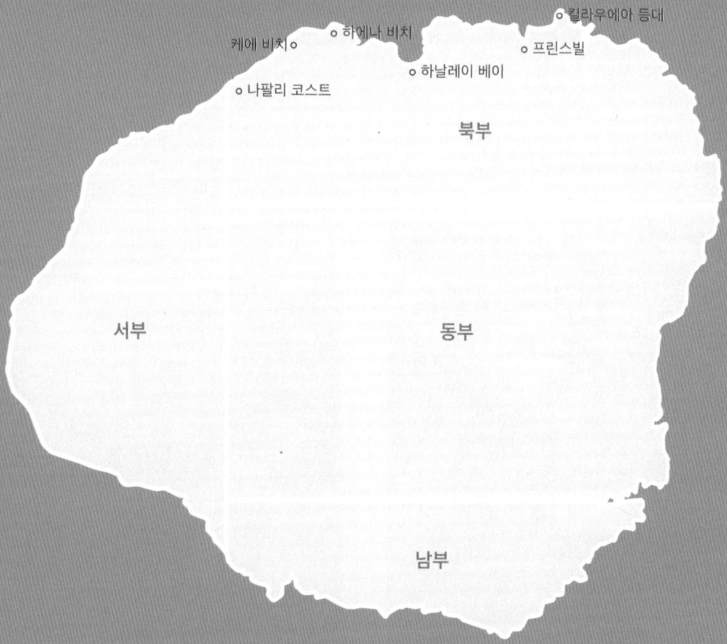


마법 같은 풍경이 펼쳐지는 카우아이 북부는 산, 밭, 해변이 한데 어우러졌다. 또한, 고급 리조트와 세계적 수준의 골프 코스가 공존한다. 카우아이의 하이라이트라 해도 무방한 아름다움을 감상할 수 있다.

## Kilauea Lighthouse

새들의 놀이터가 된 붉은 등대

**킬라우에아 등대**

관광 엽서에 언제나 등장하는 북부의 대표 관광지. 1913년 최북단에 세워진 빨간 지붕의 등대로 1976년까지 바다의 길잡이로 활약했으며 2013년 보수 공사를 마쳤다. 킬라우에아 야생동물 보호구역(National Wildlife Refuge)으로도 지정된 만큼 이곳에서는 다양한 조류 및 야생동물도 만날 수 있다. 멀리서 등대 풍경을 감상하는 것도 좋지만 등대 앞쪽을 직접 방문하는 것을 추천한다. 셀프 가이드 투어도 가능하다. 등대와 더불어 바다 위를 날아다니는 새들이 극적인 풍경을 선사하는 곳이다.

ADD 3500 Kilauea Rd, Kilauea, HI 96754 | TEL 808-828-0384 | OPEN 10:00-16:00(일·월 휴무) | FEE 15세 이상 5$(현금만 가능), 15세 미만 무료 | SITE kilaueapoint.org/lighthouse

## Princeville

고급 리조트 단지

**프린스빌**

카메하메하 4세의 이들 앨버트 왕자가 방문한 것을 기념해 이와 같은 명칭을 붙인 리조트 단지로 고급 리조트, 호텔, 콘도, 골프장이 자리해 있다. 이곳에 있는 하이드어웨이 비치와 퀸스 배스 비치는 특히 여름에 방문하기 좋다. 꼭 호텔에 투숙하지 않더라도 멋진 뷰를 감상할 수 있으니 마음에 드는 호텔 레스토랑에서 조식을 먹거나 차를 마시며 경치를 즐겨보자.

ADD Kahaku Rd. Princeville, Hi 96722

## Queen's Bath(Pond)

여왕의 목욕탕

**퀸스 배스**

용암 바위로 둘러싸인 웅덩이로, 잔잔한 파도 사이에 몸을 담글 수 있는 숨은 명소다. 욕조 같은 모양을 하고 있어 '여왕의 목욕탕'이라는 이름이 붙었다. 주차 공간이 좁으니 오전 일찍 방문하길 권한다. 주차 후 내려가는 길이 미끄러울 수 있으니 가능하면 샌들이나 슬리퍼는 피하자.

ADD Kapiolani Loop, Princeville, HI 96722 | TEL 800-464-2924 | OPEN 화-일 9:00-16:00

## Kalihiwai Beach

강과 해변이 한자리에

**칼리히와이 비치**

칼리히와이 강의 평온함과 금빛 모래사장, 높은 파도의 역동성을 동시에 즐길 수 있는 비치다. 수심이 얕은 강 쪽은 누구든 마음 편히 즐길 수 있지만 바다 쪽으로는 파도를 타는 서퍼들이 가득하다. 일 년 내내 서퍼들이 있어 '서프 비치'라고도 불린다. 칼리히와이 강은 비치 왼쪽에 위치한다.

ADD 3069 Kalihiwai Rd, Kilauea, HI 9675 | SITE kauai-beachscoop.com

## Hideaways Beach

영화 속 주인공처럼

**하이드어웨이 비치**

외국 영화나 드라마 주인공처럼 한적한 모래사장에 누워 책을 보고 피크닉도 즐기며 수영과 스노클링을 하기 좋은 곳이다. 해변이 작지만 붐비지 않고, 야자수 일색인 보통 해변과는 달리 잎이 넓은 '폴스 카마니(False Kamani)' 나무가 큰 그늘을 드리워 햇볕 걱정 없이 휴식을 취할 수 있다. 파도가 높으면 사라지는 탓에 '하이드어웨이'라는 이름으로 잘 알려진 곳이지만 원래 이름은 '팔리 케 쿠아 비치(Pali Ke Kua Beach)'다. 가족보다는 젊은 커플이 많은 해변이니 허니문 여행객들에게 더욱 제격인 곳이다. 프린스빌 리조트 발렛 주차장 철장 옆 사잇길로 내려가야 한다. 해변으로 내려가는 길이 가파르기 때문에 설치된 밧줄과 철봉을 잘 잡아야 하며 바닥이 미끄럽지 않은 신발을 신도록 하자.

ADD Princeville, HI 96722 | TEL 808-464-0840

## OH! MY TIP

카우아이 여행하기 팁

카우아이는 인도 모우신람, 체라푼지와 더불어 세계 3대 다우 지역이다. 지난 32년간 연평균 11,680mm으로 여름에는 날씨가 좋지만 태풍, 폭우 등의 영향으로 통행이 금지되거나 비치 이용이 어려운 경우가 많다. 관련 정보는 주 당국 정보기관 홈페이지에서 얻을 수 있다.

SITE **카우아이 주** kauai.gov
**하와이관광청** hawaiitourismauthority.org

## Hanalei Valley Lookout

타로 밭의 풍경을 담다

### 하날레이 밸리 전망대

프린스빌을 지나자마자 위치해 있는 전망대다. 이곳에서는 하날레이 계곡 아래로 유유히 펼쳐진 타로 밭을 볼 수 있다. 청량하고 시원한 풍경을 사진으로 담을 수 있는 곳으로 카우아이의 또 다른 매력을 만날 수 있다.

ADD Kuhio Hwy, Princeville, HI 96722

## Hanalei Town

무지개 마을

### 하날레이 타운

하와이어로 '초승달 모양'이라는 뜻의 하날레이는 프린스빌 서쪽에 위치한 소박한 마을이다. '무지개 마을'이라는 별명을 가지고 있으며 영화 <남태평양>, <디센턴트>의 촬영지이기도 하다. 프린스빌에서 외나무 다리인 하날레이 브릿지(Hanalei Bridge)를 건너면 마을이 시작된다. 원 레인 브릿지(One Lane Bridge)로 한 번에 7-8대의 차량이 지난 후에 반대 방향 차가 지나는데, 현지인들의 통행 예절이니 잘 지키도록 하자. 칭 영 빌리지 쇼핑센터(Ching Young Village Shopping Center)는 규모가 크지 않지만 음식점과 기념품점이 있어 잠시 들러 식사를 하거나 휴식을 즐기기 좋다.

**칭 영 빌리지 쇼핑센터** ADD 5-5190 Kuhio Hwy, Hanalei, HI 9671 | TEL 808-826-7222

## Hanalei Bay

사랑받기 충분한

**하날레이 베이**

초승달 모양의 아름다운 해변이다. 3.2km 길이의 모래사장과 아름다운 바다, 그 뒤로 병풍처럼 둘러싸인 나팔리 코스트의 풍경이 마음을 사로잡는다. 1892년 세워진 하날레이 피어는 낚시, 수영을 즐기는 현지인들의 모임 장소다. 겨울에는 파도가 높아져 서핑 장소로도 각광받는다. 세계적으로 아름다운 해변 중 하나로 손꼽히는 곳임에도 사람은 많지 않다. 일본의 유명 작가 무라카미 하루키가 조깅을 즐기는 곳으로 한 마리 백조처럼 유유히 떠 있는 보트의 모습이 너무나 평화롭다.

**ADD** Weke Rd, Hanalei, HI 96714 | **TEL** 800-241-4460 | **편의시설** 구조요원, 주차장, 화장실, 비치 샤워

## Lumahai Beach

파도가 높아도 좋아!

**루마하이 비치**

영화 <남태평양>, <블루 하와이> 등의 촬영지로 유명해진 곳이다. 조용하고 한적해 휴식을 취하기 좋으며 해변 자체를 즐기기도 안성맞춤이다. 단 파도가 높아 물놀이에 적합하지 않고 편의시설이 마련되어 있지 않다.

**ADD** Hwy 560, Hanalei, HI 96714

## Tunnels Beach

조용하게 즐기는 스노클링

**터널스 비치**

루마하이 비치와 나란히 있는 비치로 인적이 드물어 조용하고 평화로우며 모래사장이 넓다. 카우아이의 스노클링 단골 장소 중 하나로 꼽히며 사람이 붐비지 않는 것이 장점이다. 비치 중앙 부분이 스노클링 명당이다. 단 주차는 주택가 골목을 이용해야 한다. 'Beach Parking'라는 안내 문구가 있으니 걱정하지 말자. 현지인들은 '마쿠아 비치(Makua Beach)'라고도 부른다.

**ADD** 5-7652 Kuhio Hwy, Hanalei, HI 96714 | **OPEN** 6:00-22:00 | **편의시설** 구조요원, 피크닉테이블

## Haena Beach

진정한 피크닉을 즐길 수 있는 해변

### 하에나 비치

하얀 백사장이 넓게 펼쳐진 곳으로 캠핑 및 공원 시설이 잘 갖춰져 있어 쾌적하게 피크닉을 즐길 수 있다. 주차장 앞쪽으로 마니니호로 동굴이 있다.

ADD HI-560, Kapaa, HI 96746 | TEL 808-961-9540 | 편의시설 구조요원, 주차장, 화장실, 비치 샤워

## Limahuli Garden

하와이안들의 농경 자원

### 리마훌리 가든

열대 식물원이자, 고대 하와이안들이 문화를 보호하기 위해 땀 흘려 가꾸어온 곳으로 역사적 의미가 큰 곳이다. 용암 바위를 이용해 타로 농사를 짓고 마을을 만들며 살아온 하와이안들의 식물 문화부터 외국에서 들여온 식물까지 다양한 식물을 만날 수 있다. 매표소에서 티켓 구입 시 책자를 나눠주는데 설명이 친절히 잘 되어 있어 셀프 투어가 가능하다. 단 모기나 벌레가 많으니 연고나 모기 퇴치제를 챙기는 것이 좋다.

ADD 5-8291 Kuhio Hwy, Hanalei, HI 96714 | TEL 808-826-1053 | OPEN 9:30-16:00(일·월 휴무) | FEE 성인 20$, 대학생 10$, 17세 미만 무료 | SITE ntbg.org/gardens/limahuli

## Ke'e Beach

도로 끝에서 만나는 인기 해변

### 케에 비치

카우아이 북부에서 가장 많은 사람들이 찾는 인기 해변으로, 뿌리를 드러낸 고목들이 근사한 풍경을 선사한다. 파도가 부드럽고 물이 깨끗해 가족 단위 여행객이 많이 찾는다. 파도가 심하지 않은 여름에는 스노클링을 안전하게 즐길 수 있다. 북쪽 해안에서 자동차로 갈 수 있는 마지막 해변이자 칼랄라우 트레일(Kalalau Trail)의 시작점이다. 비치 방문을 위해서는 입장 및 주차 예약이 필수이니 방문을 계획한다면 잊지 말자.

**ADD** End of Hwy 560, Hanalei, HI 96714 | **OPEN** 7:00-19:00 | **편의시설** 주차장, 화장실, 비치 샤워, 구조요원

## Kalalau Trail

열대우림 속 트레킹을 즐기자

### 칼랄라우 트레일

미국인 버킷리스트 10위 내 신정된 칼랄라우 트레일은 케에 비치에서 시작해 다섯 개의 계곡을 지나 칼랄라우 비치(Kalalau Beach)까지 이어지는 구간이다. 걸어서 갈 수 있는 유일한 코스이며 왕복 35.2km에 달한다. 쉬운 코스가 아니기 때문에 짧은 기간 여행한다면 추천하지 않는다. 산행, 트레일을 좋아한다면 2박 3일로 도전해도 좋다. 단 사전에 캠핑 허가를 꼭 받아두자. 좁은 길이고 잦은 비로 진흙탕이 있어 위험할 수 있지만 중간중간 나타나는 절경이 그 수고를 단번에 덜어준다. 하나카파이아이 비치(Hanakapai'ai Beach)까지 다녀오는 왕복 6.4km, 하나카파이아이 폭포(Hanakapa'ai Falls)까지 다녀오는 왕복 8km 길이의 코스도 있다. 칼랄라우 트레일에는 간이 화장실을 제외한 편의시설이 없다. 쓰레기통도 없기 때문에 쓰레기도 모두 가지고 나와야 한다. 사이트에서 날씨와 트레일 가능 여부를 확인하자.

**SITE** kalalautrail.com

### OH! MY TIP

**칼랄라우 트레일, 케에 비치 예약 필수!**

칼랄라우 트레일, 하나카파이아이 비치 및 폭포를 방문하기 위해서는 반드시 예약 후 방문해야 한다. 방문 30일전부터 공원 입장 또는 주차(입장료 포함 차량 당 5$) 예약을 온라인으로 할 수 있다. 주차 예약은 오전(6:30-12:30), 오후(12:30-17:30), 선셋(16:30-선셋) 세 시간대로 나뉘며, 해당 시간대에만 유효하다. 만약 오전부터 오후까지 공원 내 있을 예정이라면, 오전·오후 모두 예약해야 한다는 점 잊지 말자. 프린스빌 지역부터 하에나 주립공원까지 셔틀 버스도 운영하니 주차 예약을 놓쳤다면 셔틀 버스(인당 15$) 예약도 방법이다.

관련 정보 및 예약 **SITE** dlnr.hawaii.gov/dsp/ 또는 www.gohaena.com

## Napali Coast

가장 아름답고 가장 위험한 해안

### 나팔리 코스트

비범한 자연, 숨막히는 절경을 자랑하는 27km길이의 해안선이며 영화 <쥬라기 공원>, <킹콩>, <퍼펙트 겟 어웨이> 등의 촬영지로 유명세를 탄 곳이다. 조각칼로 깎은 듯 날카로운 절벽과 산 사이로 떨어지는 수백 미터의 폭포가 장관을 이루는데 그야말로 최고의 예술품이라 불릴 만하다. 장엄하고 신비로운 카우아이의 자연이 빚은 극적인 비경을 직접 확인해보자.

ADD Kapaa, HI 96746 | TEL 808-274-3444

### OH! MY TIP

**헬기 투어**

가격은 비싸지만 카우아이 섬 구석구석을 비롯해 나팔리 코스트 사이의 보이지 않은 폭포까지 감상할 수 있다. 나팔리 코스트의 실제 모습을 가장 가까이서 볼 수 있는 투어다.

**트레일**

1박 2일 혹은 2박 3일 코스의 트레일이다. 사전에 허가를 받아야 한다. 나팔리 코스트 속살을 경험할 수 있는 장점이 있다.

**캠핑 관련 사전 허가** camping.ehawaii.gov/camping

**세일링 투어**

배를 타고 해안 절경을 돌아보며 한눈에 나팔리 코스트를 담을 수 있다. 스노클링+점심이 제공되는 투어와 디너가 제공되는 선셋 세일링 투어로 나뉜다. 투어 소요 시간은 프로그램별로 상이하다. 선셋 세일링 투어는 보통 4시간가량 소요된다.

## Hanakapi'ai Beach

칼랄라우 트레일의 첫 관문

### 하나카파이아이 비치

칼랄라우 트레일의 첫 번째 지점으로 약 3km 정도 거리다. 트레커들의 첫 번째 휴식처이자 왕복 6.4km 코스의 종착점이기도 하다. 모래사장이 넓고 안쪽으로 해식동굴이 있는데, 해식동굴 안에서 비치를 바라보면 다른 풍경을 즐길 수 있다. 수영하기 적합하지는 않지만 휴식을 취하며 간식을 먹기 좋다. 이곳에서 트레일 코스를 따라 30-40분 더 들어가면 하나카파이아이 폭포가 나온다. 사전 허가 없이 다녀올 수 있는 마지막 지점이다.

ADD Kapaa, HI 96746

# RESTAURANT & CAFE

레스토랑 & 카페

## 조식 & 브런치

### Makana Terace

**마카나 테라스**

프린스빌 리조트에 있는 음식점이다. 조식 뷔페, 디너 레스토랑, 야외 테라스에서 모두 하날레이 베이와 그 뒤로 펼쳐지는 마카나 산의 전망을 감상할 수 있다. 가격이 비싸긴 하지만, 어디서도 볼 수 없는 풍경이 펼쳐지는 만큼 기꺼이 지불할 만하다. 평생 자주 오지 않을 기회이므로 호텔에 숙박하지 않더라도 꼭 방문해보자. 주차는 호텔 무료 발렛을 이용하자. 디너는 예약 필수다.

ADD 5520 Ka Haku Rd, Princeville, HI 96722 | TEL 808-826-2746 | OPEN 월-금 6:30-11:00 토·일 6:30-24:30, 디너 월, 목-일 17:30-21:30

## JoJo Shave Ice
### 조조 셰이브 아이스

카우아이에서 맛볼 수 있는 셰이브 아이스로 60여 가지 메뉴와 다양한 토핑을 선보인다. 가볍게 먹기 좋은 디저트로 수익금의 절반은 지역 청소년을 위해 기부하고 있다. 와이메아 지역에도 매장이 있다.

ADD 5-5190 Kuhio Hwy, Hanalei, HI 96714 | TEL 808-378-4612 | OPEN 10:30-17:30 | SITE jojosshaveice.com

# SHOPPING
쇼핑

## Ching Young Village
### 칭 영 빌리지

미술관, 부티크, 서핑 숍, 수영복 숍, 레스토랑이 역사의 흔적을 간직한 건물 안에 자리하고 있다. 스탠드업 패들보드, 서핑보드, 스노클 기어, 카약을 대여해주는 업체도 있어 편리하다. 하날레이 베이 다녀오는 길에 가볍게 둘러보기 좋다.

ADD 5-5190 Kuhio Hwy C3, Hanalei, HI 96714 | TEL 808-826-7222 | SITE chingyoungvillage.com

# CHECK IN KAUAI

숙소 정하기

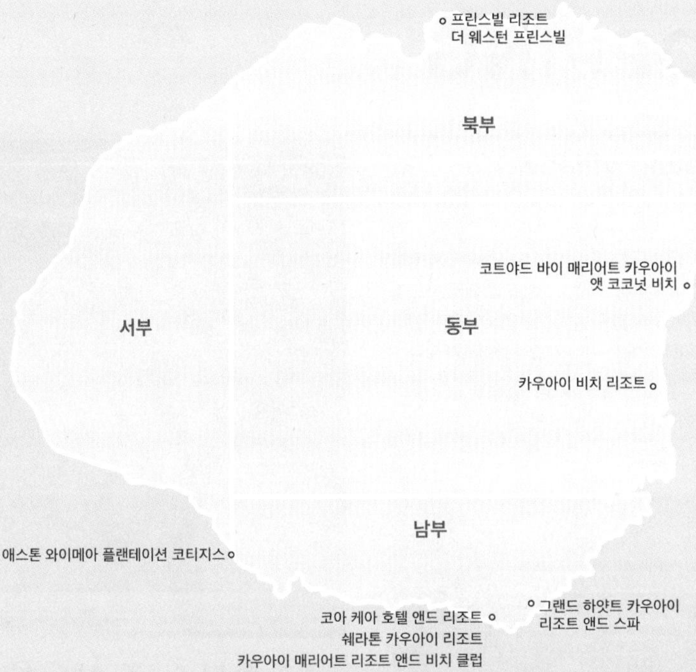


하와이 여행의 꽃은 바로 호텔이다. 해변을 따라 늘어선 세계 유명 호텔 체인들을 보면 하와이의 명성을 짐작할 수 있다. 어디서 묵어야 할지, 어디가 더 좋은 호텔인지 고민이라면 고급 호텔에서부터 가성비 최고의 대중 호텔까지 다양한 옵션을 꼼꼼히 살펴보고 결정하자.

# 럭셔리 호텔

## Princeville Resort

### 프린스빌 리조트

5성급

배산임수 입지를 자랑하는 최고급 럭셔리 브랜드 호텔이다. 하날레이 베이를 내려다보는 절벽 위에 자리한 252개의 객실, 세인트 레지스 브랜드만의 엄선된 어메니티와 최상의 서비스까지 만끽할 수 있다. 하와이 전 섬에 있는 골프장 중 최대 규모를 자랑하는, 세계적 수준의 골프 코스도 조성되어 있다. 세계적인 유명 인사의 결혼 장소로 유명해진 '레올라니 코브'는 하날레이 베이를 배경으로 이국적이고 극적인 분위기를 선사한다.

**ADD** 5520 Ka Haku Road. Princeville, Kaua'i, HI 96722
**TEL** 808-826-9644 | **SITE** starwoodhawaiikorea.com

## The Westin Princeville Ocean Resort Villas
### 더 웨스틴 프린스빌 오션 리조트 빌라 4성급

비치 접근성, 고급스러운 시설, 내 집 같은 편안함, 평하로운 분위기에서 만끽하는 휴식, 골프 클럽 및 스파 등 부대시설, 멋진 뷰까지. 갖출 수 있는 모든 것을 구비한 빌라형 럭셔리 숙소다. 객실 내 키친, 세탁 시설은 물론 인피니티 풀, 키즈풀, 키즈 클럽까지 마련되어 있으며, 빌라 건물 사이로 넓은 잔디가 조성되어 가족 여행자, 특히 아이 동반한 여행자라면 대환영 할만 한 곳이다. 프린스빌 내 호텔과 비교하여 가성비 좋은 호텔로도 손꼽힌다.

**ADD** 3838 Wyllie Rd, Princeville, HI 96722 | **TEL** 808-827-8700 | **FEE** 객실 300$- 리조트 수수료 없음, 셀프 주차 15$
**SITE** westinprinceville.com

## Grand Hyatt Kauai Resort & Spa

### 그랜드 하얏트 카우아이 리조트 앤드 스파 5성급

하와이 특유의 분위기 속에서 세심하게 손님을 배려하는 곳으로 하얏트 리젠시에서 그랜드 등급으로 승격되어 수준 있는 서비스를 제공하고 있다. 비수기에도 예약률이 90%에 달하니 예약을 서두르자.

ADD 1571 Poipu Rd, Koloa, HI 96756 | TEL 808-742-1234
SITE kauai.grand.hyatt.com

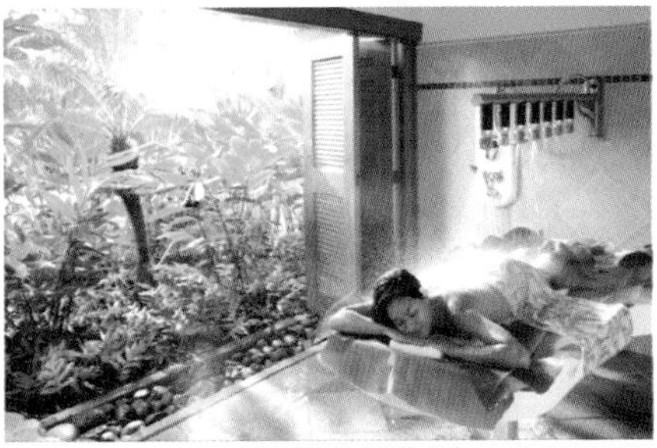

## Koa Kea Hotel & Resort

### 코아 케아 호텔 앤드 리조트 5성급

조용하게 휴식을 취할 수 있는 부티크 호텔이다. 편의시설을 잘 갖추고 있으며 밝고 캐주얼한 느낌이다. 2012년 트립어드바이저 선정 '세계 로맨틱 호텔 Top 10'에 이름을 올린 바 있다.

ADD 2251 Poipu Rd, Koloa, HI 96756 | TEL 844-236-3817
SITE meritagecollection.com/koakea

# 가족 호텔

## Sheraton Kauai Resort
### 쉐라톤 카우아이 리조트
4성급

하와이에서 가장 유서 깊은 리조트 호텔로, 포이푸 비치에 자리한다. 180도 태평양 파노라마 전경을 자랑하는 '카우아이' 레스토랑에서는 아름다운 석양을 감상하기 좋다. 객실 절반 이상이 커넥팅 룸(Connecting Room: 문을 열어 2개실 이상을 연결해 사용할 수 있다)이라 식구가 많은 가족 여행객에게 제격이다.

**ADD** 2440 Hoonani Rd, Koloa, HI 96756 | **TEL** 808-742-1661 | **SITE** sheraton-kauai.com

## Marriott Waiohai Beach Club
### 카우아이 매리어트 와이오하이 비치 클럽
3성급

카우아이 남동쪽에 위치해 있으며 어디로든 이동이 편리한 호텔이다. 하와이에서 가장 큰 패밀리 수영장이 있으며 키즈 클럽 등 어린이를 위한 배려 시설이 잘 조성되어 있다. 헬스, 조깅 트랙 등 여가 시설 또한 완벽하게 갖추어져 있다.

**ADD** 3610 Rice St, Kalapaki Beach, Kauai, HI 96766
**TEL** 808-245-5050 | **SITE** marriott.com

## Aston Waimea Plantation Cottages
**애스톤 와이메아 플랜테이션 코티지스** 3성급

와이메아 남쪽에 있는 호텔로 코코넛 농장이 있어 즐길 거리가 풍부하다. 객실마다 주방과 가든이 갖춰져 있어 별장에 온 기분을 느낄 수 있다. 한적하게 휴식을 취하기 좋다.

ADD 9400 Kaumualii Hwy, Waimea, HI 96796 | TEL 808-338-1625 | SITE waimeaplantation.com

## Courtyard by Marriott Kauai at Coconut Beach
**코트야드 바이 매리어트 카우아이 앳 코코넛 비치** 3성급

절반이 넘는 객실이 바다 전망이다. 와일루아 강에서 액티비티를 즐기기 가장 좋은 위치에 있으며, 최근 리노베이션을 거쳤지만 고풍스러운 분위기만큼은 여전하다. 공항, 쇼핑센터, 코스트코와 가까워 지리적인 만족도가 높다. 바에서 칵테일을 마실 수 있는 쿠폰도 나눠주니 잘 활용해보자.

ADD 650 Aleka Loop, Kapaa, HI 96746 | TEL 808-822-3455 | SITE marriott.com

## Kauai Beach Resort
**카우아이 비치 리조트** 4성급

1986년 오픈한 곳으로 다소 낡긴 했지만 호텔에서 보는 해변 전경이 그림 같아 인기가 많다. 호텔 앞 해변은 일출을 즐기기에도 그만이다. 훌라 쇼 등 매일 다양한 프로그램이 열리니 체크인 시 제공되는 스케줄을 확인하자.

ADD 4331 Kauai Beach Dr, Lihue, HI 96766 | TEL 808-245-1955 | SITE kauaibeachresorthawaii.com

칼랄라우 트레일

# 인덱스

## 명소

## 레스토랑 & 카페

## 쇼핑



## 호텔

## <오! 마이 하와이>만의 제휴 쿠폰

COUPON

**사용 방법**

1. 웹사이트에서 할인프로그램(CDP)번호 입력 후 예약
2. 전화 예약 시 할인프로그램(CDP)번호 적용 요청

**할인프로그램(CDP) 번호 | 2148236 (OH MY HAWAII 전용)**

*픽업 24시간 전 예약 시 할인이 적용됩니다.
*일부 국가, 영업소, 차량, 기간에 대해 할인이 제한될 수 있습니다.
*허츠의 기본 임차자격 및 이용규정이 적용됩니다.

**허츠 렌터카**

**SITE** www.hertz.co.kr

**TEL** 1600-2288 (9AM-6PM, 주말 및 공휴일 휴무)

Hertz

OH! MY HAWAII

COUPON

**사용 방법**

와이키키 트롤리 한국어 공식 사이트에서 티켓 구입 시
'쿠폰사용'에 할인 코드를 입력 후 결제

**할인코드 | OHMYHAWAII**

**와이키키 트롤리 한국사무소**

**ADD** 서울시 중구 을지로 50, 을지한국빌딩 18층

**TEL** 02-753-9114 (예약)

**SITE** waikikitrolley.co.kr

WAIKIKI TROLLEY
and Double Deckers too!
*The fun way to see Hawaii!*

OH! MY HAWAII

유효기간: 2020년 3월 31일까지

COUPON

<오! 마이 하와이>만의 특별 혜택 TOMATOwifi

# 와이파이1일 무료이용권

사용방법

카톡플러스 친구 @토마토와이파이 플친맺고 할인코드 [OHMYHAWAII]를 상담원에게 말씀해주시면 할인끝! 중복할인불가! 문의전화 070-4035-2844

유효기간: 2019년 12월 31일까지

COUPON

**사용 방법**

1. 이메일 문의를 통해 예약 가능 일정 확인 후 쿠폰 사용 확인
2. 현지 잔금 결재 시 쿠폰 제출 후 할인 혜택

*성인 기준 4명 / 가족의 경우 성인 2명 + 유·소아 3명으로 최대 5명까지 이용 가능. 최대 인원에서 1명 초과 시 1인당 $30 추가 요금
*환상적인 고층 뷰, 거실과 룸 분리형 suite room, 더블 배드 2개와 1개의 소파 배드, 완벽한 주방, 욕조와 이동식 샤워기, 마루룸

ADD 201 Ohua Ave, Honolulu, HI 96815 | TEL 808-342-7064
EMAIL alohawaikikivacation@gmail.com

**OH! MY HAWAII**

COUPON

<오! 마이 하와이>만의 특별 혜택 ActionGoPro

# 고프로1일 무료이용권

사용방법

카톡플러스 친구 @액션고프로 플친맺고 할인코드 [OHMYHAWAII]를 상담원에게 말씀해주시면 할인끝! 중복할인불가! 문의전화 070-4035-2846

유효기간: 2019년 12월 31일까지

# 현지 레스토랑 및 상점 쿠폰

COUPON

<오! 마이 하와이>만의 특별 혜택

**루스 크리스 스테이크 하우스**
**Ruth's Chris Steak House**

**메인 메뉴 2개 이상 주문 시**
## 에피타이저(최대 $20) 무료 제공

* 다른 할인 및 프로모션과 중복 사용 불가
* 테이블 당 쿠폰 1개만 사용 가능
* 당일만 적용(다음 방문 시 사용 불가)
* 하와이 전 지점에서 사용 가능

유효기간: 2020년 3월 31일까지

COUPON

<오! 마이 하와이>만의 특별 혜택

**마리포사**
**Mariposa**

**메인 메뉴 주문 시**
## '그 날의 디저트' 무료 제공

* 니만 마커스 3층에 위치
* 다른 프로모션과 중복 사용 불가

유효기간: 2020년 3월 31일까지

COUPON

<오! 마이 하와이>만의 특별 혜택

**알라모아나 센터**
**Ala Moana Center**

**다양한 할인 혜택이 가득한**
## 프리미어 패스포트 쿠폰북 증정

* 본 쿠폰을 고객 서비스 센터에 제시 후 쿠폰북 수령
* 여권 제시 필수(하와이 신분증 적용 불가)

유효기간: 2020년 3월 31일까지

COUPON

<오! 마이 하와이>만의 특별 혜택

**니만 마커스**
**Neiman Marcus**

**첫 구매 시**
## IPC 더블 포인트 제공

* 최대 $2,500까지
* 2층 고객 서비스 센터에 구매 영수증을 함께 제시
* 다른 프로모션과 중복 사용 불가

유효기간: 2020년 3월 31일까지

COUPON

<오! 마이 하와이>만의 특별 혜택

**하드록 카페**
**Hard Rock Café**

**성인용 메인 메뉴 2개 이상 주문 시**
## 디저트 무료 제공

* 다른 할인 및 프로모션과 중복 사용 불가
* 그룹당 쿠폰 1개만 사용 가능
* 호놀룰루 지점만 사용 가능
* 다음 방문 시 사용할 수 없고 당일만 적용
* 기타 제한이 있을 수 있으며 자세한 내용은 직원에게 문의

유효기간: 2020년 3월 31일까지

OH! MY HAWAII

<OH! MY HAWAII> SPECIAL COUPON

**Mariposa**

Present this coupon to your server at Mariposa to receive a Complimentary Dessert of the Day with each Entree purchased. Not valid with other promotions or offers. Promotion valid until March 31, 2020

OH! MY HAWAII

<OH! MY HAWAII> SPECIAL COUPON

**Ruth's Chris Steak House**

Present this coupon to your server at Ruth Chris Steak House and receive a complimentary appetizer (up to $20) with the purchase of two entrees. Cannot be combined with any other discount or promotional offer. One (1) coupon per table. Must be redeemed during same visit as the qualifying purchase. Valid at all Hawaii locations. Promotion valid until March 31, 2020

OH! MY HAWAII

<OH! MY HAWAII> SPECIAL COUPON

**Neiman Marcus**

Offer redeemable by presenting this coupon at the Customer Service desk to become an IPC program member and earn double points on first purchase (up to $2,500). Not valid with other promotions or offers. Promotion valid until March 31, 2020

OH! MY HAWAII

<OH! MY HAWAII> SPECIAL COUPON

**Ala Moana Center**

Present the coupon with your out of state ID to Guest Services to receive a Premier Passport. Promotion valid until March 31, 2020

OH! MY HAWAII

<OH! MY HAWAII> SPECIAL COUPON

**REDEEM THIS CARD TO RECEIVE 10% OFF ANY COFFEE BEAN OR RETAIL MERCHANDISE PURCHASE**

OFFER VALID AT HONOLULU COFFEE EXPERIENCE CENTER ON: ________

1800 KALAKAUA AVENUE
HONOLULU, HI 96815
808 202 2562

FOLLOW US @HONOLULUCOFFEE

OH! MY HAWAII

<OH! MY HAWAII> SPECIAL COUPON

**Hard Rock Café**

Present this coupon to your server at Hard Rock Cate and receive a complimentary Chef's Choice Dessert with the purchase of two adult entrees. Cannot be combined with any other discount or promotional offer. One (1) coupon per party per visit. Must be redeemed during same visit as the qualifying purchase. Only valid at Honolulu location. Some exclusions may apply. See associate for details. Promotion valid until March 31, 2020

OH! MY HAWAII

## 포에버 하와이 + 미서부 제휴 쿠폰

COUPON

<오! 마이 하와이>만의 특별 혜택

노팁택시(한인택시)
공항·호텔·시내 이용 시

**$1 할인**

*다른 프로모션 진행 시 추가 할인

COUPON

<오! 마이 하와이>만의 특별 혜택

크리스틴 공항셔틀

공항-호텔 셔틀 이용 시 **$1 할인**

가족 할인(성인2명
이용 시 어린이 1명 무료) **2+1 할인**

*다른 프로모션 진행 시 추가 할인

COUPON

<오! 마이 하와이>만의 특별 혜택

와이키키 스튜디오

**$20 할인**

*다른 프로모션 진행 시 추가 할인

COUPON

<오! 마이 하와이>만의 특별 혜택

제임스 빅 아일랜드 투어
가이드 투어

**$10 할인**

*다른 프로모션 진행 시 추가 할인

COUPON

<오! 마이 하와이>만의 특별 혜택

파란 하와이
진주만 한인 가이드 투어

**$5 할인**

*다른 프로모션 진행 시 추가 할인

COUPON

<오! 마이 하와이>만의 특별 혜택

알로하와이

**$5 스타벅스 기프트 카드 증정**

*다른 프로모션 진행 시 추가 할인

COUPON

<오! 마이 하와이>만의 특별 혜택

하와이 매드 스쿠버 다이빙

**수중 촬영 50% 할인**

*다른 프로모션 진행 시 추가 할인

COUPON

<오! 마이 하와이>만의 특별 혜택

칩 렌터카
렌터카

**10% 할인**

*다른 프로모션 진행 시 추가 할인

COUPON

<오! 마이 하와이>만의 특별 혜택

와이키키 거북이 스노쿨링

**액션캠 무료 대여**

(기존30$ →무료)

COUPON

<오! 마이 하와이>만의 특별 혜택

100% 코나 커피 코나리자

**10% 할인**

* 오아후 ADD 808 Sheridan St #306A, HI 96814(쿠풀라우 매장)
* 빅아일랜드 코나 ADD 83-5401 Painted Church Rd, Captain Cook, HI 96704(팔레아쿠 가든)

COUPON

<오! 마이 하와이>만의 특별 혜택

KOREAN BBQ
로라 이모네 푸드 트럭

**음료 무료 제공**

* 메인 메뉴 당 1개 제공
* 다른 할인 및 프로모션과 중복 사용 불가

COUPON

<오! 마이 하와이>만의 특별 혜택

하와이
예그리나 웨딩

**$100 할인**

*선택한 웨딩 패키지 상품 1건에 1장만 적용
*예약 진행 시 계약금 쿠폰 사용 불가
*웨딩 진행 시 쿠폰을 담당자에게 제시 필수(카페 내 발행하는 모바일 쿠폰 제시 가능)
*웨딩 패키지 총 가격(계약금 제외) 기준으로 요금 할인 적용(드레스 대여, 헤어&메이크업 등 옵션 상품은 쿠폰 적용 불가)
*계약 취소 시 쿠폰 재발행 및 현금 환불 불가
*부정한 방법으로 쿠폰을 사용할 경우 해당 패키지가 전체 취소

**포에버 하와이 + 미서부 제휴 쿠폰 사용 방법**

① 네이버 카페 '포에버 하와이 + 미서부' 가입
② 업체별 전용 게시판에서 문의 후 예약
③ 현지에서 스태프에게 쿠폰 제시 후 할인 혜택

**네이버 카페 '포에버 하와이 + 미서부'**
cafe.naver.com/hawaiiphoto

Hertz

# 고프로

하와이 갈때 물놀이 필수품! **인천공항, 김해공항 서비스가능**

## 이젠 빌려쓰세요! 구매시 대여료 0원!

**4K ULTRAHD**

4K 60프레임 과 1080p
동영상지원으로 강력한
성능을 제공합니다.

간편한 공항 수형/반납!
택배로 반납하는
고생하지 않아도 되요.

**FREE 1DAY**

오전귀국시
1일요금 무료!
4일이하 대여가능

### 고프로 히어로7 블랙 액션캠

물놀이할때 필수품!
국내최저가로 빌려쓰세요!
고프로구매하시면 고프로 또는 와이파이
대여비용 100% 환불 해드립니다!
대여비용 7500원부터~

### 풀패키지 악세사리 [무상대여]

별도의 옵션추가비용 NO!
오직 토마토만 무상 대여!!
고프로7 최신형 기기 입고완료!
추가 정품 배터리 무상 대여!

### 6만원 상당의 [독자사은품]

오!마이하와이 책 구매자분께는
고프로7구매시 수퍼수트케이스 또는
방수 핸들러를 사은품으로 드립니다.

KakaoTalk 구매/대여문의 **액션고프로** 고객센터 070-4035-2846

고프로 대여 서비스는 토마토와이파이
자회사 액션고프로와 함께합니다.

# ESTA

**토마토 이스타비자 신청서비스**

이스타비자란? 미국에 관광을 목적으로 갈 때 최대 90일간 머물 수 있는 필수 비자로써, 괌이나 사이판은 본 이스타비자 가 없어도 입국은 가능하지만 입국심사 하실 때, 오랜시간이 걸립니다. 하지만, 이스타비자만 있으면, 보다 빠르게 입국이 가능하다는 사실!

**이스타비자 신청방법**

1. 핸드폰으로 여권을 사진찍어주세요!
2. 카톡으로 찍은 사진을 보내주세요!
3. 카톡신청후 기다리면 ESTA가 짠하고 나타나는 마법!

| 국내최저 대행수수료 | 1만원~(1인) |
| --- | --- |

신청문의 카톡 플러스친구 토마토와이파이

# 카톡친구 TALK

## @토마토와이파이

카톡 플친추가하고, 토마토와이파이의
수많은 할인 혜택과 이벤트 소식을
소식을 함께하세요!

1. 친구목록화면 상단에서
토마토와이파이를 검색합니다.

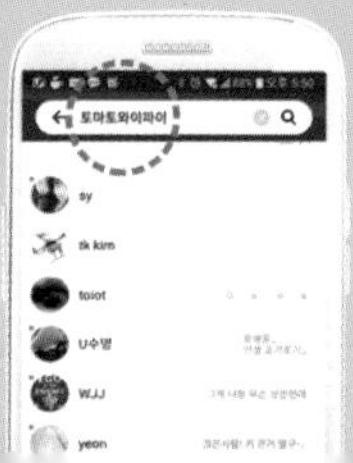

2 목록에 토마토와이파이가
뜨면 친구추가버튼을 클릭!

3. 친구추가후 채팅하기 버튼을
클릭하시면 토마토 상담원과
실시간 상담채팅이 가능합니다!

# 오! 마이 하와이

2권